项目计划与控制

欧阳红祥　简迎辉　鲍莉荣　杨月明　编著

中国水利水电出版社
www.waterpub.com.cn

内 容 提 要

本书从工程建设项目的角度，结合大量的实践案例，系统地阐述了项目计划与控制的基本概念、基本原理、主要内容和方法工具。全书共分七章，首先介绍项目计划与控制的定义、分类、作用和程序，其次介绍建设项目实施过程中的进度计划与控制、投资计划与控制、质量计划与控制、安全计划与控制、资源计划与优化，本书的最后一章介绍如何使用 Microsoft Project 软件来编制进度计划。全书引进了大量的案例，并将基本原理、方法和管理案例相结合，可以使读者更加深刻地理解建设项目的规律性。

本书图文并茂，案例丰富，可读性强，既可作为工程管理、土木水利工程类本科生和研究生的教学用书，还可供从事工程项目管理的相关人员在工程实践中学习参考。

图书在版编目（ＣＩＰ）数据

项目计划与控制 / 欧阳红祥等编著. -- 北京 ： 中
国水利水电出版社，2015.1(2021.1重印)
ISBN 978-7-5170-2715-7

Ⅰ. ①项… Ⅱ. ①欧… Ⅲ. ①工程项目管理 Ⅳ.
①F284

中国版本图书馆CIP数据核字(2014)第286357号

书　　名	**项目计划与控制**
作　　者	欧阳红祥　简迎辉　鲍莉荣　杨月明　编著
出版发行	中国水利水电出版社
	（北京市海淀区玉渊潭南路1号D座　100038）
	网址：www. waterpub. com. cn
	E-mail：sales@waterpub. com. cn
	电话：(010) 68367658（营销中心）
经　　售	北京科水图书销售中心（零售）
	电话：(010) 88383994、63202643、68545874
	全国各地新华书店和相关出版物销售网点
排　　版	北京时代澄宇科技有限公司
印　　刷	北京市密东印刷有限公司
规　　格	184mm×260mm　16开本　16.25印张　385千字
版　　次	2015年1月第1版　2021年1月第2次印刷
印　　数	3001—4000册
定　　价	**45.00元**

前言

作为国民经济的支柱产业之一，建筑业保持了较高的发展态势，同时，建筑业也面临着复杂多变的外部环境和竞争日趋激烈的局面。在此背景下，越来越多的建筑企业通过项目管理来提升自身的核心竞争力，通过运用项目计划与控制中的理论、方法与工具来确保大型复杂项目能走向成功。基于此，本书聚焦项目管理过程中计划与控制两个环节，从概念入手，对项目计划与控制的体系、内容、程序等进行了详细介绍。

本书还用较大的篇幅介绍了项目计划与控制中较为成熟的技术与方法，如网络计划技术、工程质量检验与控制的工具、危险源识别和评价的方法、工程费用预算技术等，这些技术与方法已在工程实践中得到广泛应用，并已成为经典的分析方法和工具。与此同时，本书也介绍了项目计划与控制中的新理论和新方法，如资源优化中的遗传算法、安全生产预测中的灰色理论、设计方案优选中的模糊评价方法、安全生产评价中的人工神经网络等，这些新理论和方法既有学术价值，也有应用前景，对提升工程项目管理水平具有重要意义。

本书共分 7 章，包括：绪论，工程项目进度计划与控制，工程项目资源计划与优化，工程项目投资计划与控制，工程项目质量计划与控制，工程项目安全计划与控制，Microsoft Project 软件介绍。第一章由简迎辉编写，第二章由鲍莉荣编写，其他各章由欧阳红祥负责完成，全书由欧阳红祥统稿。在本书编写过程中，得到了杨建基、谈飞、张云宁、杨志勇的大力帮助，研究生杨骏、支建东、崔祥、何天翔等参与了本书中部分案例的搜集与整理工作以及部分图表的绘制工作，本书的出版也得到了 2013 年度安徽省高等教育振兴计划的资助，在此一并表示感谢！

本书在编写过程中，参考了国内外许多专家学者所著的文献，在此，谨对相关专家表示深深的谢意。

由于作者水平有限，书中难免存在一些缺点和错误，殷切期望广大读者批评指正。

编 者

2014 年 10 月于南京

目录

第一章　绪　　论

项目计划与控制是项目管理的两个最重要的职能。项目计划是项目组织为实现项目既定目标对实施过程进行谋划和安排的过程，其实质是规定达到项目目标的途径、工作内容和方法，它不仅为项目控制指明了方向，而且还为具体的控制活动提供了依据。项目实施的过程中往往面临很多不确定性因素的干扰，使得项目有可能偏离预定的目标，为此，就需要对项目的实施过程进行控制。项目控制就是项目组织对项目的执行状况进行连续的跟踪观测，并将观测结果与项目计划进行比较，如有偏差，及时分析偏差原因并加以纠正的过程。项目控制的目的就是使各项具体活动都能按原计划进行，确保项目目标的顺利实现。

第一节　项　目　计　划

一、项目计划的定义与特点

1. 项目计划的定义

项目计划是项目组织根据项目目标，对项目实施的各项活动作出周密安排，这种周密安排是通过计划文件这一载体来呈现的。制定项目计划时，应围绕既定的项目目标系统地确定项目任务、安排任务进度、配置完成任务所需的资源及预算等，从而保证项目能够在合理的工期内，用尽可能低的成本和尽可能高的质量去完成。

需要说明的是，大家有时候将计划说成是制订计划，而将计划文件直接说成是计划，这些都是文字的使用习惯，前者表示的是动作，而后者是这个动作的结果。

一个完整的项目计划通常需要明确具体任务分工、执行人、时间预算、费用预算和预期成果等。即回答 5 个基本问题：

（1）做什么（what）：要明确项目的总体目标和阶段目标，确定实现目标所需完成的各项任务。

（2）如何做（how）：确定完成各项任务的方法、手段和步骤。

（3）谁来做（who）：明确由哪个部门和哪些人去负责完成相应的任务。

（4）何时做（when）：明晰任务之间的先后关系，确定每一项任务在何时实施，需要多长时间完成。

（5）花费多少（how much）：明确项目实施的总费用，计算完成各项任务的资源数量和费用等。

2. 项目计划的特点

（1）系统性。项目计划是一个复杂的系统。项目计划按时间长短可分为短期计划、中期计划和长期计划；按项目的生命周期可分为机会研究、可行性研究、设计和施工、竣工验收及项目运行计划等。项目中的各种计划既相互独立，又相互联系和制约，由此形成一个关系复杂的计划体系。

（2）目的性。任何项目都有一个或几个确定的目标，以实现特定的功能和作用，而任何项目计划的制订正是围绕项目目标的实现而展开的，这就是项目计划的目的性。

（3）动态性。项目的实施一般需要较长的时间，在项目的实施过程中，项目的外部环境和内部条件难免发生较大变化，因此，项目计划必须随之作出调整，以适应变化了的新情况，从而确保项目的正常进行。

（4）层次性。参与项目的组织一般都具有一定的层级结构，不同层级的管理者需要不同等级的计划信息来开展各自的工作。高层需要的是计划概要，基层则需要非常详细的计划，用来组织、计划和控制日常的工作，中层则介于两者之间。与此相适应，项目计划也应具有相同的层级，一般可分为概要计划、详细计划和工作计划三个层次。

（5）不完备性。项目计划是建立在预定项目目标与实施方案、以往工程经验、环境状况以及对未来合理预测基础之上的，由于项目本身是一个复杂的系统，再加上信息不对称以及许多或然因素的不可证实性，使得项目计划不可能将所有的实施程序、方法、措施、职能划分、过程、资源等设计得非常周详并贴合实际，因此，项目计划是不完备的。

二、项目计划的作用

为完成项目的目标系统，应制定项目计划系统，项目计划系统的作用表现在以下几个方面。

1. 对目标系统进行论证和细化

项目目标系统确立后，通过项目计划系统的建立过程可以明确目标系统能否实现及其实现的途径和方式，并能及时发现目标系统中各个子系统目标之间是否相互协调。另外，在计划的实施过程中，若发现实际与计划有较大偏差时，应分析原有目标还能否正常实现。假如原有目标已不能正常实现，则应调整目标系统，并根据调整后的目标系统重新制订计划。因此，项目计划既是对目标系统的细化过程，又是对项目目标系统的论证过程。

2. 作为项目各项工作的依据和指南

项目计划确定了完成项目目标所需的各项任务范围、明确了项目团队成员的责权、设定了完成各项任务的时间、资源和费用以及需达到的质量标准等，这些都是指导项目实施的依据。项目实施过程中，项目计划可以作为检验评价实施效果的依据。项目管理者可将项目实际数据与计划值进行比较，计算出各类偏差。偏差的大小可反映出项目实施的效果，根据偏差大小，项目管理者需决定采取的整改措施。项目结束后，项目计划还可以作为对实施者业绩评价和奖励的依据。

3. 项目参与各方沟通的载体

专业化分工使参加项目的单位众多，项目的顺利实施有赖于各个单位在时间、空间上协调一致。科学的项目计划能合理的协调各参与方、各专业、各工种的关系，使得大家的行为尽可能协调或一致，充分地利用时间和空间，保证各项工作的顺利开展。

三、项目计划的分类

项目计划作为项目管理的职能之一，贯穿于项目生命周期的全过程。在项目实施过程中，项目计划会不断地得到优化、细化、具体化，同时又不断地被修改和调整，最终形成一个多维的、动态的计划体系。

1. 按计划的深度分类

可分为总体计划、详细计划、滚动计划三种形式。

（1）总体计划。总体计划也称节点计划、里程碑计划，与较粗的工作分解结构图结合，描述项目的整体形象及战略。

（2）详细计划。详细计划与详细的工作结构分解图结合，详细地描述项目的范围、具体的工作任务、人财物等资源的具体计划与安排。

（3）滚动计划。滚动计划，也称定期计划，分年、季、月、旬、周计划等。可采用步步逼近的方法，将项目计划逐步分解为更为详细的年、月计划或周计划。月计划或周计划应对即将实施的工作及范围、所需人财物等资源作出具体的安排。对于月计划，一般在上月末根据年计划的安排及上月的实际完成情况，制定下月的计划。如此滚动下去，直至项目结束。

2. 按计划的性质分类

可分为工作计划、人员组织计划、技术计划、文件管理计划、应急计划与支持计划。

（1）工作计划。工作计划也称实施计划，是为保证项目顺利开展、围绕项目目标的最终实现而制定的实施方案。工作计划主要说明采取什么方法组织实施项目，研究如何最佳地利用资源，用尽可能少的资源获取最佳效益。工作计划的内容主要包括工作细则、工作检查及相应措施等。

（2）人员组织计划。人员组织计划主要是表明工作分解结构图中的各项工作任务应该由谁来承担以及各项工作间的关系、各职能部门之间的关系等信息。

（3）技术计划。技术计划主要包括确定项目的主要技术特征、设计方案、施工方案、保证质量和安全的具体措施以及其他有关的技术文件等。

（4）文件管理计划。文件管理计划是由一些能保证项目顺利完成的文件管理方案构成，需要阐明文件管理的方式及使用细则。负责文件管理的人员应按国家有关规定，对项目实施过程中产生的各种文件进行收集、整理、编目和存储等工作，负责建立并维护好项目文件，以供项目组成员在项目实施期间使用。

（5）应急计划。应急计划是为应对可能发生的突发事件而事先制订的计划或方案。项目应急计划应包括应急的组织、程序、应采取的应急预案等。

（6）支持计划。项目的实施需要有众多的支持计划，包括软件支持计划、培训教育支持计划、人才支持计划等。

3. 按计划的内容划分

可分为项目进度计划、项目费用计划、项目质量计划、项目沟通计划、项目安全计划、风险应对计划、项目采购计划、变更控制计划等。

（1）项目进度计划。进度计划是表达项目中各项工作的开展顺序、开始及完成时间及相互衔接关系的计划。通过进度计划的编制，使项目实施过程成为一个有序的过程。进度计划是进度控制的依据，按时间跨度，可将进度计划分为年、季、月、周进度计划；按编制深度不同，可将进度计划分为总进度计划、单项工程进度计划、单位工程进度计划、分部分项工程进度计划等。这些不同类别的进度计划构成了项目的进度计划系统。

（2）项目费用计划。项目费用计划包括资源计划、费用估算和资金使用计划。资源计划就是要决定在每一项工作中用什么样的资源以及在各个阶段用多少资源。资源计划必然和进度计划联系在一起，同时，资源计划是费用估算的基础。费用估算指的是完成项目各工作所需资源（人、材料、设备等）的费用近似值。将费用估算按时间进行分解，就可得到资金使用计划。

（3）项目质量计划。项目质量计划是针对具体项目的要求，以及应重点控制的环节所编制的对设计、采购、项目实施、检验等环节的质量控制方案。质量计划的目的主要是确保项目的质量标准能够得以满意的实现。

（4）项目沟通计划。沟通计划就是确定利益相关者如何及时、有效的交流和沟通信息。简单地说，就是明确谁需要信息、需要哪类信息、何时需要以及信息如何传递等问题。虽然所有的项目都需要交流项目信息，但信息的需求和分发方法不大相同。识别利益相关者的信息需求，并确定满足这些需求的合适途径、手段，是获得项目成功的重要保证。

（5）风险应对计划。风险应对计划是根据项目风险识别和评价的结果，为降低甚至消除项目风险而制订的风险应对策略和技术手段。常用的风险应对措施包括风险回避、风险转移、风险自留和风险控制等。

（6）项目采购计划。在项目实施过程中，多数的项目都会涉及材料与设备的采购、订货等供应问题。有的非标准设备还包括试制和验收等环节。如果是进口设备，还存在选货、订货和运货等环节。因此，预先安排一个切实可行的物资、技术资源供应计划，将会直接关系到项目的工期和成本大小。

（7）变更控制计划。在项目实施过程中，由于干扰因素的存在，计划与实际不符的情况经常发生。为保证项目能够顺利进行下去，有时对工程进行变更是必要的。变更控制计划主要是规定处理变更的原则、程序、方法以及变更后的估价等问题。

四、项目计划的编制依据与要求

（一）项目计划的编制依据

项目计划是指导项目执行和控制的系列文件。不同项目其计划系统差别很大，应根据项目特点进行编制。项目计划的编制依据一般包括以下几点。

1. 约束条件

（1）政策、标准、规范等。例如，相关的法律规定、工期定额、预算定额、国家或行业标准、施工规范等。

（2）与项目有关的批准文件。例如，土地规划批准文件、城市规划批准文件、项目批文、项目环境影响评价批文等。

（3）资源。例如资金、人力资源、物资、设备、材料等。

2．合同文件

主要有土地转让合同、设计合同、监理合同、施工合同、采购合同等。

3．项目建议书和可行性研究报告

项目建议书、可行性研究报告等策划性报告是项目前期文件的重要组成部分，包含了项目的总体框架、总目标等信息，是编制计划系统的主要依据。

4．目标系统

包括项目的总目标及分阶段、分系统目标，以及合同的目标、项目参与人的目标等。

（二）项目计划的编制要求

1．符合实际的要求

项目计划要可行，能符合实际的要求，不能纸上谈兵。符合实际主要体现在符合项目内外部环境条件、符合项目本身的客观规律性、能反映工程项目各参与方利益诉求及自身条件等方面。

2．计划的弹性要求

项目计划是建立在预定的项目目标与行动方案、以往工程经验、环境状况以及对未来合理预测基础之上的，考虑到未来项目实施过程中存在许多不确定性因素的干扰，因此，编制项目计划时必须留有余地，要有一定的弹性。

3．计划详细程度的要求

项目计划的详细程度通常与项目技术设计的深度、项目结构的分解程度、工程的复杂程度、计划期的长短、掌握资料的数量和质量，特别是环境调查的深度和精确度等因素有关。总体原则是，计划不可太细，又不能太粗，太细往往会看到现实与计划发生很大偏离而难以控制，太粗又会失去计划的指导作用。

4．全面性要求

项目计划应该包括项目中的方方面面。例如，应编制进度、财务、人事、机械、物资、技术、质量、安全、应急措施等方面的计划。

5．协调性要求

一个科学、可行的计划，不仅内容完整、周密，而且要相互协调。

（1）不同层次的协调。不同层次的计划形成一个自上而下的计划系统，下一级计划要服从上一级计划，上一级计划的制订应考虑下一级的约束条件及落实的可能性。例如，承包商的计划应纳入业主的计划系统中，分包商的计划应纳入到总包的计划系统中。

（2）不同部门、专业之间的协调。各部门、各专业应按照总体计划的要求编制各自的计划，编制过程中还应注意相互之间的协调，在编制过程中由上级或牵头部门通过协调会议等形式，进行协调，形成协调的分计划系统。例如，施工进度计划应与材料采购计划协调。

（3）不同团体之间的协调。项目干系人之间以合同为纽带进行联系、协调，合同结构的设计应明确与计划有关的责权利、程序、时间安排。例如，设计单位供图的速度应与施工单位的施工速度相匹配。

五、项目计划的编制程序

各种项目计划可以单独编制，也可以制定综合性的计划，例如可单独编制进度计划或单独编制质量计划，也可编制施工组织设计，其包含了进度计划和质量计划。虽然各种计划的编制内容有较大不同，但其编制流程基本一样，如图 1-1 所示。

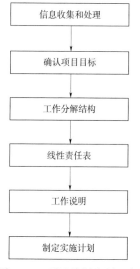

图 1-1　项目计划编制程序

1. 计划信息的收集和处理

无论是大型项目还是小项目都必须经历信息的收集和处理阶段。大型项目涉及的问题较多，因此需要收集的信息也就更多。编制项目计划时需要收集的信息通常包括以下几点：

（1）项目概况。包括项目的规模、项目的类型、项目的预计工期、项目的投资额、项目的施工条件等信息。

（2）社会信息。项目具有很强的社会属性，项目的建设对于区域的政治、经济、文化以及人们的生活都会带来较大的影响，作为项目的管理者在编制计划时需要全面了解上述影响的范围和程度，然后选择有针对性的措施加以解决。比如，在离居民区比较近的区域建设项目时，应尽量安排白天施工、设置隔离防护装置等，这些措施对项目的工期和成本会产生较大的影响。

（3）技术信息。项目的技术信息主要指项目所在地的地质、水文、气象、环境、交通等资料以及施工规范、施工经验等。这些信息会影响到施工方案的选择、施工场地的布置、质量的保证措施、项目的安全、项目的成本等。

（4）历史信息。收集所有与本项目有关或类似项目的历史资料，特别是类似项目中比较成功的历史经验、比较成熟的先进技术和先进的管理理念、方法等。类似项目中出现的问题在编制本项目的计划时应该加以防备，以免在本项目实施中出现相同问题。

（5）资源信息。包括项目所在地劳动力、材料、设备等的供应情况，本单位所拥有的各种的资源的数量，这关系到项目进度计划、成本计划、资源计划的编制问题。

2. 确认项目目标

项目计划编制前，最重要的工作是准确地界定项目的总目标，再通过对总目标的分解得到项目阶段性目标和子项目目标，形成目标体系。一般来讲，项目的总目标包括三个最主要的方面：

（1）项目可交付成果。如一栋高楼、一条高速公路、一座桥梁等。

（2）项目的工期要求。项目何时开工、何时结束。

（3）项目成本要求。该项目拟投资额度。

项目的目标体系一旦确定，就可以围绕目标体系制定项目的计划体系。

3. 工作分解结构

工作分解结构就是把一个项目，按一定的原则分解，项目分解成任务，任务再分解成一项项工作，再把一项项工作分配到每个人的日常活动中，直到分解不下去为止。即：项目→任务→工作→活动。

4. 线性责任表

在项目管理中，线性责任表的作用是显示项目成员在一个具体任务中相互之间的职责和关系。线性责任表应明确项目应包括哪些具体任务、该由哪些人来参与、参与人员在各个具体任务中的职责等信息，见表 1-1。

表 1-1　　　　　　　　　　　　某项目责任分配表

任务名称	项目办	技术部	计划部	采购部	质量部	建筑部
1210 基础工程	2		2			
1211 土方						
1212 基础施工					3	1
1220 主体工程	2	2				
1221 地下工程		2			3	1
1222 群楼工程		2			3	1
……						
1260 竣工验收	1	2	3	2	2	

注　1—负责；2—参与；3—监督。

5. 工作说明

项目的工作说明是对拟建项目的叙述性描述。项目的工作说明是项目组织的重要文件之一，它通过书面形式对组织中的各类岗位的工作性质、工作任务、责任、工作内容和方法、工作环境和条件，以及任职人员的资格条件进行清晰的描述。在工作说明中会讲明相关任职人应该做些什么、如何去做以及应该达到什么样的标准等。工作说明的主要作用要包括以下方面：

（1）让员工了解工作概要。

（2）建立工作程序和工作标准。

（3）阐明工作任务、责任和职权。

（4）为员工聘用、考核、培训等提供依据。

6. 制定实施计划

制定整个项目的实施计划时一般采用化整为零的办法，首先将整个项目细分为一些具体的工作单元，然后由相应的部门或人员编制这些工作单元的实施计划，最后按照 WBS 的层次逐级由下往上汇总，就可以得到整个项目总的实施计划。

第二节　项　目　控　制

一、项目控制的定义

由于项目在前期的计划工作中面临许多的不确定性，在实施过程中又常常面临多种因素的干扰，因此，在项目按计划实施的过程中，项目的进展必然会偏离预期轨道。如果不进行项目控制，偏离程度将会增大，最终导致项目的失败。所谓项目控制，是指项目管理者根据项目进展的情况，对比原计划（或既定目标），找出偏差、分析成因、研究纠偏对策，并实施纠偏措施的全过程。

二、项目控制的分类

1. 按照控制过程分类

可以分为事前控制、事中控制和事后控制三种。

（1）事前控制。在项目的策划和计划阶段，根据历史数据、经验对项目实施过程中可能产生的偏差进行预测和估计，并采取相应的防范措施，尽可能地消除和缩小偏差。这是一种防患于未然的控制方法。例如，项目实施前的技术交底、对拟进场工人进行安全教育培训等。

（2）事中控制。在项目实施过程中对项目计划的执行情况及效果进行现场检查、监督和指导的控制。例如，对拟使用的进场材料进行抽样检查、检查特殊工种的持证上岗情况、分部工程验收等。

（3）事后控制。在项目的阶段性工作或全部工作结束，或偏差发生之后再进行纠偏的控制。例如，项目的竣工验收，工程质量的评定等。

项目控制的重点应放在事前控制上，它经济有效，但需要丰富的经验。

2. 按照控制内容分类

项目控制的目的是为了确保项目的实施能满足项目的目标要求。对于项目可交付成果的目标描述一般都包括交付时间、成本和质量这三项指标，因此项目控制的基本内容就包括进度控制、费用控制和质量控制三项内容，俗称三大控制。

（1）进度控制。项目进行过程中，必须不断地监控项目的进程以确保每项工作都能按进度计划进行。同时，必须不断收集实际数据，并将实际数据与计划进行对比分析，必要时应采取有效的措施，使项目按预定的进度目标进行，避免工期的拖延。

（2）费用控制。费用控制就是要保证各项工作要在它们各自的预算范围内进行。费用控制的基础是事先制定的费用预算。费用控制的基本思路是：各部门定期上报其费用报告，再由控制部门对其进行费用审核，以保证各种支出的合理性，然后再将已经发生的费用与预算相比较，分析其是否超支，并采取相应的措施加以弥补。

（3）质量控制。质量控制的目标是确保项目质量能满足有关方面所提出的质量要求。质量控制的范围涉及项目质量形成全过程的各个环节。

在项目控制过程中，三大控制指标通常是相互矛盾和冲突的。如加快进度往往会导致成本上升和质量下降；降低成本也会影响进度和质量；同样过于强调质量也会影响工期和成本。因此，在项目的进度、成本和质量的控制过程中，还要注意对三者的协调。

3. 按照控制方式分类

可分为主动控制与被动控制。

（1）主动控制。预先确定影响计划的风险因素，分析目标偏离的可能性，拟定和采取各项预防性措施，使目标得以顺利实现。这是一种面对未来的控制，要尽力消除不利风险因素，使被动局面不易出现。

（2）被动控制。对项目的实施进行跟踪，发现偏差后，立即采取纠正措施，使目标一旦出现偏差就能得以纠正。

三、项目控制的基本程序

根据项目控制的定义，可以发现项目控制的依据是项目目标和计划，项目控制过程就是：制定项目控制目标，建立项目绩效考核标准；衡量项目实际工作状况，获取偏差信息；分析偏差产生原因和趋势，采取适当的纠偏行动。项目控制的基本程序如图1-2所示。

1. 制定项目控制目标，建立项目绩效考核标准

项目控制目标就是项目的总体目标和阶段性目标。总体目标通常表现为项目的总工期、总费用、总的质量要求等。阶段性目标可以是项目的里程碑事件要达到的目标，也可以是由项目总体目标分解来确定。例如，三峡工程的总工期为17年，分阶段施工，第一阶段工期为5年，第二阶段工期为6年，第三阶段工期为6年。

绩效考核标准通常根据项目的技术规范和说明书、预算费用计划、资源需求计划、进度计划等来制定。

2. 衡量项目实际工作状况，获取偏差信息

通过将项目执行过程中的各种绩效报告、统计资料等文件与项目合同、计划、技术规范等文件对比或定期召开项目控制会议等方式考查项目的执行情况，及时发现项目执行结果和预期结果的差异，以获取项目偏差信息。

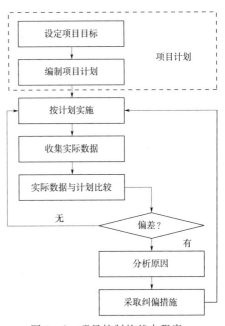

图1-2 项目控制的基本程序

项目偏差信息可以有两种形式，第一种形式是表格式的，分成若干行和列，行代表要进行偏差分析的对象，列显示实际的、计划的和偏差数据。在偏差报告中要跟踪的典型变量是进度和成本信息，见表1-2。

表1-2 偏差分析表

序号	分析对象	计划值	实际值	偏差
1	工期/d	300	312	12
2	成本/万元	4680	4500	-180

第二种形式是用图形来表示偏差。每个报告期间的计划数据用一条实线来表示，而实际数据用一条虚线表示，偏差就是任何时间点上两条曲线的差异，如图1-3所示。图形格式偏差报告的优点是可以显示项目报告期间内偏差的趋势，而数字报告只能显示当前报告期间内的数据。

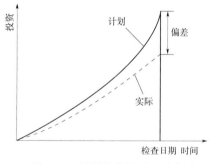

图 1-3　计划与实际对比示意图

3. 分析偏差产生原因和趋势，采取适当的纠偏措施

（1）偏差类型。

1）正向偏差。正向偏差意味着进度超前和（或）实际的费用小于计划费用。一般来说，正向偏差对项目而言是一件好事情。例如，进度产生正向偏差后，可以允许对进度进行重新安排，以尽早地完成项目；资源可以从进度超前的任务中调配给进度延迟的任务，从而解决潜在的资源冲突问题等。

但不是所有的正向偏差都能产生正面的效应。例如，费用的正向偏差（节约投资）很可能是由于在报告周期内计划完成的工作没有完成而造成的；进度超前，项目经理不得不重新修改进度和资源计划，这将打乱既定的施工节奏和材料、设备的进场计划。

2）负向偏差。负向偏差意味着进度延迟或（和）实际费用超出预算。进度延迟或超出预算都不是项目经理及项目管理层所愿意见到的。但正如正向偏差不一定是好消息一样，负向偏差也不一定是坏事。举例来说，项目在某一阶段超出预算了，一种可能的原因是在报告周期内比计划完成了更多的工作。为了准确分析进度和费用偏差，需要将两者结合起来分析才能得出正确的偏差信息。

在项目的实施过程中，正向偏差和负向偏差有时会交替发生，总体而言，偏差的大小会随着时间的推移而逐步减小，如图 1-4 所示。

（2）偏差原因分析。进度、成本等出现偏差，从项目参与者的角度分析，一般包括以下几方面原因：

1）业主的原因。如业主没有按合同规定提供施工场地，或应由业主提供的材料在时间和质量上不符合合同要求致使工期延误，或在项目执行过程中业主提出变更要求使得工程量大增而导致成本增加等。由于业主的原因造成的偏差应由业

图 1-4　偏差大小与时间的关系

主承担损失。为了避免这类风险，应在项目合同中对甲、乙双方的责任和义务作出明确的规定和说明。

2）项目承包方的原因。如合同中规定的由项目承包人负责的设计出现错误、项目施工计划不周、采用的项目实施方案不符合实际、项目执行过程中出现质量事故等。由于项目承包方责任造成的偏差应由承包人承担责任，承包人有责任纠正偏差或承担损失。

3）第三方的原因。第三方是指除业主与承包商以外的相关方。例如，政府对项目的不恰当干预、当地民众阻碍项目的施工等。第三方的原因造成的项目偏差，应由业主负责向第三方追究责任。

4）供应商的原因。供应商是指与项目承包人签订资源供应合同的单位，包括分包商、原材料供应商和提供加工服务的单位等。供应商造成项目偏差的原因包括：未按时提供原材料、材料质量不合格、分包的任务没有按期完成等。由供应商原因造成的项目偏差应由

承包商承担纠偏的责任和由此带来的损失，承包商可以依据其与供应商签订的交易合同向供应商提出损失补偿要求。为了避免这类风险，应在与供应商的合同中对供应商的责任和义务作出明确规定和说明。

5）不可抗力。所谓不可抗力，是指合同订立时不能预见、不能避免并不能克服的客观情况，如台风、洪水、冰雹、罢工、骚乱、战争等。不可抗力事件造成的偏差应由业主和承包人共同承担责任。

（3）纠偏措施。掌握了项目偏差信息，了解了项目偏差的根源，就可以有针对性地采取适当的纠偏措施，如修改设计、调整项目实施方案、更新项目计划、改善项目实施过程管理等，使项目的实施能朝着既定的目标前进。

第三节　项目计划与控制的基本原理、工具和技术

一、基本原理

（一）系统原理

所谓系统，指由若干相互联系、相互作用、相互依赖的要素组成的具有特定功能和确定目标的有机整体。系统是客观存在的，具有普遍性。从系统组成要素的性质来看，可以划分为自然系统和人造系统。从系统与环境的联系程度来看，可以划分为封闭系统和开放系统。从系统的状态与时间的关系来看，可以划分为静态系统和动态系统等。

1. 系统的特征

（1）整体性。系统的整体性通常理解为"整体大于部分之和"，这就是说，系统的功能不等于要素功能的简单相加，而是往往要大于各个部分功能的总和。

（2）层次性。任何较为复杂的系统都有一定的层次结构，其中低一级的要素是它所属的高一级系统的有机组成部分。

（3）目的性。所谓目的性，是指系统在一定的环境下，必须具有达到最终状态的特性（目标），它贯穿于系统发展的全过程，并集中体现了系统发展的总倾向和趋势。

（4）适应性。任何系统都存在于一定的环境之中，都要和环境有现实的联系。所谓适应性，就是指系统随环境的改变而改变其结构和功能的能力。

2. 系统运行原则

（1）动态原则。该原则是指任何系统的正常运转，不仅要受到系统本身条件的限制和制约，还要受到其他有关系统的影响和制约，其随着时间、地点的变化而发生变化。

（2）整分合原则。该原则的基本要求是充分发挥各要素的潜力，提高系统的整体功能，即首先要从整体功能和整体目标出发，对系统有一个全面的了解和谋划；其次，要在整体规划下实行明确的、必要的分工或分解；最后，在分工或分解的基础上，建立内部横向联系或协作，使系统协调配合、综合平衡地运行。

（3）反馈原则。反馈就是由控制系统把信息输送出去，又把其作用结果返送回来，并对信息的再输出发生影响，起到控制的作用，以达到预定的目的。系统平稳高效的运行离

不开灵敏、准确、迅速的反馈。例如，安全检查、隐患监控、考核评价等都是反馈原则在安全管理中的应用。

（4）封闭原则。该原则是指在任何一个管理系统内部，管理手段、管理过程等必须构成一个连续封闭的回路，才能形成有效的管理活动。例如，对于安全管理来说，执行、监督、反馈、奖惩必须配套实施，缺一不可。

（二）系统控制原理

所谓系统控制就是为了保证系统按预期目标运行，对系统的运行状况和输出进行连续的跟踪观测，并将观测结果与预期目标加以比较，如有偏差，及时分析偏差原因并加以纠正的过程。图1-5是简单的系统控制原理图。

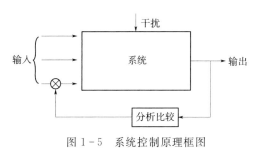

图1-5　系统控制原理框图

因为系统的不确定性和系统外界干扰的存在，系统的运行状况和输出出现偏差是不可避免的。一个好的控制系统既可以保证系统的稳定，又可以及时地发现偏差、有效地缩小偏差并迅速调整偏差，使系统始终按预期轨道运行；相反一个不完善的控制系统有可能导致系统的不稳定，甚至导致系统运行的失败，如图1-6所示。

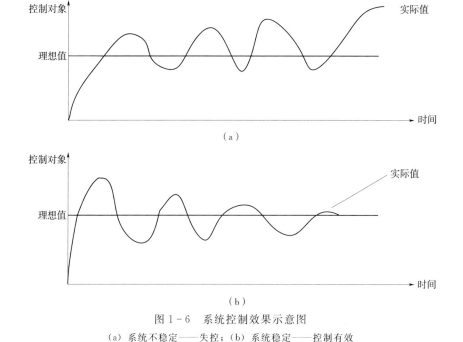

图1-6　系统控制效果示意图

（a）系统不稳定——失控；（b）系统稳定——控制有效

对于大型复杂系统，可以采取递阶控制方法，提高控制的效果。所谓递阶控制方法就是将大型复杂系统按层次逐层分解成相对独立、相对简单的子系统的控制方法。在子系统内部，系统结构相对简单，控制相对容易；在上层系统，可忽略子系统的内部细节，也可使上层系统控制简单化。对于一个大型复杂的项目，项目的工作分解结构为项目的递阶控制提供了方法工具。大型复杂项目的递阶控制如图 1-7 所示。

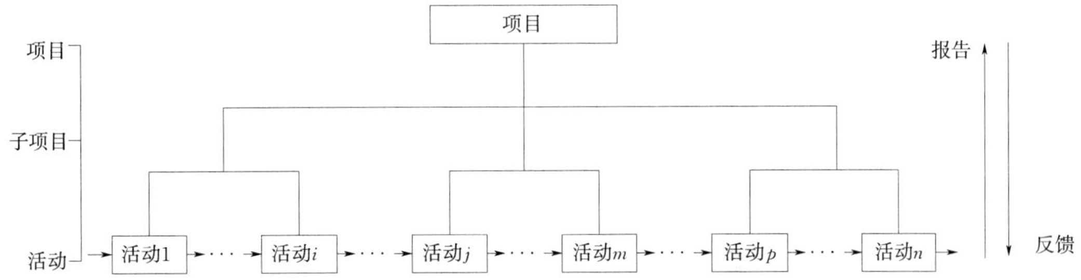

图 1-7 递阶控制系统

（三）PDCA 循环原理

1. PDCA 循环的定义

PDCA 是英语单词 Plan、Do、Check 和 Action 的第一个字母，PDCA 循环又叫戴明环，是美国质量管理专家戴明博士提出的，它是全面质量管理所应遵循的科学程序。项目计划的制订与组织实施、进度控制、质量控制、投资控制、安全控制等过程，也应该按照 PDCA 循环，不停顿地周而复始地进行下去，从而实现控制过程的持续改进。

（1）计划阶段（Plan）。主要是在调查问题的基础上制订计划。计划的内容包括确立目标、活动等，制定完成任务的具体方法。这个阶段包括 4 个步骤：①查找问题；②进行排列；③分析问题产生的原因；④制定对策和措施。

（2）实施阶段（Do）。就是按照制定的计划和措施去实施，即执行计划。这个阶段包括 1 个步骤，即：执行措施。

（3）检查阶段（Check）。就是检查生产（设计或施工）是否按计划执行，其效果如何。这个阶段包括 1 个步骤，即：检查采取措施后的效果。

（4）处理阶段（Action）。就是总结经验和清理遗留问题。这个阶段包括两个步骤：①建立巩固措施，即把检查结果中成功的做法和经验加以标准化、制度化，并使之巩固下来；②确定遗留问题，并将其转入下一个循环，即对本次循环中没有解决的问题或不完善之处列出来，作为下一次循环中应处理的内容。

上述 4 个阶段工作形成循环，不断重复，使工作不断改进，工作质量不断提高，如图 1-8（a）所示。同时还应该看到，各个阶段都有一个 PDCA 循环，形成一个大环套小环，一环扣一环，互相制约，互为补充的有机整体，如图 1-8（b）所示。一般来说，上一级循环是下一级循环的依据；下一级循环是上一级循环的落实和具体化。

2. PDCA 循环的特点

（1）大环套小环，小环保大环，互相促进，推动大循环。

（2）PDCA 循环是爬楼梯上升式的循环，每转动一周，质量就提高一步。

（3）PDCA 循环是综合性循环，4 个阶段是相对的，它们之间不是截然分开的。

（4）推动 PDCA 循环的关键是处理阶段。

（四）动态控制原理

1. 动态控制的工作程序

项目目标动态控制的工作程序如图 1-9 所示。

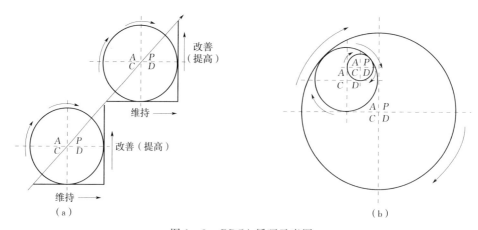

图 1-8 PDCA 循环示意图

（a）循环一次，改善一次，提高一步；（b）大环套小环，大小一起转

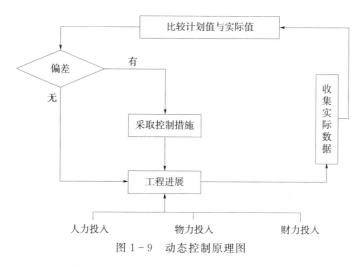

图 1-9 动态控制原理图

（1）项目目标动态控制的准备工作。将项目的目标进行分解，以确定用于目标控制的计划值。

（2）在项目实施过程中项目目标的动态控制。

1）收集项目目标的实际值，如实际投资，实际进度等。

2）定期（如每两周或每月）进行项目目标的计划值和实际值的比较。

3）经过比较后，如有偏差则采取纠偏措施进行纠偏。

（3）如有必要，则进行项目目标的调整，目标调整后再恢复到第一步。

由于在项目目标动态控制时要进行大量数据的处理，当项目的规模比较大时，数据处理的工作量就相当可观。采用计算机辅助的手段可高效、及时而准确地生成许多项目目标动态控制所需要的报表，如计划成本与实际成本的比较报表，计划进度与实际进度的比较报表等，将有助于项目目标动态控制的数据处理。

2. 常用纠偏措施

（1）组织措施。分析由于组织的原因而影响项目目标实现的问题，并采取相应的措施，如调整项目组织结构、任务分工、管理职能分工、工作流程和项目管理班子人员等。

（2）管理措施（包括合同措施）。分析由于管理的原因而影响项目目标实现的问题，并采取相应的措施，如调整进度管理的方法和手段，改变施工管理和强化合同管理等。

（3）经济措施。分析由于经济的原因而影响项目目标实现的问题，并采取相应的措施，如落实加快工程施工进度所需的资金等。

（4）技术措施。分析由于技术（包括设计和施工的技术）的原因而影响项目目标实现的问题，并采取相应的措施，如调整设计、改进施工方法和改变施工机具等。

当项目目标失控时，人们往往首先思考的是采取什么技术措施，而忽略可能或应当采取的组织措施和管理措施。组织论的一个重要结论是：组织是目标能否实现的决定性因素，应充分重视组织措施对项目目标的作用。

二、基本工具与技术

在项目计划与控制过程中，需要借助很多工具和技术，统计美国项目管理协会（PMI）所著《PMBOK》（第 5 版）提及的工具和技术，跟项目计划与控制有关的工具与技术见表 1-3（包括但不限于）。限于篇幅，本节仅介绍在进度、质量、投资和安全计划与控制中通用的基本工具和技术，其他专有工具和技术的介绍见后续有关章节。

表 1-3　　　　　　　项目计划与控制过程中使用的工具和技术

序号	工具与技术名称	序号	工具与技术名称	序号	工具与技术名称
1	专家判断	19	文件分析	37	敏感性分析
2	回归分析	20	关键链法	38	预期货币价值分析
3	问卷调查	21	资源优化技术	39	风险再评估
4	因果分析	22	假设情景分析	40	流程图
5	故障树分析	23	进度压缩技术	41	直方图
6	趋势分析	24	成本效益分析	42	随机抽样技术
7	挣值管理	25	帕累托图	43	计划评审技术
8	引导式研讨会	26	控制图	44	项目管理信息系统
9	群体决策技术	27	散点图	45	实验设计
10	头脑风暴	28	树形图	46	亲和图
11	滚动式规划	29	矩阵图	47	过程决策程序图
12	紧前关系绘图法	30	观察和交谈	48	储备分析
13	自下而上估算法	31	项目绩效评估	49	蒙特卡洛分析
14	类比估算	32	德尔菲技术	50	网络图
15	参数估算	33	核对单分析	51	甘特图
16	三点估算	34	SWOT 分析	52	S 型曲线
17	关键路径法	35	概率和影响矩阵	53	前锋线
18	标杆对照	36	工作分解结构	54	力场分析

（一）因果分析图法

因果分析图法是通过因果图表现出事物之间的因果关系，知因测果或倒果查因的分析方法。因果分析图的形状像鱼刺，故也叫鱼刺图。因果分析图法运用于项目管理中，就是以结果作为特性，以原因作为因素，逐步深入研究和讨论项目目前存在问题的方法，在进度、质量、投资偏差和事故原因分析中，使用较多。图 1-10 显示如何使用因果分析图法来分析安全事故产生的原因。一般情况下，可从人的不安全行为（安全管理、设计者、操作者等）和物质条件构成的不安全状态（设备缺陷、环境不良等）两大因素中从大到小，从粗到细，由表及里，进行深入分析，可得出类似如图 1-10 所示的鱼刺图。下面以事故分析为例，介绍因果分析图的绘制步骤及注意事项。

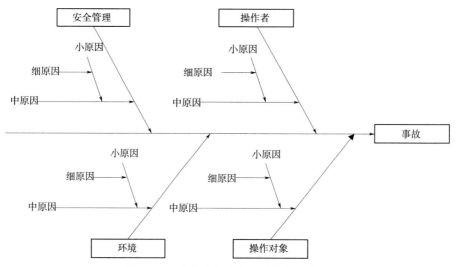

图 1-10　安全事故产生原因分析示意图

1. 绘制步骤

（1）确定要分析的某个特定问题或事故，写在图的右边，画出主干，箭头指向右端。

（2）确定造成事故的大类原因，如安全管理、操作者、材料、方法、环境等，画大枝。

（3）对上述大类原因进一步剖析，找出中原因，以中枝表示，一个原因画出一个枝，文字记在中枝线的上下。

（4）将上述中原因层层展开，找出小原因、细原因，一直到不能再分为止。

（5）确定因果鱼刺图中的主要原因，并标上符号，作为重点控制对象。

上述绘图步骤可归纳为：针对结果，分析原因；先主后次，层层深入。

2. 注意事项

（1）在寻找原因时，防止只停留在罗列表面现象，而不深入分析因果关系。

（2）原因表达要简练明确。

（二）工作分解结构

工作分解结构（Work Breakdown Structure，WBS）是项目管理重要的专业术语之一。其基本含义是把项目可交付成果和项目工作分解成较小的，更易于管理的组成部分，形成层次清晰的结构。如图 1-11 所示，最底层的称为工作包，根据需要还可以进一步分解为活动。WBS 是制定进度计划、资源需求、成本预算、风险管理计划和采购计划等的重要依据。

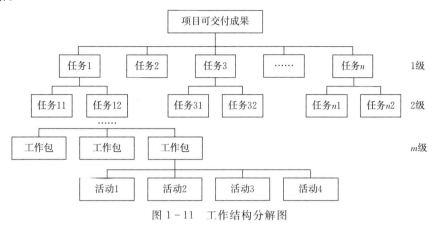

图 1-11　工作结构分解图

1. 创建 WBS 的基本要求

（1）某项任务应该在且只应该在 WBS 中的一个地方出现，即唯一性。

（2）WBS 中某项任务的工作内容是其下所有 WBS 子项的总和。

（3）一个 WBS 子项只能由一个人负责，即使许多人都可能在其上工作，也只能由一个人负责，其他人只能是参与者。

（4）WBS 必须与实际工作中的执行方式一致。

（5）应让项目团队成员积极参与创建 WBS，以确保 WBS 的一致性。

（6）每个 WBS 项都必须文档化，以确保准确理解已包括和未包括的工作范围。

（7）WBS 必须在根据范围说明书正常地维护项目工作内容的同时，也能适应无法避免的变更。

2. WBS 的分解方式

项目的分解可以采用多种方式进行，包括但不限于：

（1）按项目的功能分解。

（2）按照实施过程分解。

（3）按照项目的地域分布分解。

（4）按照项目的各个目标分解。

（5）按部门分解。

（6）按职能分解等。

3. WBS 的表示方法

WBS 可以由树形的层次结构图或者行首缩进的表格表示。在实际应用中，表格形式的 WBS 应用比较普遍，如图 1-12 所示。树形结构的 WBS 层次清晰，结构性很强，非常直观，但出现错误后不容易修改，对于大的、复杂的项目也很难表示出项目的全景，如图 1-13 所示。

0	软件开发
1	项目范围规划
2	分析软件需求
2.1	行为需求分析
2.2	起草初步的软件规范
2.3	制定初步预算
3	设计
4	开发
5	测试

图 1-12　表格形式的 WBS

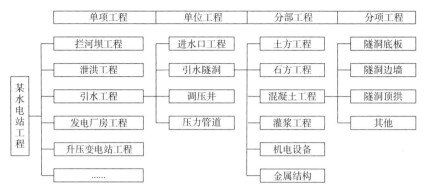

图 1-13 树型结构的 WBS

（三）德尔菲法

德尔菲法于 20 世纪 40 年代由戈登（Gordon）和赫尔默（Helmer）首创，后经美国兰德公司进一步发展而来。德尔菲法的实施程序一般分为组建工作小组、选择专家、设计问卷、实施调查、反馈汇总等步骤，如图 1-14 所示。

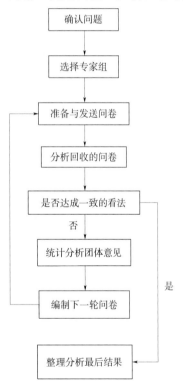

图 1-14 德尔菲法实施步骤

1. 组建工作小组

工作小组负责整个技术活动过程，包括拟订调查主题，选择专家，制定、发放、回收调查问卷；依据专家反馈意见进行整理、统计、分析等工作。

2. 选择专家

一般而言，所选择的专家应具有相关专业背景和敬业精神。从专家数量看，人数不能太少，考虑到有些专家可能中途退出，一般选择 20～50 人为宜。从专家来源看，尽可能选择来自政府、企业、高校、研究机构等方面的专家。

3. 问卷设计

问卷中要有相应的背景介绍材料，以说明本次研究的目的、意义和方法；要有根据研究主题设计出的具体问题；要有具体的填表说明，最好有一个范例供专家参考。为了最大限度地提高德尔菲问卷调查的质量，设计的问题必须清晰简练、形式要简单明确，让专家容易理解和判断；问题数也不宜过多。

4. 调查的实施

问卷一般需要经过两轮甚至更多轮的调查才能实现。首轮问卷一般包括专家信、背景资料、问卷等内容。第一轮问卷回收后，由工作小组对收回的问卷进行汇总、整理和分析。根据第一轮调查的结果有针对性地进行第二轮调查。将第一轮问卷的专家判断意见归纳综合，统计汇总，同第二轮问卷一起再次寄给专家，征询每一位专家在看完第一轮的结果之后是否有异议，如果某一位专家的意见与其他专家相比有较大的出入并坚持己见，则要请他给出理由。

整理第二轮调查材料并对前二轮调查结果进行综合分析，决定是否需要做第三轮问卷调查以获得更大的一致性，若专家的意见仍分歧很大，则有必要做第四轮甚至第五轮问卷调查，以获得较一致的结果。

复 习 思 考 题

1. 项目计划的作用有哪些？
2. 简述项目计划的编制程序。
3. 简述项目控制的分类。
4. 简述项目控制的基本程序。
5. 项目实施过程中为什么会产生偏差？产生偏差的原因有哪些？
6. 试用因果分析图来分析成本出现偏差的原因。
7. 简述德尔菲法的工作流程。
8. 简述动态控制的原理。
9. 假如由你负责组织即将举行的毕业纪念晚会，你将如何分解这项活动？请用 WBS 进行表述。

第二章 工程项目进度计划与控制

第一节 概 述

一、相关概念

1. 工程项目进度

进度是时间和速度的综合体，指活动进行的速度或活动所需的时间。人们常说某工程进度提前了，实际指工期提前了；人们还说工程施工进度太慢，实际指施工速度太慢。一般来说，进度慢或拖延工期将导致工程不能按期发挥效益；赶工加快进度或提前工期，则会增加成本，质量也容易出现问题。因此，进度应控制在一定范围内，并与成本和质量目标协调一致。工程项目进度，或称工程进度，指工程项目进行的速度或工程项目所需的时间。

2. 建设工期

指工程项目或单项工程从正式开工到全部建成投产或交付使用所经历的时间。建设工期一般按日历月计算，有明确的起止年月，并在建设项目的可行性研究报告中有具体规定。建设工期是具体安排建设计划的依据。

3. 合同工期

指完成合同范围工程项目所经历的时间，一般以日历天计。它的开始计算日期为承包人接到监理工程师开工通知令这一天。监理工程师发布开工通知令的日期和工程竣工日期在投标书附件中一般均有详细规定。合同实际工期除了该规定的天数外，还应包括索赔工期值。

4. 规定工期

指项目主管部门或项目业主对项目所需时间的具体规定，其表现形式可以是建设工期，还可以是合同工期。例如，当施工单位编制施工进度计划时，业主和施工单位签订的合同工期对施工单位来说就是规定工期。

5. 建设工期定额

建设工期定额是指在平均的建设管理水平、施工工艺和机械装备水平及正常的建设条件（自然的、社会经济的）下，建设项目或单项工程从正式开工到全部建成、验收合格交付使用全过程所需的额定时间。工期定额按月（或天）数计算。

建设工期定额是计算和确定建设项目工期的参考标准，对编制进度计划和工程进度控制具有指导作用。建设项目工期定额按项目的具体组成和内容不同，可分为整个建设项目的工期定额和单项工程的工期定额。各行业建设工期的定额，参见建设部《工程项目建设工期定额（汇编）》的有关表格。

二、编制进度计划前的主要基础工作

（一）排列活动顺序

工程项目经过逐级分解后的最小单元称为活动（或工作），为方便管理进度，有必要设计活动间的逻辑关系（活动顺序），然后借助于一定的工具来描述这种逻辑关系，以便进一步对工程进度作分析。

1. 活动逻辑关系的类型

活动逻辑关系一般可表达为平行关系、顺序关系和搭接关系 3 种形式。在这 3 种关系中，搭接关系是最基本的，平行关系和顺序关系可视为其特例。平行关系指两项活动同时开始，但不一定要同时完成，如图 2-1（a）所示。顺序关系指一项活动完成后，另一项活动才能开始，如图 2-1（b）所示。搭接关系指两项活动的开始时间或完成之间存在一定的联系，这种联系有四种基本形式：开始到开始（Start to Start，STS）、开始到完成（Start to Finish，STF）、完成到开始（Finish to Start，FTS）、完成到完成（Finish to Finish，FTF），如图 2-2 所示。

图 2-1　平行关系与顺序关系示意图

（a）平行关系；（b）顺序关系

图 2-2 中，（a）表示活动 A 开始一段时间后，其紧后工作 B 就可开始；（b）表示活动 A 开始一段时间后，其紧后工作 B 就可完成；（c）表示活动 A 完成一段时间后，其紧后工作 B 就可开始；（d）表示活动 A 完成一段时间后，其紧后工作 B 就可完成。

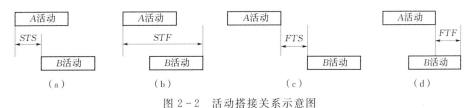

图 2-2　活动搭接关系示意图

2. 确定活动间的逻辑关系

活动间的逻辑关系常由活动的工艺关系和组织关系所决定。

（1）工艺关系。活动之间的逻辑关系由活动工艺决定的称为工艺关系。例如，某基础施工，分两个施工段，共包括 4 项工艺活动：开槽、浇垫层、浇筑混凝土条形基础、回填土，活动间的逻辑关系如图 2-3 所示，其中，槽 1→垫 1→基 1→填 1 为工艺关系。

（2）组织关系。活动之间的逻辑关系由组织活动的需要（如人力、材料、施工机械调配的需要）决定的称为组织关系。在图 2-3 中，槽 1→槽 2、垫 1→垫 2 等为组织关系。

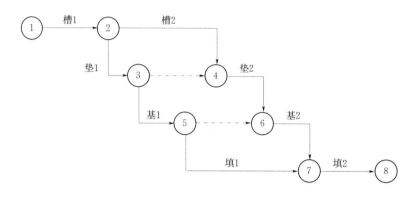

图 2-3　某基础工程关系示例图

3. 活动间逻辑关系的表达形式

活动间的逻辑关系可通过网络图形式清晰地表达出来，网络图有两种基本形式，即双代号网络图和单代号网络图。

（1）双代号网络图。双代号网络图由若干箭线和圆圈组成，箭线表示工作，圆圈称为节点，如图 2-4 所示。箭线上方的文字表示工作名称，下方的数字表示该工作的持续时间。每个节点都有编号，箭头节点编号应大于箭尾节点编号。图中，工作 A 可由 1—3 或 ①—③表示。双代号网络图由工作、节点、线路三个基本要素组成。

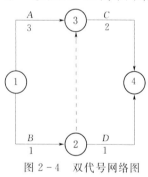

图 2-4　双代号网络图

1）工作。工作就是一个项目按需要粗细程度分解而成的、消耗时间或同时也消耗资源的子项目或活动。在双代号网络图中，工作用一条箭线来表示，但箭线的长短不反映该工作持续时间的大小。

a. 实工作与虚工作。按工作是否消耗时间与资源可将工作分为实工作和虚工作。实工作可分为两种类型：一是既消耗时间也消耗资源的工作，例如，浇筑混凝土构件；二是不消耗资源，仅占用一定时间的工作，如混凝土养护。虚工作既不消耗时间也不消耗资源，一般用带箭头的虚线表示，没有工作名称和持续时间。

b. 紧前工作和紧后工作。按照工作之间的相互关系，可将工作分为紧前工作和紧后工作。图 2-4 中，工作 D 的紧前工作是工作 B，而工作 C 的紧前工作是工作 A 和工作 B。工作 B 的紧后工作有两项，即工作 C 和工作 D。

c. 起始工作和结束工作。按照工作有无紧前工作或紧后工作，可将工作分为起始工作和结束工作。起始工作指该项工作没有紧前工作，如图 2-4 中的工作 A 和工作 B。没有紧后工作的工作称为结束工作，如图 2-4 中的工作 C 和工作 D。

2）节点。在双代号网络图中，箭线两端标有编号的圆圈就是节点。节点代表一项工作的开始或结束，它还可以表示工作之间的逻辑关系。例如，图 2-4 中节点②表示工作 B 的结束或工作 D 的开始，还可以表达工作 B 和 D 是先后关系。通常把节点①称为起点节点，节点④称为终点节点，其余节点均为中间节点。

对于工作 3—4 而言，节点④称为完成节点，节点③称为开始节点，同理，对于工作 1—2 而言，节点②称为完成节点，节点①称为开始节点。

网络图中每个节点都有唯一的编号，严禁重复。节点编号从起点节点开始从小到大依序到终点节点为止。对节点进行编号既可采用连续方式也可采用间断方式，例如将节点依次编号为 1、2、3、…或者 1、10、20、…。

3）线路。在双代号网络图中，从起点节点开始，沿着箭线方向顺序通过一系列箭线和节点，最后到达终点节点的通路称为线路。每一条线路的工期等于该线路上各项工作持续时间的总和，其计算式为

$$T_s = \sum D_{i-j} \tag{2-1}$$

式中：T_s 为第 s 条线路的工期；D_{i-j} 为第 s 条线路上某项工作 $i—j$ 的持续时间。

现以图 2-5 为例，分析其线路数目及线路工期。

第 1 条线路：①→②→④→⑤：$T_1=1+9+6=$ 16（d）

第 2 条线路：①→③→⑤：$T_2=2+1=3$（d）

第 3 条线路：①→②→③→⑤：$T_3=1+3+1=$ 5（d）

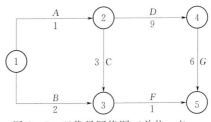

图 2-5 双代号网络图（单位：d）

通过分析计算可知，此网络图共有 3 条线路，其中第 1 条线路的工期最长。

双代号网络图中，工期最长的线路称为关键线路，其余线路为非关键线路。在一个网络图中，至少应有一条关键线路。位于关键线路上的工作称为关键工作，除此以外的其他工作都称为非关键工作。

网络图中的关键线路和非关键线路不是一成不变的，在一定条件下，二者可相互转化。当采用了一定的技术组织措施，缩短了关键线路上各工作的持续时间，就可能使关键线路发生转移，使原来的关键线路变成非关键线路。当非关键工作拖延时间过长，也可使所在的非关键线路转化为关键线路。

（2）单代号网络图。单代号网络图中，节点表示工作，箭线表示工作之间逻辑关系，除了虚拟的起点节点和终点节点外，没有其他的虚活动，如图 2-6 所示。单代号网络图一般由节点、箭线及线路三个基本要素构成。

1）节点。单代号网络图中，节点表示一项工作。节点一般用圆圈或矩形表示，节点编号、工作名称及持续时间标注在圆圈或方框内。节点必须编号，其编号方法及规则与双代号网络图相同。

2）箭线。单代号网络图中的箭线仅表示紧邻工作间的逻辑关系。箭线水平投影方向应自左向右，一般画成水平直线、折线或斜线。

单代号网络图中表达逻辑关系时无需使用虚箭线。但若几个工作同时开始或同时结束时，必须引入虚工作，以保证起点节点和终点节点的唯一性，如图 2-6 所示的节点①和

节点⑥。

3）线路。单代号网络图的线路同双代号网络图中线路的含义及性质一致，也分为关键线路和非关键线路。

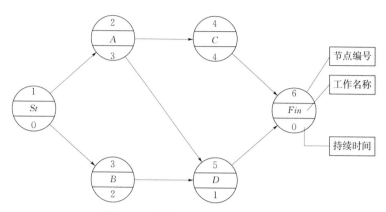

图 2-6　单代号网络图的表示方法

（二）估算活动持续时间

在工程量一定的情况下，工作持续时间与安排在工作上的设备水平、人员技术水平、人员与设备数量、效率等有关。在现阶段，工作持续时间的估算方法主要有下述几种。

1. 按实物工程量和定额标准计算

可根据工程量、人工、机械台班产量定额和合理的人、机数量按下式计算：

$$t=\frac{w}{Rmn} \tag{2-2}$$

式中：t 为工作持续时间，d；w 为工作的实物工程量；R 为产量定额；m 为施工人数（或机械台班数）；n 为每天工作班数，一般情况下，$n=1$。

2. 套用工期定额法

对于总进度计划中单位工程的持续时间，可根据国家制订的各类工程工期定额进行适当修改后套用。例如，水利水电工程可参照 1990 年印发的《水利水电枢纽工程项目建设工期定额》。

3. 三时估计法

有些工作没有确定的实物工程量，或不能用实物工程量来计算持续时间，又没有颁布的工期定额可套用，例如试验性工作或新工艺、新技术等。在这种情况下，可以采用三时估计法来计算：

$$t=\frac{t_o+4t_m+t_p}{6} \tag{2-3}$$

式中：t_o 为乐观估计时间；t_m 为最可能时间；t_p 为悲观估计时间。

上述三种时间是在经验基础上，根据实际情况估计出来的。

（三）编制项目工作明细表

活动逻辑关系、资源需要量以及持续时间确定后，即可编制工作明细表，见表 2-1。

在此基础上，就可以借助各种技术，编制项目进度计划。

表 2-1 工作项目明细表

代号	活动名称	工作量		资源		持续时间	紧前工作	紧后工作	备注
		数量	单位	名称	数量				
1	测量放线								
2	基础开挖								
⋮									

三、甘特图与网络计划技术

网络计划技术作为一种计划的编制和表达方法与一般常用的横道计划法具有同样的功能，对一项工程的施工安排，用这两种计划方法中的任何一种都可以把它表达出来，形成书面计划。但是由于表达形式不同，它们所发挥的作用也就各具特点。例如，有一项分三段施工的钢筋混凝土工程，用两种不同的计划方法表达出来，内容虽完全一样，但形式却各不相同，如图 2-7 和图 2-8 所示。

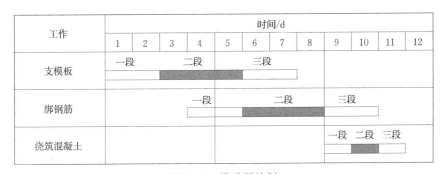

图 2-7 横道图计划

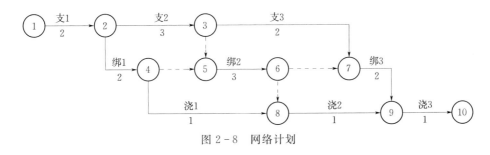

图 2-8 网络计划

1. 甘特图技术

甘特图又叫横道图、条状图，甘特图内在思想简单，即以图示的方式通过活动列表和时间刻度形象地表示出项目的活动顺序与持续时间。它以横轴表示时间，活动在图的左侧纵向排列，以活动所对应的横道线位置表示活动的开始时间和完成时间，横道线的长短表示活动持续时间的长短。

横道计划的优点是较易编制、简单、明了、直观、易懂。因为有时间坐标，各项工作的施工起讫时间、作业持续时间、工作进度、总工期以及流水作业的情况等都表示得清楚明确，一目了然；对人力和资源的计算也便于据图叠加。它的缺点主要是不能全面地反映出各工作相互之间的关系和影响，不便进行各种时间参数计算，不能客观地突出工作的重点（影响工期的关键工作），也不能从图中看出各项工作的潜力所在，这些缺点的存在，对改进和加强施工管理工作是不利的。

2. 网络计划技术

网络计划技术是随着现代科学技术和工业生产的发展而产生的，其应用的载体就是网络图，该技术最早出现在 20 世纪 50 年代后期的美国，目前已成为一种比较盛行的现代生产管理的科学方法。

网络计划技术的种类与模式很多，但以每项活动的持续时间和逻辑关系划分，可归纳为四种不同类型：逻辑关系肯定和持续时间肯定、逻辑关系肯定和持续时间不肯定、逻辑关系不肯定和持续时间肯定以及逻辑关系不肯定和持续时间不肯定。对应于逻辑关系肯定和持续时间肯定的技术称为关键线路法（CPM），对应于逻辑关系肯定和持续时间不肯定的技术称为计划评审技术（PERT），对应于逻辑关系不肯定和持续时间肯定的技术称为决策关键线路法（DCPM），对应于逻辑关系不肯定和持续时间不肯定的主要有三种：图示评审技术（GERT）、随机网络计划技术（QGERT）、风险型随机网络技术（VERT）。当前建筑业应用最广泛和有代表性的是 CPM 和 PERT。

网络计划的优点是把施工过程中的各有关工作组成了一个有机的整体，因而能全面而明确地反映出各工作之间的相互制约和相互依赖的关系。它可以进行各种时间参数计算，能在工作繁多、错综复杂的计划中找出影响工程进度的关键工作，便于管理人员集中精力抓施工中的主要矛盾，确保按期竣工，避免盲目抢工。通过利用网络计划中反映出来的各工作的机动时间，可以更好地运用和调配人力与设备，节约人力、物力，达到降低成本的目的。在计划的执行过程中，当某一工作因故提前或拖后时，能从计划中预见到它对其他工作及总工期的影响程度，便于及早采取措施消除不利的因素。此外，它还可以利用计算机和相关软件，对复杂的计划进行绘图、计算、检查、调整与优化。它的缺点是从图上很难清晰地看出流水作业的情况，也难以据一般网络图算出人力及资源需要量的变化情况。

第二节　工程项目进度计划

一、双代号网络计划

（一）双代号网络图的绘制

绘制双代号网络图必须遵守一定的基本规则，才能准确表达出各工作间的逻辑关系，使绘制出来的网络图易于识读和操作。

（1）网络图必须正确表达各项工作间的逻辑关系。工作间常见的逻辑关系及其表示方法，见表 2-2。

表 2-2　　　　　　　　　　　工作间常见逻辑关系及其表示方法

序号	工作之间的逻辑关系	网络图中的表示方法	序号	工作之间的逻辑关系	网络图中的表示方法
1	A、B 两项工作依次施工	①—A→②—B→③	6	A、B 结束后，C、D 才能开始	
2	A、B、C 三项工作同时开始施工		7	A 完成后，C 才能开始，A、B 完成后，D 才能开始	
3	A、B、C 三项工作同时结束		8	A、B、C 完成后，D 才能开始，B、C 完成后，E 才能开始	
4	A 结束后，B、C 才能开始		9	A、B 完成后，C 才能开始，B、D 完成后，E 才能开始	
5	A、B 结束后，C 才能开始				

（2）双代号网络图中严禁出现循环回路。如图 2-9 出现了闭合循环回路，这表明网络图在逻辑关系上是错误的，在工艺关系上是矛盾的。

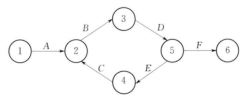

图 2-9　循环回路示意图

（3）双代号网络图中不允许出现双向箭杆和无箭头箭杆。如图 2-10 所示。

图 2-10　双向箭杆和无箭头箭杆示意图

（4）双代号网络图中不允许出现没有箭头节点或没有箭尾节点的箭线。如图 2-11 所示。

图 2-11 无箭头节点和无箭尾节点示意图

（5）双代号网络图只允许有一个起点节点和一个终点节点。

（6）双代号网络图中，每项工作都只有唯一的一条箭线及其相应的一对节点编号，且箭尾节点的编号应小于箭头节点的编号。

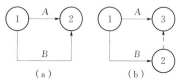

图 2-12 不同工作的节点编号相同示意图

如图 2-12（a）中的 A、B 两项工作，它们的节点编号都是①—②，那么工作 1—2 究竟指 A 还是 B，引起混淆。此时可增加一个节点和一条虚线，如图 2-12（b）才是正确的。

（7）绘制网络图时，应避免箭线交叉。若交叉不可避免，则应使用过桥法或指向法，如图 2-13 所示。

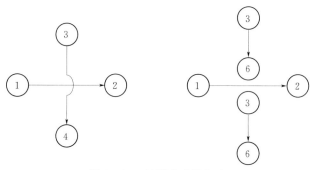

图 2-13 过桥法或指向法

（二）双代号网络图时间参数的计算

双代号网络图时间参数的计算方法主要有工作法和节点法。

1. 工作法

工作法就是以网络图中的工作（不包括虚工作）为对象，直接计算各项工作的时间参数。这些时间参数包括：工作的最早开始时间（ES）和最早完成时间（EF）、工作的最迟开始时间（LS）和最迟完成时间（LF）、工作的总时差（TF）和自由时差（FF）。

下面以图 2-14 所示双代号网络图为例，说明工作法计算时间参数的过程。

（1）计算工作的最早时间。工作最早时间的计算应从网络图的起点节点开始，顺着箭线方向依次进行。计算步骤如下：

1）对于起始工作，其最早开始时间规定为零。如在本例中，工作 A 和 B 的最早开始时间都为零，即

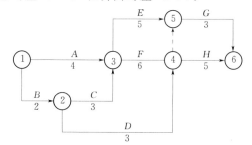

图 2-14 某工程的双代号网络图

$$ES_{1-3}=0, \quad ES_{1-2}=0$$

2）工作最早完成时间可利用以下公式进行计算

$$EF_{i-j} = ES_{i-j} + D_{i-j} \tag{2-4}$$

式中：EF_{i-j} 为工作 $i-j$ 的最早完成时间；ES_{i-j} 为工作 $i-j$ 的最早开始时间；D_{i-j} 为工作 $i-j$ 的持续时间。

本例中，工作 A 和工作 B 的最早完成时间分别为

$$EF_{1-2} = ES_{1-2} + D_{1-2} = 0 + 2 = 2$$
$$EF_{1-3} = ES_{1-3} + D_{1-3} = 0 + 4 = 4$$

3）其他工作的最早开始时间应等于其紧前工作最早完成时间的最大值，即

$$ES_{i-j} = \max \left[EF_{h-i} \right] \tag{2-5}$$

式中：EF_{h-i} 为工作 $i-j$ 的紧前工作 $h-i$ 的最早完成时间。

本例中，其他工作的最早时间分别为

$$ES_{2-3} = ES_{2-4} = EF_{1-2} = 2 \qquad EF_{2-3} = ES_{2-3} + D_{2-3} = 2 + 3 = 5$$
$$EF_{2-4} = ES_{2-4} + D_{2-4} = 2 + 3 = 5$$
$$ES_{3-4} = ES_{3-5} = \max[EF_{1-3}, \ EF_{2-3}] = \max[4, \ 5] = 5$$
$$EF_{3-4} = ES_{3-4} + D_{3-4} = 5 + 6 = 11$$
$$EF_{3-5} = ES_{3-5} + D_{3-5} = 5 + 5 = 10$$
$$ES_{4-6} = \max[EF_{3-4}, \ EF_{2-4}] = \max[11, \ 5] = 11$$
$$EF_{4-6} = ES_{4-6} + D_{4-6} = 11 + 5 = 16$$
$$ES_{5-6} = \max[EF_{3-5}, \ EF_{3-4}, \ EF_{2-4}] = \max[10, \ 11, \ 5] = 11$$
$$EF_{5-6} = 11 + 3 = 14$$

（2）确定网络计划的计算工期。网络计划的计算工期应等于结束工作的最早完成时间的最大值，即

$$T_c = \max \left[EF_{i-n} \right] \tag{2-6}$$

式中：T_c 为网络计划的计算工期；EF_{i-n} 为结束工作的最早完成时间。

本例中，网络计划的计算工期即为：

$$T_c = \max[EF_{5-6}, \ EF_{4-6}] = \max[14, \ 16] = 16$$

（3）确定网络计划的计划工期。在没有规定工期时（例如合同工期），网络计划的计划工期就等于计算工期，即 $T_P = T_c$。

本例中计划工期即为 $T_P = T_c = 16$。

（4）计算工作的最迟时间。工作最迟完成时间和最迟开始时间的计算应从网络计划的终点节点开始，逆着箭线方向依次进行，计算步骤如下：

1）结束工作的最迟完成时间等于网络计划的计划工期，即

$$LF_{i-n} = T_P \tag{2-7}$$

式中：LF_{i-n} 为结束工作的最迟完成时间。

本例中，工作 G 和 H 的最迟完成时间分别为：$LF_{4-6} = 16$，$LF_{5-6} = 16$。

2）工作的最迟开始时间可利用下式进行计算

$$LS_{i-j} = LF_{i-j} - D_{i-j} \tag{2-8}$$

式中：LS_{i-j} 为工作 $i-j$ 的最迟开始时间；LF_{i-j} 为工作 $i-j$ 的最迟完成时间。

本例中，$LS_{4-6}=LF_{4-6}-D_{4-6}=16-5=11$；$LS_{5-6}=LF_{5-6}-D_{5-6}=16-3=13$

3）其他工作的最迟完成时间等于其紧后工作最迟开始时间的最小值，即

$$LF_{i-j}=\min\left[LS_{j-k}\right] \tag{2-9}$$

式中：LS_{j-k} 为工作 $i-j$ 的紧后工作 $j-k$ 的最迟开始时间。

根据以上公式，本例中其他工作的最迟时间分别为

$$LF_{3-5}=LS_{5-6}=13$$
$$LS_{3-5}=LF_{3-5}-D_{3-5}=13-5=8$$
$$LF_{2-4}=LF_{3-4}=\min[LS_{1-6},LS_{5-6}]=\min[11，13]=11$$
$$LS_{2-4}=LF_{2-4}-D_{2-4}=11-3=8$$
$$LS_{3-4}=LF_{3-4}-D_{3-4}=11-6=5$$
$$LF_{1-3}=LF_{2-3}=\min[LS_{3-4},LS_{3-5}]=\min[5，8]=5$$
$$LS_{1-3}=LF_{1-3}-D_{1-3}=5-4=1$$
$$LS_{2-3}=LF_{2-3}-D_{2-3}=5-3=2$$
$$LF_{1-2}=\min[LS_{2-3},LS_{2-4}]=\min[2，8]=2$$
$$LS_{1-2}=LF_{1-2}-D_{1-2}=2-2=0$$

（5）计算工作的总时差。工作的总时差等于该工作最迟完成时间与最早完成时间之差，或该工作的最迟开始时间和最早开始时间之差，即

$$TF_{i-j}=LF_{i-j}-EF_{i-j}=LS_{i-j}-ES_{i-j} \tag{2-10}$$

式中：TF_{i-j} 为工作 $i-j$ 的总时差；其余符号同前。

本例中各项工作总时差的计算如下：

$$TF_{1-2}=LS_{1-2}-ES_{1-2}=0-0=0；\quad TF_{1-3}=LS_{1-3}-ES_{1-3}=1-0=1$$
$$TF_{2-3}=LS_{2-3}-ES_{2-3}=2-2=0；\quad TF_{2-4}=LS_{2-4}-ES_{2-4}=8-2=6$$
$$TF_{3-4}=LS_{3-4}-ES_{3-4}=5-5=0；\quad TF_{3-5}=LS_{3-5}-ES_{3-5}=8-5=3$$
$$TF_{4-6}=LS_{4-6}-ES_{4-6}=11-11=0；\quad TF_{5-6}=LS_{5-6}-ES_{5-6}=13-11=2$$

（6）计算工作的自由时差。工作自由时差的计算应按以下两种情况分别考虑：

1）对于有紧后工作的工作，其自由时差等于本工作之紧后工作最早开始时间减本工作最早完成时间所得之差的最小值，即

$$FF_{i-j}=\min\left[ES_{j-k}-EF_{i-j}\right] \tag{2-11}$$

式中：FF_{i-j} 为工作 $i-j$ 的自由时差；其余符号意义同前。

本例中，

$$FF_{1-2}=\min\left[ES_{2-3}-EF_{1-2}，ES_{2-4}-EF_{1-2}\right]=\min\left[2-2，2-2\right]=0$$
$$FF_{1-3}=\min\left[ES_{3-5}-EF_{1-3}，ES_{3-4}-EF_{1-3}\right]=\min\left[5-4，5-4\right]=1$$
$$FF_{2-3}=\min\left[ES_{3-5}-EF_{1-3}，ES_{3-4}-EF_{1-3}\right]=\min\left[5-5，5-5\right]=0$$
$$FF_{2-4}=\min\left[ES_{4-6}-EF_{2-4}，ES_{5-6}-EF_{2-4}\right]=\min\left[11-5，11-5\right]=6$$
$$FF_{3-4}=\min\left[ES_{4-6}-EF_{3-4}，ES_{5-6}-EF_{3-4}\right]=\min\left[11-11，11-11\right]=0$$
$$FF_{3-5}=ES_{5-6}-EF_{3-5}=11-10=1。$$

2）对于结束工作，其自由时差等于计划工期与本工作最早完成时间之差，即

$$FF_{i-n}=T_p-EF_{i-n} \tag{2-12}$$

如本例中，工作 G 和 H 的自由时差分别为

$$FF_{4-6} = T_P - EF_{4-6} = 16 - 16 = 0$$
$$FF_{5-6} = T_P - EF_{5-6} = 16 - 14 = 2$$

由于工作的自由时差是其总时差的构成部分，因此，当工作的总时差为零时，其自由时差也必然为零。例如本例中，工作 B、C、F 的总时差全部为零，则其自由时差也都为零。

（7）确定关键工作和关键线路。在网络计划中，总时差最小的工作为关键工作，特别当网络计划的计划工期等于计算工期时，总时差为零的工作就是关键工作。在本例中，工作 B、C、F、H 的总时差均为零，故它们都是关键工作。

关键工作确定之后，将关键工作首尾相连，便构成了从起点节点到终点节点的通路，这条通路就是关键线路。在关键线路上可能有虚工作存在。关键线路一般用粗箭线或双线箭线或彩色箭线标出。关键线路上各项工作的持续时间之和应等于网络计划的计算工期，这也是判断关键线路准确与否的准则。在上述计算过程中，将每项工作的六个时间参数均标注在图中，故称为六时标注法，如图 2-15 所示。

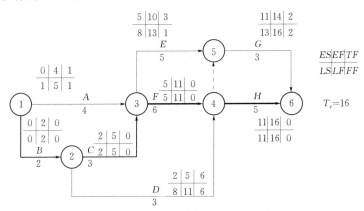

图 2-15　某工程双代号网络图的时间参数计算结果

2. 节点法

节点法就是先计算网络计划中各个节点的最早时间和最迟时间，再计算各项工作的时间参数及网络计划的计算工期。

下面以如图 2-16 所示双代号网络图为例，说明节点法计算时间参数的过程。

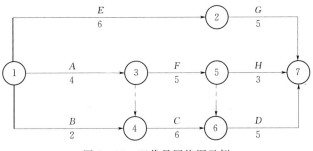

图 2-16　双代号网络图示例

（1）计算节点的最早时间（ET）。节点最早时间的计算应从网络计划的起点节点开始，顺着箭线方向依次进行。步骤如下：

1）网络计划起点节点，如果没有规定其最早时间，则其最早时间为零。本例中，节点①的最早时间为零，即 $ET_1 = 0$。

2）其他节点的最早时间按下式进行计算：

$$ET_j = \max\ [ET_i + D_{i-j}] \tag{2-13}$$

式中：ET_j 为工作 $i-j$ 的完成节点 j 的最早时间；ET_i 为工作 $i-j$ 的开始节点 i 的最早时间；D_{i-j} 为工作 $i-j$ 的持续时间。

本例中，其他节点的最早时间分别为

$$ET_2 = ET_1 + D_{1-2} = 0 + 6 = 6$$
$$ET_3 = ET_1 + D_{1-3} = 0 + 4 = 4$$
$$ET_4 = \max\ [ET_1 + D_{1-4},\ ET_3 + D_{3-4}] = \max\ [0+2,\ 4+0] = 4$$
$$ET_5 = ET_3 + D_{3-5} = 4 + 5 = 9$$
$$ET_6 = \max\ [ET_4 + D_{4-6},\ ET_5 + D_{5-6}] = \max\ [4+6,\ 9+0] = 10$$
$$ET_7 = \max\ [ET_5 + D_{5-7},\ ET_6 + D_{6-7},\ ET_2 + D_{2-7}] = \max\ [9+3,\ 10+5,\ 6+5] = 15$$

（2）网络计划的计算工期等于网络计划终点节点的最早时间，即

$$T_c = ET_n \tag{2-14}$$

式中：ET_n 为网络计划终点节点 n 的最早时间。

本例中，其计算工期为 $T_c = ET_7 = 15$。

（3）确定网络计划的计划工期。网络计划的计划工期按前面工作法的方法确定。假设未有规定工期，则其计划工期就等于计算工期，即 $T_p = T_c$。

（4）计算节点的最迟时间（LT）。节点最迟时间的计算应从网络计划的终点节点开始，逆着箭线方向依次进行。计算步骤如下：

1）网络计划终点节点的最迟时间等于网络计划的计划工期，即

$$LT_n = T_p \tag{2-15}$$

本例中终点节点⑦的最迟时间即为 $LT_7 = T_p = 15$。

2）其他节点的最迟时间按式（2-16）进行计算：

$$LT_i = \min\ [LT_j - D_{i-j}] \tag{2-16}$$

式中：LT_i 为工作 $i-j$ 的开始节点 i 的最迟时间；LT_j 为工作 $i-j$ 的完成节点 j 的最迟时间。

本例中，其他节点的最迟时间分别为

$$LT_6 = LT_7 - D_{6-7} = 15 - 5 = 10$$
$$LT_5 = \min\ [LT_6 - D_{5-6},\ LT_7 - D_{5-7}] = \min\ [10-0,\ 15-3] = 10$$
$$LT_4 = LT_6 - D_{4-6} = 10 - 6 = 4$$
$$LT_3 = \min\ [LT_4 - D_{3-4},\ LT_5 - D_{3-5}] = \min\ [4-0,\ 10-5] = 4$$
$$LT_2 = LT_7 - D_{2-7} = 15 - 5 = 10$$
$$LT_1 = \min\ [LT_3 - D_{1-3},\ LT_4 - D_{1-4},\ LT_2 - D_{1-2}] = \min\ [4-4,\ 4-2,\ 10-6] = 0$$

各节点计算后可标注在网络图中的相应位置，如图 2-17 所示。

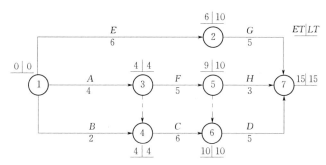

图 2-17 双代号网络图节点计算结果

（5）计算工作的六个时间参数。

1）工作的最早开始时间等于该工作开始节点的最早时间，即

$$ES_{i-j} = ET_i \tag{2-17}$$

2）工作的最早完成时间等于该工作开始节点的最早时间与其持续时间之和，即

$$EF_{i-j} = ET_i + D_{i-j} \tag{2-18}$$

3）工作的最迟完成时间等于该工作完成节点的最迟时间，即

$$LF_{i-j} = LT_j \tag{2-19}$$

4）工作的最迟开始时间等于该工作完成节点的最迟时间与其持续时间之差，即

$$LS_{i-j} = LT_j - D_{i-j} \tag{2-20}$$

5）工作的总时差可根据前面公式得到：

$$TF_{i-j} = LF_{i-j} - EF_{i-j} = LT_j - (ET_i + D_{i-j}) = LT_j - ET_i - D_{i-j} \tag{2-21}$$

6）工作的自由时差可根据下式进行计算：

$$FF_{i-j} = ET_j - ET_i - D_{i-j} \tag{2-22}$$

（6）确定关键线路和关键工作。总时差最小的工作为关键工作，由关键工作依次相连而成的线路即为关键线路，关键线路上的节点称为关键节点。关键工作两端的节点必为关键节点，但两端为关键节点的工作不一定是关键工作。如在图 2-18 中，节点①和节点④为关键节点，但工作 1—4 为非关键工作。

工作的六个时间参数及关键线路如图 2-18 所示。

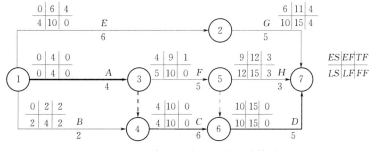

图 2-18 双代号网络图节点法计算结果

二、双代号时标网络计划

双代号时标网络计划实际上是将网络计划中活动逻辑关系的表达方法引入横道图，它

既克服了一般横道图中各项活动间逻辑关系的不确定，同时也克服了一般双代号网络计划中各时间参数表达不直观的缺陷。

（一）双代号时标网络计划的绘制

1. 双代号时标网络图绘制的基本规则

（1）绘制时标网络图时，应先按确定的时间单位画出时间表。时标可标注在时标表的顶部或底部。时标的长度单位必须标明，必要时，可在顶部时标之上或底部时标之下加注日历对应的时间。

（2）双代号时标网络图中，以实箭线表示实工作，虚箭线表示虚工作，波形线表示工作的自由时差。无论哪种箭线，在箭线末端都要绘出箭头。

（3）当工作中有自由时差时，其绘制方式如图 2-19 所示，波形线紧接在实箭线的末端；当虚工作有时差时，如工作 3—4，则按如图 2-19 所示进行绘制，要在波形线之后画虚线。

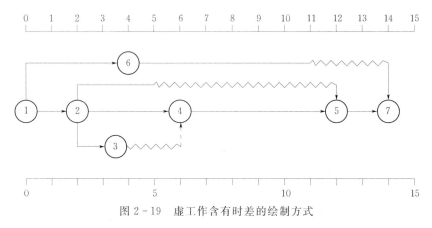

图 2-19 虚工作含有时差的绘制方式

（4）实箭线的水平长度表示该项工作的持续时间，在绘制双代号时标网络图时，箭线尽量采用水平线。

（5）双代号时标网络图一般按最早时间绘制。

2. 双代号时标网络图的绘制方法

双代号时标网络图的绘制方法主要有两种：一种是先绘制双代号网络图，计算工作的最早时间，然后绘制时标网络图，即间接绘制法；另一种是不计算网络计划的时间参数，直接根据时间参数在时标表上绘制，即直接绘制法。

（1）间接绘制法。

1）按逻辑关系绘制双代号网络图。

2）计算各项工作的最早时间。

3）绘制时标表。

4）在时标表上按最早开始时间，确定每项工作开始节点的位置，其布局尽量与双代号网络图一致。

5）按各工作的持续时间绘制相应工作的实线部分，其在时间坐标上的水平投影长度等于其持续时间；虚工作不消耗时间和资源，故必须以垂直虚线表示。

6）用波形线将实线部分与其紧后工作的开始节点相连接，即为该项工作的自由时差。

（2）直接绘制法。现以如图 2 - 20 所示双代号网络图为例，介绍直接绘制法绘制双代号时标网络图的步骤。

1）绘制时标表。

2）将网络图的起点节点定位在时标表的起始刻度线上。即将节点①定位在时标表的起始刻度线"0"位置上。

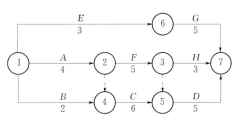

图 2 - 20 某双代号网络计划

3）按工作的持续时间绘制起始工作的箭线，如图 2 - 21 所示。

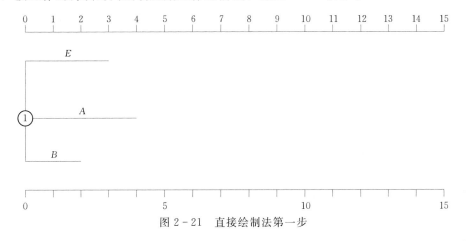

图 2 - 21 直接绘制法第一步

4）绘制其他节点时，必须在所有以该节点为完成节点的工作箭线均绘出后，定位在这些工作箭线的最右端。当某些工作箭线的长度不足以到达该节点时，用波形线补足，如图 2 - 22 所示。

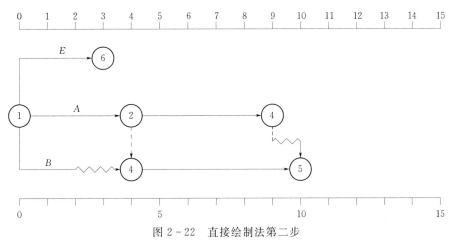

图 2 - 22 直接绘制法第二步

5）若虚箭线占用时间，用波形线表示。

6）用上述方法自左向右依次确定其他节点位置，直至终点节点位置，绘图完成。如图 2 - 23 所示。

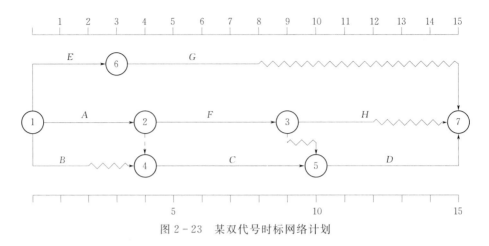

图 2-23　某双代号时标网络计划

（二）时间参数的计算及关键线路的确定

（1）计算工期的确定。双代号时标网络计划终点节点与起点节点时标值之差即为计算工期。

（2）最早时间的确定。按最早时间绘制的时标网络计划，每条箭线箭尾节点中心对应的时标值，就是工作的最早开始时间。箭线实线部分右端所对应的时标值即为工作的最早完成时间。虚工作的最早开始时间和最早完成时间相等，为其箭尾节点对应的时标值。

（3）工作自由时差的确定。双代号时标网络图中，工作自由时差值就等于其波形线在坐标轴上水平投影的长度。

（4）工作总时差的计算。工作总时差应自右向左逐个计算。

1）结束工作的总时差等于计划工期与该工作最早完成时间之差，即

$$TF_{i-n} = T_p - EF_{i-n} \qquad (2-23)$$

2）其他工作的总时差等于其所有紧后工作总时差值中的最小值与本工作自由时差之和。

$$TF_{i-j} = \min \left[TF_{j-k} + FF_{i-j} \right] \qquad (2-24)$$

（5）工作最迟时间的计算。由于已知工作的最早开始时间和最早结束时间及总时差，工作最迟时间可按下列公式进行：

$$LS_{i-j} = ES_{i-j} + TF_{i-j} \qquad (2-25)$$

$$LF_{i-j} = EF_{i-j} + TF_{i-j} \qquad (2-26)$$

（6）关键线路的确定。时标网络图中，自终点节点开始逆着箭头方向检查，始终不出现波形线的线路即为关键线路。关键线路用粗线、双线或彩线标出。

三、单代号网络计划

（一）单代号网络图的绘制

1. 单代号网络图绘制的基本原则

（1）准确表达各项工作之间的逻辑关系。

（2）网络图中不应出现循环回路。

（3）网络图中各工作的编号不能重复，一个编号只能代表一项工作。

（4）网络图中不能出现双箭头或无箭头线段。

（5）单代号网络图中的起点节点和终点节点唯一。

2. 绘制单代号网络图的注意事项

（1）在保证各工作间逻辑关系正确的前提下，应布局合理，条理清晰，重点突出。

（2）尽量避免交叉箭线。无法避免时，对较简单的交叉箭线，可采用过桥法。如图 2-24（a）所示箭线不可避免地出现了交叉，用过桥法处理后的网络图如图 2-24（b）所示。对于较复杂的相交路线可用增加中间虚拟节点来进行处理，以简化网络图，此时虚拟的节点不应编号，如图 2-25 所示。

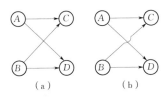 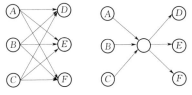

图 2-24　过桥法处理交叉箭线　　　图 2-25　虚拟节点处理交叉箭线示意图

（3）单代号网络图的绘制步骤、排列方法与双代号网络图类似，这里就不赘述。

（二）单代号网络图时间参数的计算

因单代号网络图的节点代表工作，因此单代号网络计划没有节点时间参数而只有工作时间参数，对于工作 i，它的六个时间参数是：最早开始时间、最早完成时间、最迟开始时间、最迟完成时间、总时差和自由时差。下面以图 2-26 为例，介绍时间参数的计算步骤。

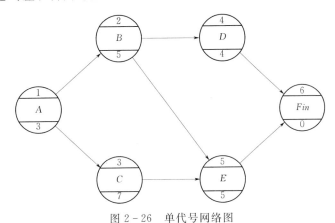

图 2-26　单代号网络图

1. 计算工作的最早时间

（1）网络计划起点节点所代表的工作，其最早开始时间未规定时取值为零。例如图 2-26 中所示，起点节点①所代表的工作的最早开始时间为零，即 $ES_1 = 0$。

（2）工作的最早完成时间应等于本工作的最早开始时间与其持续时间之和，即

$$EF_i = ES_i + D_i \qquad (2-27)$$

本例中，工作 A 的最早完成时间为 $EF_1 = ES_1 + D_1 = 0 + 3 = 3$。

（3）其他工作的最早开始时间应等于其紧前工作最早完成时间的最大值，即

$$ES_j = \max [EF_i] \qquad (2-28)$$

式中：ES_j 为工作 j 的最早开始时间；EF_i 为工作 j 的紧前工作 i 的最早完成时间。

依据上述公式，本例中其他工作的最早时间分别为

$ES_2 = EF_1 = 3$；$EF_2 = ES_2 + D_2 = 3 + 5 = 8$

$ES_3 = EF_1 = 3$；$EF_3 = ES_3 + D_3 = 3 + 7 = 10$

$ES_4 = EF_2 = 8$；$EF_4 = ES_4 + D_4 = 8 + 4 = 12$

$ES_5 = \max [EF_2, EF_3] = \max [8, 10] = 10$；$EF_5 = ES_5 + D_5 = 10 + 5 = 15$

$ES_6 = \max [EF_4, EF_5] = \max [12, 15] = 15$；$EF_6 = ES_6 + D_6 = 15 + 0 = 15$

2. 网络计划的计算工期

网络计划的计算工期等于其终点节点所代表的工作的最早完成时间。

本例中，其计算工期为

$$T_c = EF_6 = 15$$

3. 计算相邻两项工作之间的时间间隔

相邻两项工作之间时间间隔是指其紧后工作的最早开始时间与本工作最早完成时间的差值，即

$$LAG_{i,j} = ES_j - EF_i \qquad (2-29)$$

式中：$LAG_{i,j}$ 为工作 i 与紧后工作 j 之间的时间间隔；ES_j 为工作 i 的紧后工作 j 的最早开始时间；EF_i 为工作 i 的最早完成时间。

利用上式，本例中各工作间的时间间隔计算结果如下：

$LAG_{1,2} = ES_2 - EF_1 = 3 - 3 = 0$；$LAG_{1,3} = ES_3 - EF_1 = 3 - 3 = 0$

$LAG_{2,4} = ES_4 - EF_2 = 8 - 8 = 0$；$LAG_{2,5} = ES_5 - EF_2 = 10 - 8 = 2$

$LAG_{3,5} = ES_5 - EF_3 = 10 - 10 = 0$；$LAG_{4,6} = ES_6 - EF_4 = 15 - 12 = 3$

$LAG_{5,6} = ES_6 - EF_5 = 15 - 15 = 0$

4. 确定网络计划的计划工期

单代号网络图中，假设没有规定工期，则计划工期就等于计算工期。本例中，假设未规定要求工期，则其计划工期就等于计算工期，即

$$T_p = T_c = 15$$

5. 计算工作的总时差

工作总时差的计算应从网络计划的终点节点开始，逆着箭线方向按节点编号从大到小的顺序依次进行。

（1）网络计划终点节点 n 所代表的工作的总时差应等于计划工期与计算工期之差，即

$$TF_n = T_p - T_c \qquad (2-30)$$

当计划工期等于计算工期时，该工作的总时差为零。本例中，终点节点⑥的总时差为零，即：$TF_6 = 0$。

（2）其他工作的总时差应等于本工作与其紧后工作之间的时间间隔加上该紧后工作的总时差所得之和的最小值，即

$$TF_i = \min [LAG_{i,j} + TF_j] \qquad (2-31)$$

式中：TF_i 为工作 i 的总时差；$LAG_{i,j}$ 为工作 i 与其紧后工作 j 之间的时间间隔；TF_j 为工作 i 的紧后工作 j 的总时差。

根据上述公式，本例中各工作的总时差求解过程如下：

$$TF_5 = TF_6 + LAG_{5,6} = 0 + 0 = 0 ;\quad TF_4 = TF_6 + LAG_{4,6} = 0 + 3 = 3$$

$$TF_3 = TF_5 + LAG_{3,5} = 0 + 0 = 0$$

$$TF_2 = \min \left[TF_4 + LAG_{2,4} , \ TF_5 + LAG_{2,5} \right] = \min \left[3 + 0 , \ 0 + 2 \right] = 2$$

$$TF_1 = \min \left[TF_2 + LAG_{1,2} , \ TF_3 + LAG_{1,3} \right] = \min \left[2 + 0 , \ 0 + 0 \right] = 0$$

6. 计算工作的自由时差

（1）网络计划终点节点 n 所代表的工作的自由时差等于计划工期与本工作的最早完成时间之差，即

$$FF_n = T_p - EF_n \tag{2-32}$$

式中：FF_n 为终点节点 n 所代表的工作的自由时差；EF_n 为终点节点 n 所代表的工作的最早完成时间。

本例中终点节点⑥的自由时差为

$$EF_6 = T_p - EF_6 = 15 - 15 = 0$$

（2）其他工作的自由时差等于本工作与其紧后工作时间间隔的最小值，即

$$EF_i = \min \left[LAG_{i,j} \right] \tag{2-33}$$

本例中，其他各项工作的自由时差计算结果如下：

$$EF_5 = LAG_{5,6} = 0 ;\quad FF_4 = LAG_{4,6} = 3$$

$$FF_3 = LAG_{3,5} = 0$$

$$FF_2 = \min \left[LAG_{2,4} , \ LAG_{2,5} \right] = \min \left[0 , \ 2 \right] = 0$$

$$FF_1 = \min \left[LAG_{1,2} , \ LAG_{1,3} \right] = \min \left[0 , \ 0 \right] = 0$$

7. 计算工作的最迟时间

（1）工作的最迟完成时间等于本工作的最早完成时间与其总时差之和，即

$$LF_i = EF_i + TF_i \tag{2-34}$$

（2）工作的最迟开始时间等于本工作的最早开始时间与其总时差之和，即

$$LS_i = ES_i + TF_i \tag{2-35}$$

利用上式，本例中各节点最迟时间计算如下：

$$LS_1 = ES_1 + TF_1 = 0 + 0 = 0 ;\quad LF_1 = EF_1 + TF_1 = 3 + 0 = 3$$

$$LS_2 = ES_2 + TF_2 = 3 + 2 = 5 ;\quad LF_2 = EF_2 + TF_2 = 8 + 2 = 10$$

$$LS_3 = ES_3 + TF_3 = 3 + 0 = 3 ;\quad LF_3 = EF_3 + TF_3 = 10 + 0 = 10$$

$$LS_4 = ES_4 + TF_4 = 8 + 3 = 11 ;\quad LF_4 = EF_4 + TF_4 = 12 + 3 = 15$$

$$LS_5 = ES_5 + TF_5 = 10 + 0 = 10 ;\quad LF_5 = EF_5 + TF_5 = 15 + 0 = 15$$

$$LS_6 = ES_6 + TF_6 = 15 + 0 = 15 ;\quad LF_6 = EF_6 + TF_6 = 15 + 0 = 15$$

将以上计算结果标注在图 2-27 中的相应位置。

8. 确定网络计划的关键线路

（1）利用关键工作确定关键线路。如前所述，总时差最小的工作为关键工作。将这些关键工作相连，并保证相邻两项关键工作之间的时间间隔为零，构成的路线就是关键线路。

例如本例中，由于工作 A、工作 C、工作 E 的总时差均为零，故它们是关键工作。由上述三项关键工作与终点节点⑥组成的线路上，相邻两项工作之间的时间间隔全部为零，

故线路①—③—⑤—⑥为关键线路。

（2）利用相邻两项工作之间的时间间隔确定关键线路。从网络计划的终点节点开始，逆着箭线方向依次找出相邻两项工作之间时间间隔为零的线路即为关键线路。

关键线路找出后，用粗箭线或双箭线或彩色标出网络计划中的关键线路，如图 2-27 所示。

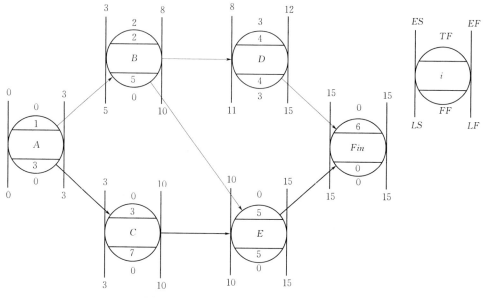

图 2-27　单代号网络图计算结果图示

四、单代号搭接网络计划

（一）单代号搭接网络图的绘制

1. 搭接关系的类型及表示方法

如前述，工作之间的搭接关系有四种类型：开始到开始的关系、开始到结束的关系、结束到开始的关系、结束到结束的关系。有时，工作之间还可能存在两种以上的搭接关系，称为混合搭接关系。

（1）开始到开始（STS）的搭接关系。如图 2-28 表示紧前工作 i 的开始时间和紧后工作 j 的开始时间之间的搭接关系，以 STS_{i-j} 来表示，即相邻两项工作 i 和 j，i 开始一段时间后，其紧后工作 j 就开始。

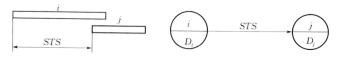

图 2-28　STS 时距示意图

从图 2-28 中可得出如下计算公式：

$$ES_j = ES_i + STS_{i-j} \tag{2-36}$$

$$LS_i = LS_j - STS_{i-j} \tag{2-37}$$

（2）开始到结束（STF）的搭接关系。如图 2-29 表示紧前工作 i 的开始时间和其紧后工作 j 的结束时间之间的搭接关系，以 STF_{i-j} 来表示，也即相邻两项工作 i 和 j，紧前工作 i 开始以后，经过一段时间，其紧后工作 j 必须结束。

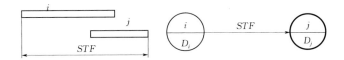

图 2-29　STF 时距示意图

从图 2-29 可得以下计算式：

$$EF_j = ES_i + STF_{i-j} \tag{2-38}$$

$$LS_i = LF_j - STF_{i-j} \tag{2-39}$$

（3）结束到开始（FTS）的搭接关系。如图 2-30 表示紧前工作 i 的结束时间和其紧后工作 j 的开始时间之间的搭接关系，以 FTS_{i-j} 来表示，也即相邻两工作 i 和 j，紧前工作 i 结束以后，经过一段时间，紧后工作 j 才能开始。

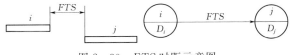

图 2-30　FTS 时距示意图

从图 2-30 可得计算式如下：

$$ES_j = EF_i + FTS_{i-j} \tag{2-40}$$

$$LF_i = LS_j - FTS_{i-j} \tag{2-41}$$

（4）结束到结束（FTF）的搭接关系。图 2-31 表示紧前工作 i 的结束时间与其紧后工作 j 的结束时间之间的搭接关系，以 FTF_{i-j} 来表示，也即相邻两工作 i 和 j，紧前工作 i 结束以后，经过一段时间，紧后工作 j 也必须结束。

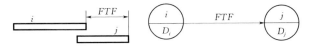

图 2-31　FTF 时距示意图

从图 2-31 可得计算式如下：

$$EF_j = EF_i + FTF_{i-j} \tag{2-42}$$

$$LF_i = LF_j - FTF_{i-j} \tag{2-43}$$

（5）混合搭接关系。在搭接网络计划中除了上述四种基本连接关系外，还有另外一种情况，就是同时由四种基本关系中的两种及以上构成的逻辑关系，如工作 i 和 j 可能同时存在 FTS 与 STF 的逻辑关系，如图 2-32 所示。

图 2-32 说明，相邻两工作 i 和 j 之间需同时满足结束到开始关系和开始到结束关系两项限制条件，它们之间的关系由这两种关系同时控制，此时应分别按两种关系各计算出一组时间参数，再取其中有决定性的一组。

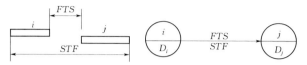

图 2-32 混合搭接关系示意图

2. 单代号搭接网络图的绘制

单代号搭接网络计划的绘制与单代号网络的绘图规则及方法基本相同，经过任务分解、确定逻辑关系和工作持续时间后，编制工作逻辑关系表，然后据此绘制单代号网络图，最后将搭接类型和时距标注在箭头上即可，如图 2-33 所示。

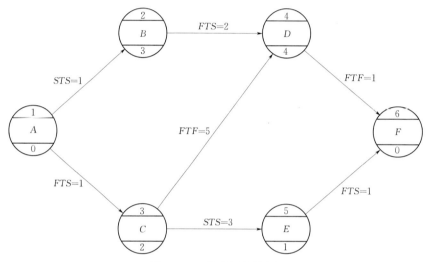

图 2-33 搭接网络计划

（二）单代号搭接网络计划时间参数的计算

单代号搭接网络计划时间参数的计算与前面单代号网络计划及双代号网络计划计算的原理基本一致，但计算过程中要特别注意相邻两项工作间的搭接关系，否则容易出错。

1. 计算工作的最早时间

工作最早时间的计算必须从网络的起点节点起顺着箭线方向依次进行，只有紧前工作的最早时间计算完成，才能计算本工作。

（1）起点节点代表的工作，其最早开始时间等于零。

（2）其他工作的最早时间根据不同的搭接关系，由以下公式进行计算：

1）当 i 和 j 是 STS 关系时

$$ES_j = ES_i + STS_{i-j} \qquad (2-44)$$

2）当 i 和 j 是 STF 关系时

$$EF_j = ES_i + STF_{i-j} \qquad (2-45)$$

3）当 i 和 j 是 FTS 关系时

$$ES_j = EF_i + FTS_{i-j} \qquad (2-46)$$

4）当 i 和 j 是 FTF 关系时

$$EF_j = EF_i + FTF_{i-j} \qquad (2-47)$$

若存在两种以上的搭接关系时，应分别按上式计算最早时间，然后取其最大值。

（3）工作最早完成时间与最早开始时间应满足下式：

$$EF_i = ES_i + D_i \qquad (2-48)$$

（4）计算工作最早时间时，可能出现最早开始时间为负值的现象，这是不符合逻辑的，这时应将该工作与起点节点用虚箭线连接起来，并将其逻辑关系定为 $STS=0$，然后按上述公式重新计算该工作的最早时间。

（5）终点节点所代表的工作，在正常情况下，其最早完成时间应在所有工作中是最大的，但有时也会出现某一个中间节点的最早完成时间大于终点节点的最早完成时间，此时，应将该节点与终点节点用虚箭线相连接，并将其逻辑关系定为 $FTF=0$，再按上述公式重新计算终点节点的最早时间。

2. 计算工期和计划工期的确定

计算工期应等于终点节点的最早完成时间。当无规定工期时，计划工期等于计算工期。

3. 计算工作的最迟时间

计算最迟时间参数必须从终点节点开始逆箭线方向进行，只有后续工作计算完毕，才能计算本工作。

（1）终点节点代表的工作，其最迟完成时间等于计划工期。

（2）其他工作的最迟时间应根据不同搭接关系按下列公式计算：

1）当 i 和 j 是 STS 关系时

$$LS_i = LS_j - STS_{i-j} \qquad (2-49)$$

2）当 i 和 j 是 STF 关系时

$$LS_i = LF_j - STF_{i-j} \qquad (2-50)$$

3）当 i 和 j 是 FTS 关系时

$$LF_i = LS_j - FTS_{i-j} \qquad (2-51)$$

4）当 i 和 j 是 FTF 关系时

$$LF_i = LF_j - FTF_{i-j} \qquad (2-52)$$

若存在两种以上的搭接关系时，应分别按上式计算最迟时间，然后取其最小值。

（3）任一工作的最迟开始时间和最迟完成时间应满足下式：

$$LS_i = LF_i - D_i \qquad (2-53)$$

（4）在计算过程中，当某项工作最迟完成时间大于计划工期时，应将该工作与终点节点用虚箭线相连接，并将其逻辑关系定为 $FTF=0$，然后重新计算该工作的最迟时间。

4. 计算相邻两项工作间的时间间隔

相邻两项工作间的时间间隔应根据其搭接关系不同，分别按下式进行计算：

（1）当 i 和 j 是 STS 关系时

$$LAG_{i,j} = ES_j - ES_i - STS_{i-j} \qquad (2-54)$$

（2）当 i 和 j 是 STF 关系时

$$LAG_{i,j} = EF_j - ES_i - STF_{i-j} \qquad (2-55)$$

（3）当 i 和 j 是 FTS 关系时

$$LAG_{i,j} = ES_j - EF_i - FTS_{i-j} \qquad (2-56)$$

（4）当 i 和 j 是 FTF 关系时

$$LAG_{i,j}=EF_j-EF_i-FTF_{i-j} \qquad (2-57)$$

5. 计算工作的自由时差

（1）终点节点工作的自由时差等于计划工期与本工作最早完成时间之差。

（2）其他工作 i 的自由时差等于其与紧后工作 j 的时间间隔的最小值，即

$$FF_i=\min\ [LAG_{i-j}] \qquad (2-58)$$

6. 计算工作的总时差

工作的总时差等于该工作最迟完成时间与最早完成时间之差，或该工作的最迟开始时间和最早开始时间之差，即

$$TF_i=LF_i-EF_i=LS_i-ES_i \qquad (2-59)$$

7. 确定关键工作和关键线路

同前述简单的单代号网络计划一样，可以利用相邻两项工作之间的时间间隔来判定关键线路。即从搭接网络计划的终点节点开始，逆着箭线方向依次找出相邻两项工作之间时间间隔为零的线路就是关键线路。关键线路上的工作即为关键工作，关键工作的总时差最小。

下面通过一个例子（图 2-34）来具体阐述单代号搭接网络计划的计算过程。

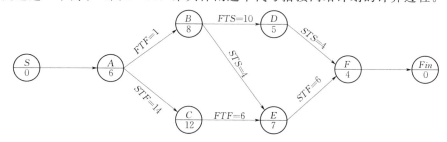

图 2-34 单代号搭接网络计划

解：（1）计算各工作的最早开始时间和最早完成时间。

工作 A：$ES_A=0$，$EF_A=6$。

工作 B：$EF_B=EF_A+FTF_{A,B}=6+1=7$，$ES_B=EF_B-D_B=7-8=-1$。工作 B 的最早开始时间出现负值，显然不合理。此时，将工作 B 与虚拟工作 S（起点节点）相连，如图 2-35 所示，然后重新计算工作 B 的最早时间，得：$ES_B=0$，$EF_B=8$。

工作 C：$EF_C=ES_A+STF_{A,C}=14$，$ES_C=EF_C-D_C=14-12=2$。

工作 D：$ES_D=EF_B+FTS_{B,D}=8+10=18$，$EF_D=ES_D+D_D=18+5=23$。

工作 E：$EF_E=EF_C+FTF_{C,E}=14+6=20$，$ES_E=20-7=13$；又因 $STS_{B,E}=4$，则 $ES_E=4$，$EF_E=11$。两者之间取大值得：$ES_E=13$，$EF_E=20$。

工作 F：$ES_F=ES_D+STS_{D,F}=22$，$EF_F=26$；又根据 $STF_{E,F}=6$，则 $EF_F=13+6=19$，$ES_F=19-4=15$。两者取大值得：$ES_F=22$，$EF_F=26$。

（2）确定计算工期和计划工期。

$$T_P=T_C=26$$

（3）计算工作最迟开始时间和最迟完成时间。

$$LF_F=T_P=26，LS_F=LF_F-D_F=26-4=22$$

$$LS_E = LF_F - STF = 26 - 6 = 20, \quad LF_E = LS_E + D_E = 27$$

由于其最迟完成时间超过了计划工期,故用虚箭线将其与虚拟的终点节点相连,然后重新计算时间参数,得:$LS_E = 19$,$LF_E = 26$。

$$LS_D = LS_F - STS = 22 - 4 = 18, \quad LF_D = LS_D + D_D = 23;$$

$$LF_C = LF_E - FTF = 26 - 6 = 20, \quad LS_C = LF_C - D_C = 8;$$

$$LF_B = LS_D - FTS = 18 - 10 = 8, \quad LS_B = LF_B - D_B = 8 - 8 = 0,\ 又根据\ STS_{B,E} = 4,$$

$$LS_B = LS_E - STS = 19 - 4 = 15,\ 两者取小值,得:LS_B = 0,\ LF_B = 8。$$

$$LF_A = LF_B - FTF = 8 - 1 = 7, \quad LS_A = LF_A - D_A = 7 - 6 = 1,\ 又根据\ STF_{A,C} = 14,$$

$$LS_A = LF_C - STF = 20 - 14 = 6,\ 两者取小值,得:LS_A = 1,\ LF_A = 7。$$

(4)计算相邻两项工作之间的时间间隔。

$$LAG_{A,B} = EF_B - EF_A - FTF_{A,B} = 8 - 6 - 1 = 1$$

$$LAG_{B,D} = ES_D - EF_B - FTS_{B,D} = 18 - 8 - 10 = 0$$

$$LAG_{D,F} = ES_F - ES_D - STS_{D,F} = 22 - 18 - 4 = 0$$

$$LAG_{B,E} = ES_E - ES_B - STS_{B,E} = 13 - 0 - 4 = 9$$

$$LAG_{A,C} = EF_C - ES_A - STF_{A,C} = 14 - 0 - 14 = 0$$

$$LAG_{C,E} = EF_F - EF_C - FTF_{C,E} = 20 - 14 - 6 = 0$$

$$LAG_{E,F} = EF_F - ES_E - STF_{E,F} = 26 - 13 - 6 = 7$$

$$LAG_{E,Fin} = EF_{Fin} - EF_E - FTF_{E,Fin} = 26 - 20 - 0 = 6$$

(5)计算工作的自由时差。

$$FF_A = \min [LAG_{A,B}, LAG_{A,C}] = 0, \quad FF_B = \min [LAG_{B,D}, LAG_{B,E}] = 0$$

$$FF_C = LAG_{C,E} = 0, \quad FF_D = LAG_{D,F} = 0$$

$$FF_E = \min [LAG_{E,F}, LAG_{E,Fin}] = \min [7, 6] = 6$$

$$FF_F = T_P - EF_F = 26 - 26 = 0$$

(6)计算总时差。

$$TF_F = 0, \quad TF_E = 6, \quad TF_D = 0$$

$$TF_C = 6, \quad TF_B = 0, \quad TF_A = 1$$

(7)确定关键线路。

由以上计算过程可知,工作 B 的最早开始时间为 0,它也是一个起始工作。从搭接网络计划的终点开始,逆着箭线方向依次找出相邻两项工作之间时间间隔为零的线路就是关键线路,则本例中,关键线路即为 S—B—D—F,计算结果如图2-35所示。

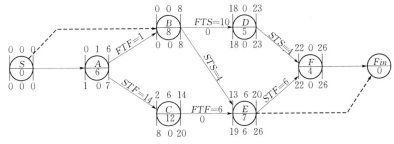

图 2-35 单代号网络搭接计划时间参数计算结果

五、计划评审技术

（一）主要假定及工期估计

1. 主要假定

计划评审技术（Program Evaluation and Review Technique，PERT）是一种常用的工作逻辑关系肯定而工作历时非肯定型的网络计划技术。其主要假定包括以下几点：

（1）每项活动是随机独立的，其持续时间服从正态分布。

（2）在这种网络图中，仅有一条线路占主导地位。

（3）在这种网络图中，关键线路持续时间服从正态分布。

2. 工期估计

计划评审技术与其他网络计划方法相比，在时间参数方面表现为工作持续时间估计的非肯定性。在编制 PERT 网络图时，需首先对工作的持续时间估计出三个互不相同的时间，称为三点估计方法。这三个时间如下：

（1）乐观估计时间 a。指在最有利情况下所需的进展时间，也是最短推断时间和最理想的估计时间。

（2）正常估计时间 m。指在正常条件下所需的进展时间。它指同样条件下，多次进行某项工作时，完成机会最多的估计时间。

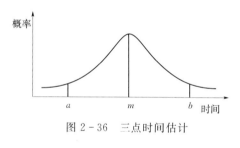

图 2-36　三点时间估计

（3）悲观估计时间 b。指在最不利情况下所需的进展时间。一般认为，悲观时间包括施工活动正常的耽误和延误时间，而不包括由不可预料的意外事件的影响而造成的停工时间。

假定工作的持续时间服从正态分布，如图 2-36 所示。以上三个时间值出现的概率是不同的，显然，m 发生的概率要大于 a 和 b 发生的概率。

当进一步假定 m 的可能性两倍于 a 和 b 的可能性时，则 m 与 a 的加权平均值为 $\dfrac{a+2m}{3}$；m 和 b 的加权平均值为 $\dfrac{2m+b}{3}$。由于工作的持续时间服从正态分布，因此，$\dfrac{a+2m}{3}$ 和 $\dfrac{2m+b}{3}$ 各有一半实现的可能，则二者的平均值为三点估计持续时间的期望值，可用下式表达：

$$\bar{D}=\frac{1}{2}\left(\frac{a+2m}{3}+\frac{2m+b}{3}\right)=\frac{a+4m+b}{6} \qquad (2-60)$$

反映三点估计持续时间概率分布的离散程度，可用方差或均方差表示，方差为

$$\sigma^2=\frac{1}{2}\left[\left(\frac{a+4m+b}{6}-\frac{a+2m}{3}\right)^2+\left(\frac{a+4m+b}{6}-\frac{2m+b}{3}\right)^2\right]=\left(\frac{b-a}{6}\right)^2 \qquad (2-61)$$

均方差为

$$\sigma=\sqrt{\left(\frac{b-a}{6}\right)^2}=\frac{b-a}{6} \qquad (2-62)$$

σ 的数值越大，表示持续时间概率分布的离散程度越大，说明估计时间具有较大的不

肯定性；σ 的数值越小，表示持续概率分布的离散程度越小，说明估计时间具有较大的肯定性和代表性。

求出三点估计持续时间期望值后，就可将非肯定型问题化为肯定型问题。

（二）计划评审技术的参数计算

由于计划评审技术中时间估计的随机性，整个 PERT 网络计划中时间参数的计算结果也存在某些不确定性，这就需要计算时间参数的期望值和相应方差。PERT 网络计划时间参数的计算，只需将双代号网络计划时间参数的计算方法引入并结合 PERT 网络计划的特点即可。

下面以图 2-37 和表 2-3 为例说明 PERT 网络计划时间参数计算的方法。

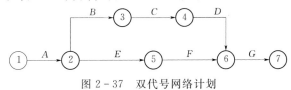

图 2-37 双代号网络计划

（1）首先根据各工作的三个估计时间 a、m 和 b，运用式（2-60）和式（2-61）计算每项工作的平均值和方差。将计算结果填入表 2-3 最后两栏。

表 2-3 工作名称及持续时间估计表

工作	节点代号	乐观估计时间	最可能估计时间	悲观估计时间	期望历时	方差
A	1—2	10	10	10	10	0
B	2—3	18	20	22	20	0.44
C	3—4	6	7	14	8	1.77
D	4—6	20	25	60	30	44.44
E	2—5	10	20	60	25	69.44
F	5—6	10	20	60	25	69.44
G	6—7	18	20	46	24	21.77

（2）计算节点最早时间的期望值。

1）网络计划的起点节点，如没有特殊规定，其最早时间为零。

2）其他节点的最早时间期望值按下式进行计算：

$$ET_j = \max \left[ET_i + D_{i-j} \right] \tag{2-63}$$

（3）节点最早时间方差的计算。节点最早时间方差的计算应从网络计划的起点节点开始，顺着箭线方向依次进行。步骤如下：

1）网络计划的起点节点，其方差为零。如本例中，$\sigma_1^2 = 0$。

2）其他节点最早时间的方差可按下式计算：

$$\sigma_j^2 = \sigma_i^2 + \sigma_{i-j}^2 \tag{2-64}$$

式中：i 节点与式（2-63）取最大值时确定的 i 节点相同。

下面以图 2-37 所示 PERT 网络图为例，利用上述公式，计算节点最早时间期望值和方差。计算过程如下：

节点 1：$ET_1 = 0$，$\sigma_1^2 = 0$。

节点 2：$ET_2 = ET_1 + D_{1-2} = 0 + 10 = 10$，$\sigma_2^2 = \sigma_1^2 + \sigma_{1-2}^2 = 0 + 0 = 0$。

节点 3：$ET_3 = ET_2 + D_{2-3} = 10 + 20 = 30$，$\sigma_3^2 = \sigma_2^2 + \sigma_{2-3}^2 = 0 + 0.44 = 0.44$。

节点 4：$ET_4 = ET_3 + D_{3-4} = 30 + 8 = 38$，$\sigma_4^2 = \sigma_3^2 + \sigma_{3-4}^2 = 0.44 + 1.77 = 2.21$。

节点 5：$ET_5 = ET_2 + D_{2-5} = 10 + 25 = 35$，$\sigma_5^2 = \sigma_2^2 + \sigma_{2-5}^2 = 0 + 69.44 = 69.44$。

节点 6：$ET_6 = ET_4 + D_{4-6} = 38 + 30 = 68$，$\sigma_6^2 = \sigma_4^2 + \sigma_{4-6}^2 = 2.21 + 44.44 = 46.45$。

节点 7：$ET_7 = ET_6 + D_{6-7} = 68 + 24 = 92$，$\sigma_7^2 = \sigma_6^2 + \sigma_{6-7}^2 = 46.65 + 21.77 = 68.42$。

（4）计算节点最迟时间的期望值。节点最迟时间期望值的计算应从网络计划的终点节点开始，逆着箭线方向依次进行。步骤如下：

1）网络计划终点节点的最迟时间期望值等于网络计划的工期，在没有特殊说明的情况下，终点节点的最迟时间期望值等于其最早时间期望值。即

$$LT_n = ET_n \qquad (2-65)$$

2）其他节点的最迟时间的期望值 LT_i 按下式进行计算：

$$LT_i = \min [LT_j - D_{i-j}] \qquad (2-66)$$

（5）节点最迟时间方差的计算。节点最迟时间方差的计算应从网络计划的终点节点开始，逆着箭线方向依次进行。步骤如下：

1）网络计划终点节点，其方差为零。如本例中，节点 6 的最迟时间的方差为零，即 $\sigma_6^2 = 0$。

2）其他节点的最迟时间方差 σ_i^2 按下式进行计算：

$$\sigma_i^2 = \sigma_j^2 + \sigma_{i-j}^2 \qquad (2-67)$$

式中：j 节点与式（2-66）取最小值确定的 j 节点相同。

各节点相应时间参数及工作持续时间期望值计算结果如图 2-38 所示。

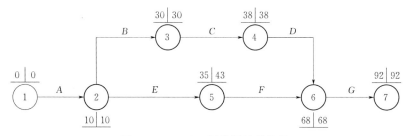

图 2-38 PERT 网络图计算结果

（6）确定期望关键线路。计划评审技术中，各条线路中有一条线路，其上各工作的期望历时之和最大，这条线路即为期望关键线路。若存在几条最长的线路，则方差之和小的线路为期望关键线路。在本例中①—②—③—④—⑥—⑦为期望关键线路。

（7）期望计算工期 T_e。T_e 为终点节点 n 的最早时间期望值，可用下式表示，也即期望关键线路的长度。

$$T_e = ET_n \qquad (2-68)$$

（8）完工概率的计算。根据概率论的中心极限定理，凡是由许多微小的相互独立的随机变量所组成的随机变量，可以当做正态分布处理。因而有理由认为，任何事件的完工时间是符合正态分布的。有了这样一个假设，只要计算出每项工作预计完工时间的平均值和

方差，就可以求出各个事件按期完工的概率。

设工程在计划工期 T_P 前完工的概率为 $P(t \leqslant T_P)$，项目的工期 t 为一随机变量，假定服从正态分布，如图 2-39 所示，T_e 为该工程的期望完成时间值，σ_T 为对应的标准差。

$$P(t \leqslant T_P) = \int_{-\infty}^{T_P} \frac{1}{\sigma_T \sqrt{2\pi}} e^{-\frac{1}{2}\left(\frac{t-T_e}{\sigma_T}\right)^2} \mathrm{d}t \qquad (2-69)$$

显然，若 $T_P = T_e$，其完工概率 $P = 0.5$；当 $T_P > T_e$ 时，$P > 0.5$；若 $T_P < T_e$，则 $P < 0.5$。此外，σ_T 值越大，则曲线的离散程度也越大。所以工程的完工概率值，主要取决于 T_P、T_e 及 σ_T 值的大小。

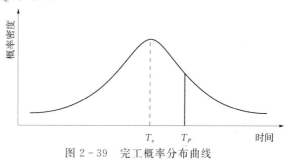

图 2-39 完工概率分布曲线

在实际计算中，为了方便起见，可将式（2-69）转换为标准正态分布，利用标准正态分布表查表计算。为此，做如下变换：

令 $T = \dfrac{t - T_e}{\sigma_T}$，则式（2-69）变换为

$$P\left(T \leqslant \frac{T_P - T_e}{\sigma_T}\right) = \int_{-\infty}^{\frac{T_P - T_e}{\sigma_T}} \frac{1}{\sqrt{2\pi}} e^{-\frac{T^2}{2}} \mathrm{d}T \qquad (2-70)$$

因此，只要知道了 T_e、σ_T 及计划工期 T_P，即可计算出难度系数 λ：

$$\lambda = \frac{T_P - T_e}{\sigma_T} \qquad (2-71)$$

根据 λ 值，就可以从标准正态分布表中查得在计划工期 T_P 下的完工概率 P。λ 称为难度系数，λ 越大，表明按计划工期完工的可能性越大。

本例中，$T_e = 92$，$\sigma_T = \sqrt{68.42}$，假定 $T_P = 100\mathrm{d}$，则

$$\lambda = \frac{T_P - T_e}{\sigma_T} = \frac{100 - 92}{\sqrt{68.42}} = 0.97$$

查标准正态分布表知：网络计划在 100d 内完工的概率为 $P = 83.4\%$。计划工期 T_P 不同，则完工概率也不同，计算结果见表 2-4。

表 2-4　　　　　　　　　计　算　结　果

节点号	期望工期 T_e	标准差 σ_T	计划工期 T_P	$\lambda = \dfrac{T_P - T_e}{\sigma_T}$	完工概率 $P/\%$
7	92	8.27	80	-1.45	7.4
			90	-0.24	40.1
			92	0	50.0
			100	0.97	83.4
			115	2.78	99.7

有时根据需要，先确定了工程按期完工的概率，要求确定计划工期 T_P，由式(2−71)可得

$$T_P = T_e + \lambda\sigma_T \tag{2-72}$$

显然，只要 P 一定，即可查正态分布表得到 λ 值，从而可计算出计划工期 T_P 值。例如给定 $P=90\%$，查标准正态分布表可得 $\lambda=1.29$，则计划工期为

$$T_P = T_e + \lambda\sigma_T = 92 + 1.29 \times 8.27 = 103 \ (d)$$

六、工期优化

绘制网络计划并计算出网络计划的全部时间参数后，就得到了一个初始的进度计划，但这个计划不一定是最优的。进度计划的优化就是在满足既定约束条件下，利用最优化原理，按照选定的目标，通过不断改进初始方案而寻求满意方案的过程。进度计划优化的目标可分为三类：工期优化、资源优化和费用优化。本节只介绍工期优化，关于资源优化和费用优化，详见第三章和第四章的相关内容。

工期优化的目标就是使网络计划的计算工期小于规定工期，其优化方法分成两种：一是改变工作之间的逻辑关系；二是缩短关键工作的持续时间。

1. 改变工作之间的逻辑关系

（1）将串联方式改为并联方式。将工艺上并无先后要求的活动，由串联方式改为并联方式，可大大缩短项目的总工期。例如，某一分项工程，由活动 A、B 和 C 组成，假定活动的持续时间均为 3d，这三项活动之间并无工艺上的先后要求。若将 A、B 和 C 安排成串联方式（先后关系），则项目的总工期为 9d；但若将 A、B 和 C 安排成并联方式（同时开始），则项目的总工期为 3d。两种方式相比，项目的总工期被缩短了 6d，如图 2−40 所示。

（2）将串联活动改为并联交叉活动。将串联的关键活动改为并联活动对工期优化的效果最大，但因为工艺要求的限制，一般可做这种改动的活动并不多。因此，组织平行交叉生产便成为工期优化的最有效方法。此种方法就是不改变工作间的逻辑关系，不缩短各活动总的持续时间，只将串联进行的各项活动各自细分为几段，再进行并行交叉作业，即进行分段流水施工。

例如上例中，假如将施工作业面分成两个施工段，相应的每个活动也被分解成两个子任务，A 分解成 $A1$ 和 $A2$，B 分解成 $B1$ 和 $B2$，C 分解成 $C1$ 和 $C2$，由于工作量减半，活动的工期也减半，即所有子任务的工期为 1.5d。将子任务组织成流水施工，如图 2−41 所示，项目总工期为 6d。

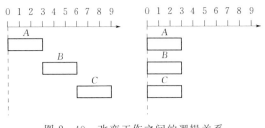

图 2−40　改变工作之间的逻辑关系

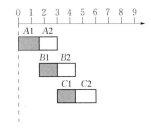

图 2−41　分段流水施工

2. 压缩关键活动的持续时间

在工期优化的过程中，按照经济合理性原则，不能将关键工作压缩成非关键工作。若

压缩过程中出现多条关键线路，则各条关键线路的持续时间必须压缩相同的数值。这一方法的实施步骤如下：

（1）计算并找出初始网络计划的计算工期、关键工作和关键线路。

（2）按规定工期计算应缩短的持续时间：

$$\Delta T = T_c - T_r \tag{2-73}$$

式中：T_c 为计算工期；T_r 为规定工期。

（3）确定各关键工作能缩短的持续时间。

（4）选择关键工作，压缩其持续时间，并重新计算网络计划的计算工期。选择关键工作时宜考虑下列因素：

1）缩短持续时间对质量和安全影响不大的工作。

2）有充足备用资源的工作。

3）缩短持续时间所需增加的费用最少的工作。

（5）若计算工期仍超过规定工期时，则重复以上（1）～（4）步骤，直到计算工期满足规定工期为止。

（6）当所有关键工作的持续时间都已达到其能缩短的极限，而工期仍不能满足要求时，应对原技术方案、组织方案进行调整或对规定的工期重新进行审定。

下面以图 2-42 为例，介绍工期优化的具体步骤。图中括号外数据为工作正常持续时间，括号内数据为工作最短持续时间，假设规定工期为 120d，试对其进行工期优化（优先次序按关键工作最早开工时间的先后来确定）。

解：（1）用工作正常持续时间计算节点的最早时间和最迟时间，找出网络计划的关键工作及关键线路，如图 2-43 所示。其中关键线路用双箭线表示，为 1—3—4—6，关键工作为 1—3、3—4、4—6。

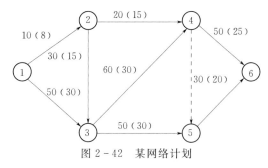

图 2-42　某网络计划

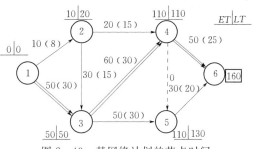

图 2-43　某网络计划的节点时间

（2）计算应缩短的时间：

$$\Delta T = T_c - T_r = 160 - 120 = 40 \ (d)$$

（3）根据规定，首先选择关键工作 1—3 作为压缩对象。若将关键工作 1—3 压缩至 30d，则 1—3 变成了非关键工作，这不符合既定规则，故只能将其持续时间缩短至 40d，此时，网络计划中出现了两条关键线路：1—3—4—6 和 1—2—3—4—6，如图 2-44 所示。此

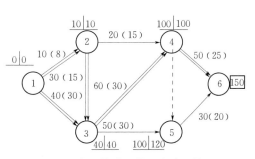

图 2-44　某网络计划第一次调整结果

51

时计算工期为150d，仍大于规定工期，故需继续压缩。

（4）选择关键工作1—2和1—3作为压缩对象，将其持续时间同时压缩2d。此时，关键工作1—2已被压缩成最短持续时间，计算工期为148d，仍大于规定工期，故需继续压缩。

选择关键工作2—3和1—3作为压缩对象，将其持续时间同时压缩8d，工作1—3已被压缩成最短持续时间。此时，计算工期为140d，仍大于要求工期，如图2-45所示，故需继续压缩。

（5）根据前述原则，选择关键工作3—4作为压缩对象，将其持续时间压缩20d。此时，计算工期为120d，等于要求工期，故不需要继续压缩。此时，网络计划的关键线路为：1—3—4—6和1—2—3—4—6，如图2-46所示。

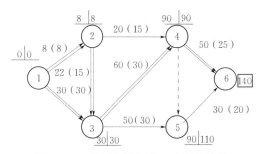

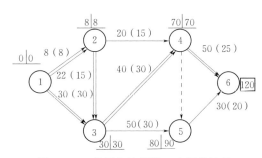

图2-45　某网络计划第二次调整结果　　　　图2-46　某网络计划第三次调整结果

第三节　工程项目进度控制

在编制项目进度计划时，未来的很多因素是事先无法预见的，因此，进度计划是不完善的；另外，在项目的实施过程中，项目的内外部环境也在发生剧烈的变化，所以项目的实际情况与项目计划之间会发生或大或小的偏差，这就要求对工程进度做出调整，进行控制。工程项目进度控制，就是工程项目进度计划制定之后，在执行过程中，对实施情况进行的检查、比较、分析、调整，以确保实现工程项目进度计划总目标的过程。

一、工程项目进度偏差分析

（一）偏差分析的内容及程序

在项目实施过程中，要定期将实际进度与计划进度进行比较，如果存在偏差，还需要进一步分析该偏差对后续工作及总工期的影响。进度偏差的大小及其所处的位置不同，对后续工作和总工期的影响程度是不同的，分析时需要利用工作总时差和自由时差进行判断。下面分两种情形讨论。

1. 当存在正向偏差（进度提前）时

如果出现正向偏差的工作是非关键工作，即非关键工作进度提前了，这种偏差对总工期不产生影响，但对其紧后工作可能产生影响。如果出现正向偏差的工作是关键工作，即关键工作进度提前了，一般来说，这种偏差对总工期会产生影响，但该工作进度提前的天数与总工期变短的天数不一定相等，偏差对总工期的影响还与次关键线路的工期有关。例如，如图 2-47 所示的网络图中，假如其他工作都按计划正常进行，关键工作 A 提前了 3d，但由于受到次关键线路的制约，总工期只提前了 2d。

2. 当存在负向偏差（进度拖后）时

（1）分析出现进度偏差的工作是否为关键工作。如果出现进度偏差的工作位于关键线路上，即该工作为关键工作，则无论其偏差有多大，都将对后续工作和总工期产生影响，必须采取相应的调整措施；如果出现偏差的工作是

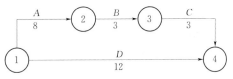

图 2-47　关键工作提前对总工期的影响分析

非关键工作，则需要根据进度偏差值与总时差和自由时差的关系作进一步分析。

（2）分析进度偏差是否超过总时差。如果非关键工作的进度偏差大于该工作的总时差，则此进度偏差必将影响其后续工作和总工期，必须采取相应的调整措施；如果该工作的进度偏差未超过该工作的总时差，则此进度偏差不影响总工期。至于对后续工作的影响程度，还需要根据偏差值与其自由时差的关系作进一步分析。

（3）分析进度偏差是否超过自由时差。如果该工作的进度偏差大于该工作的自由时差，则此进度偏差将对其后续工作产生影响，此时应根据后续工作的限制条件确定调整方法；如果工作的进度偏差未超过该工作的自由时差，则此进度偏差不影响后续工作，因此，原进度计划可以不作调整。

进度偏差的分析判断过程如图 2-48 所示。通过分析，进度控制人员可以根据进度偏差的影响程度，制定相应的纠偏措施进行调整，以获得符合实际进度情况和计划目标的新进度计划。

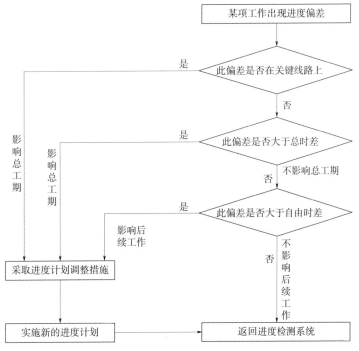

图 2-48　进度偏差对后续工作和总工期的影响分析流程图

（二）进度偏差分析的方法

工程项目进度偏差分析的常用方法主要有横道图法、S形曲线法、香蕉线法和前锋线法等。

1. 横道图法

横道图法就是将项目实施过程中搜集到的实际进度数据，经加工整理后直接用横道线平行绘制于原计划横道线的下方（或填充于计划线的内部），以将实际进度与计划进度进行比较的一种方法。这种方法主要用于工程项目中某些工作实际进度与计划进度的局部比较。

根据工程项目中各项工作的进展是否匀速进行，横道图法又可分为匀速进展横道图法和非匀速进展横道图法。

（1）匀速进展横道图法。匀速进展就是在工程项目实施过程中，每项工作累计完成的任务量与时间呈线性关系，如图 2-49 所示。

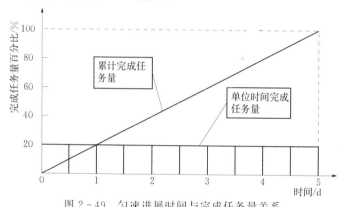

图 2-49　匀速进展时间与完成任务量关系

利用匀速进展横道图法进行偏差分析的一般步骤如下：

1）编制横道图进度计划。

2）在进度计划上标出检查日期。

3）将检查搜集到的实际进度数据按比例用不同的粗线标于计划进度的下方（或填充于计划线的内部），如图 2-50 所示。

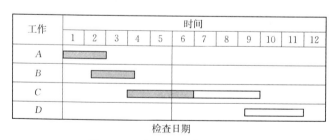

图 2-50　匀速进展横道图比较

4）根据上述绘制的横道图，对比实际进度和计划进度。若灰色的粗线右端落在检查日期的左侧，则实际进度滞后；若灰色的粗线右端落在检查日期的右侧，则实际进度超前；若灰色的粗线右端与检查日期重合，则实际进度与计划进度一致。

（2）非匀速进展横道图法。当工作在单位时间内的进展速度不相等，即累计完成的任务量与时间的关系是一种非线性关系，此时，用横道图法进行偏差分析时，不仅要用粗线表示工作实际进度，还要标出其对应的时刻完成任务量的累计百分比，将其与该时刻计划完成任务量的累计百分比相比较，以判断项目进度偏差。非匀速进展时间与完成任务量间的关系如图2-51所示。

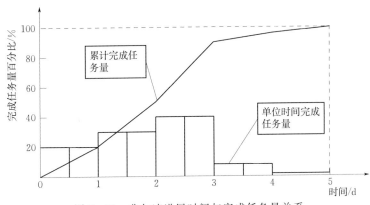

图2-51　非匀速进展时间与完成任务量关系

利用非匀速进展横道图法进行偏差分析的一般步骤如下：

1）绘制横道图进度计划。

2）在横道线上方标出各主要时间工作的计划完成任务量的累计百分比。

3）在横道线下方标出相应时间工作的实际完成任务量的累计百分比。

4）从工作的开始之日起，用粗线标出各项工作的实际进度，并反映出该工作实施过程中的连续和间断情况。

5）比较同一时刻实际完成任务量累计百分比和计划完成任务量累计百分表，判断工作的实际进度和计划进度间的关系。若同一时刻实际完成任务累计百分比大于计划完成任务累计百分比，则表明实际进度提前，提前的任务量为二者之差；若同一时刻实际完成任务累计百分比小于计划完成任务累计百分比，则表明实际进度滞后，滞后的任务量为二者之差；若同一时刻实际完成任务累计百分比与计划完成任务累计百分比相同，则表明实际进度与计划进度一致。如图2-52所示，在检查评价时刻，实际完成任务累计百分比（35%）大于计划完成任务累计百分比（30%），则表明实际进度提前。

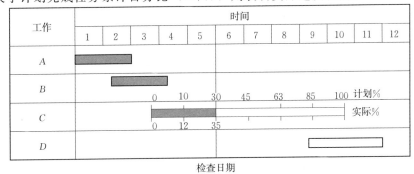

图2-52　非匀速进展横道图比较

2. S 曲线法

S 曲线法以横坐标表示时间，纵坐标表示累计完成工程量，首先绘制一条计划累计完成工程量的曲线（简称计划曲线），再将项目实施过程中实际累计完成工程量的曲线（简称实际曲线）也绘制在同一坐标系中，最后将实际曲线与计划曲线进行比较，如图 2 - 53 所示。

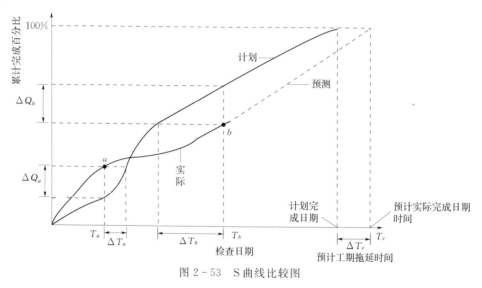

图 2 - 53　S 曲线比较图

S 曲线法分析进度偏差的步骤如下：

（1）绘制计划曲线。

1）根据进度安排，计算出各单位时间的工程量值，绘制成如图 2 - 54（a）所示的直方图。

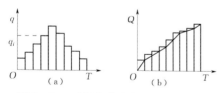

图 2 - 54　时间与完成任务量的关系曲线

2）计算截至某个时间累计完成的工程量，可按下式进行计算：

$$Q_j = \sum_{i=1}^{j} q_i \qquad (2-74)$$

3）根据 Q_j 值，绘制计划曲线，如图 2 - 54（b）所示。

（2）绘制实际曲线。在工程项目实施过程中，将截至检查时刻的实际工程量累加，得到实际累计完成工程量，绘制在原计划曲线所在的坐标系内，即为实际曲线。

（3）比较实际进度和计划进度，分析进度偏差。

1）判断进度提前或者滞后。在某时刻，若实际曲线的点落在计划曲线的左侧，则此时实际进度比计划进度超前，例如图 2 - 53 中的 a 点；若实际曲线上的点落在计划曲线的右侧，则此时实际进度比计划进度滞后，例如图 2 - 53 中的 b 点；若实际曲线上的点正好落在计划曲线上，则此时实际进度与计划进度一致。

2）计算超额或拖欠的工程量。某时刻，计划曲线与实际曲线在纵轴上的差值就是超前或拖后的任务量。如图 2 - 53 所示，在 T_a 时刻超额完成的工程量为 ΔQ_a，在 T_b 时刻拖欠的工程量为 ΔQ_b。

3）计算进度超前或滞后的时间。如图 2-53 所示，在 T_a 时刻两曲线在横坐标上相差的数值即为实际进度超前的时间（ΔT_a），T_b 时刻两曲线在横坐标上相差的数值就是实际进度拖后的时间（ΔT_b）。

（4）后期工程进度预测。若后期工程仍按原计划速度进行，则可做出后期工程预测 S 曲线，如图 2-52 中虚线所示，依此可预测总工期拖延值为 ΔT_c。

【例 2-1】　某工程混凝土浇筑总量为 1500m^3，按照施工方案，计划 6 个月完成，每月计划完成的混凝土浇筑量见表 2-5，至第 5 个月底，每月实际完成的混凝土浇筑量如表 2-6 所示，试利用 S 曲线法进行实际进度与计划进度的比较。

表 2-5　　　　　　　　　　　　每月完成工程量汇总表

月份	1	2	3	4	5	6
每月计划完成量/m^3	200	220	240	300	300	240
每月实际完成量/m^3	160	180	220	240	300	

表 2-6　　　　　　　　　　　　每月累计完成量及百分比

月份	1	2	3	4	5	6
每月计划完成量/m^3	200	220	240	300	300	240
每月累计计划完成量/m^3	200	420	660	960	1260	1500
每月累计计划完成百分比/%	13	28	44	64	84	100
每月实际完成量/m^3	160	180	220	240	300	
每月累计实际完成量/m^3	160	340	560	800	1100	
每月累计实际完成百分比/%	11	23	37	53	73	

解：（1）计算每月累计计划完成量和每月累计实际完成量，列入表 2-6 中。

（2）根据每月累计计划完成百分比绘制计划 S 曲线图，根据每月累计实际完成百分比绘制实际 S 曲线，如图 2-55 所示。

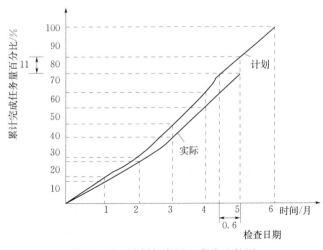

图 2-55　计划与实际 S 曲线比较图

（3）从图 2-55 可以看出，实际进展点落在 S 形曲线的右侧，表明此时实际进度拖后。实际进度拖后的时间 0.6 个月，拖欠工程量为 11%。

3. 香蕉线法

香蕉线就是由两条曲线组成的闭合曲线。其中一条曲线是基于网络计划中各项工作都按其最早时间安排而绘制的曲线，称为 ES 曲线；另一条曲线是基于网络计划中各项工作都按其最迟时间安排而绘制的曲线，称为 LS 曲线。因该闭合曲线形似香蕉，故称为香蕉曲线，如图 2-56 所示。

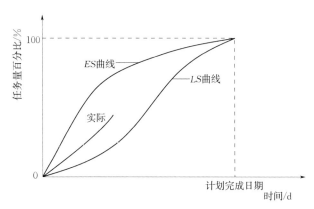

图 2-56　香蕉曲线示意图

在项目实施过程中，任一时刻工程实际进度曲线上的点均应落在香蕉曲线图的范围内，如图 2-56 所示。实际进展点落在 ES 曲线的左侧，说明进度提前，若实际进展点落在 LS 曲线的右侧，说明进度拖后。另外，香蕉曲线的形状还可反映出进度控制的难易程度。当香蕉曲线很窄时，说明进度控制的难度大，当香蕉曲线很宽时，说明进度控制较容易。因此，也可利用香蕉曲线判断进度计划编制的合理程度。

4. 前锋线法

前锋线就是指在原时标网络计划上，从检查时刻的时标点出发，用点画线依次将各项工作实际进展位置点连接而成的折线。前锋线法也即是通过实际进度前锋线与各工作箭线交点的位置来判断工作实际进度和计划进度的偏差，并判断偏差对工程后续进度及总工期影响的一种方法。前锋线法的应用步骤如下：

（1）绘制时标网络计划。按时标网络计划的绘制方法绘制时标网络图。

（2）绘制实际进度曲线。从时标网络图上方时间坐标的检查日期开始绘制，依次连接相邻工作的实际进展位置点，并最终与时标网络图下方时间坐标的检查日期相连接。工作实际进展位置点的标定方法有两种：

1）按该工作已完成任务量比例进行标定。假设工程项目中各项工作均为匀速进行，根据检查时刻该工作已完任务量占其计划任务量的比例，在工作箭线上从左至右按相同的比例标定其实际进展位置点。

2）按尚需作业时间进行标定。当某些工作的持续时间难以按实物工程量来计算而只能凭经验估算时，可先估算出检查时刻到该工作全部完成尚需作业的时间，再在该工作箭线上从右向左逆向标定其实际进展位置点。

（3）进行实际进度和计划进度的比较。

1）若工作实际进展位置点落在检查日期的左侧，表明该工作实际进度滞后，滞后的时间为二者之差。

2）若工作实际进展位置点与检查日期重合，则表明该工作实际进度与计划进度一致。

3）若工作实际进展位置点落在检查日期的右侧，则表明该工作实际进度超前，超前的时间为二者之差。

（4）通过实际进度与计划进度的比较确定进度偏差后，还可根据工作的自由时差和总时差预测该进度偏差对后续工作及项目总工期的影响。

【例 2 - 2】 某分部工程施工网络计划如图 2 - 57 所示，在第 4 天下班时检查，C 工作完成了该工作的 1/3 工作量，D 工作完成了该工作的 1/4 工作量，E 工作已全部完成该工作的工作量，试绘制前锋线并评价进度情况。

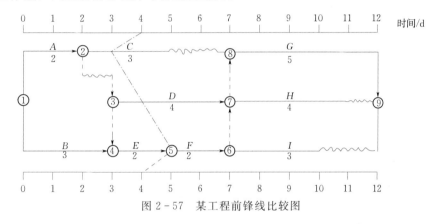

图 2 - 57 某工程前锋线比较图

解：（1）根据工作 C、D、E 已完成工程量的比例，在其工作箭线上标出前锋点的位置，然后用点划线依次相连，如图 2 - 57 所示。

（2）分析进度。通过比较可以看出：

1）工作 C 实际进度拖后 1d，由于其总时差和自由时差均为 2d，故这种拖延既不影响总工期，也不影响其后续工作的正常进行。

2）工作 D 实际进度与计划进度相同，对总工期和后续工作均无影响。

3）工作 E 实际进度提前 1d，由于工作 E 的总时差为 0，故工作 E 的提前将会导致总工期提前 1d，其后续工作 F 的最早开始时间也将提前 1d。

综上所述，该检查时刻各工作的实际进度总体上将会使总工期减少 1d。

二、工程项目进度动态调整

当实际进度拖延影响到后续工作及总工期而需要调整进度计划时，其调整方法主要有两种。

1. 改变后续工作间的逻辑关系

当某些后续工作的逻辑关系允许改变时，可以通过改变关键线路和超过计划工期的非关键线路上的有关工作之间的逻辑关系，达到缩短工期的目的。例如，将顺序进行的工作改为平行作业、搭接作业以及分段组织流水作业等，都可以有效地缩短工期。

【**例 2 - 3**】　某工程项目基础工程包括挖基槽、浇垫层、砌基础、回填土 4 个施工过程，各施工过程的持续时间分别为 21d、15d、18d 和 9d，采取顺序作业方式进行施工，其总工期为 63d。项目进行到第 21d 时，检查发现挖基槽尚需 10d 才能完工，项目总工期已延误了 10d。为了能按期完成该基础工程施工，项目管理者拟将工作面划分为工程量大致相等的 3 个施工段，将后续工作组织成流水作业方式。调整后的网络计划如图 2 - 58 所示，预计项目总工期为 57d，比原计划提前了 6d。

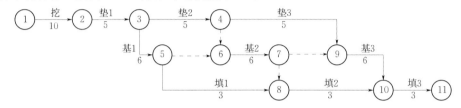

图 2 - 58　某基础工程流水施工网络计划

2. 缩短某些工作的持续时间

这种方法是不改变工程项目中各项工作之间的逻辑关系，而通过采取增加资源投入、提高劳动效率等措施来缩短某些工作的持续时间，使工程进度加快，以保证按计划工期完成该工程项目。这些被压缩持续时间的工作是位于关键线路和超过计划工期的非关键线路上的工作。同时，这些工作又是其持续时间可被压缩的工作。这种调整方法通常可以在网络图上直接进行。其调整方法视限制条件及对其后续工作的影响程度的不同而有所区别，一般可分为以下两种情况：

（1）某项工作进度拖延的时间已超过其自由时差但未超过其总时差。如前所述，此时该工作的实际进度不会影响总工期，而只对其后续工作产生影响。因此，在进行调整前，需要确定其后续工作允许拖延的时间限制，并以此作为进度调整的限制条件。该限制条件的确定常常较复杂，尤其是当后续工作由多个平行的承包单位负责实施时更是如此。后续工作如不能按原计划进行，在时间上产生的任何变化都可能使合同不能正常履行，而导致蒙受损失的一方提出索赔。因此，寻求合理的调整方案，把进度拖延对后续工作的影响减少到最低程度，是进度控制人员的一项重要工作。

（2）网络计划中某项工作进度拖延的时间超过其总时差。如果网络计划中某项工作进度拖延的时间超过其总时差，则无论该工作是否为关键工作，其实际进度都将对后续工作和总工期产生影响。此时，进度计划的调整方法又可分为以下 3 种情况：

1）项目总工期不允许拖延。如果工程项目必须按照原计划工期完成，则只能采取缩短关键线路上后续工作持续时间的方法来达到调整计划的目的。这种方法实质上就是第二节所述工期优化的方法。

2）项目总工期允许拖延。如果项目总工期允许拖延，则此时只需以实际数据取代原计划数据，并重新绘制实际进度检查日期之后的简化网络计划即可。

3）项目总工期允许拖延的时间有限。如果项目总工期允许拖延，但允许拖延的时间有限。则当实际进度拖延的时间超过此限制时，也需要对网络计划进行调整，以便满足要求。具体调整方法是以总工期的限制时间作为规定工期，对检查日期之后尚未实施的网络计划进行工期优化，即通过缩短关键线路上后续工作持续时间的方法来使总工期满足规定工期的要求。

以上 3 种情况均是以总工期为限制条件调整进度计划的。值得注意的是，当某项工作实际进度拖延的时间超过其总时差而需要对进度计划进行调整时，除需考虑总工期的限制条件外，还应考虑网络计划中后续工作的限制条件，特别是对总进度计划的控制更应注意这一点。因为在这类网络计划中，后续工作也许就是一些独立的合同段。时间上的任何变化，都会带来协调上的麻烦或者引起索赔。因此，当网络计划中某些后续工作对时间的拖延有限制时，同样需要以此为条件，按前述方法进行调整。

【例 2-4】 某工程项目双代号时标网络计划如图 2-59 所示，该计划执行到第 35 天下班时刻检查时，其实际进度如图中前锋线所示。试分析目前实际进度对后续工作和总工期的影响，并提出相应的进度调整措施。

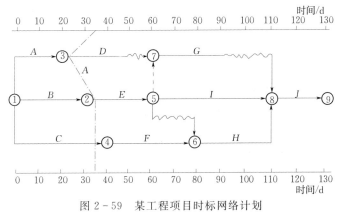

图 2-59　某工程项目时标网络计划

从图 2-48 可以看出，目前只有工作 D 的开始时间拖后 15d，而影响其后续工作 G 的最早开始时间，其他工作的实际进度均正常。由于工作 D 的总时差为 30d，故此时工作 D 的实际进度不影响总工期。

该进度计划是否需要调整，取决于工作 D 和 G 的限制条件：

（1）后续工作拖延的时间无限制。如果后续工作拖延的时间完全被允许时，可将拖延后的时间参数带入原计划，并化简网络图（即去掉已执行部分，以进度检查日期为起点，将实际数据带入，绘制出未实施部分的进度计划），即可得调整方案。例如在本例中，以检查时刻第 35 天为起点，将工作 D 的实际进度数据及被拖延后的时间参数带入原计划（此时工作 D、G 的开始时间分别为 35d 和 65d），可得如图 2-60 所示的调整方案。

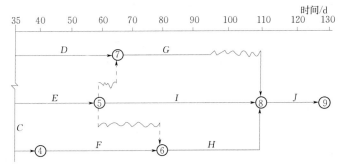

图 2-60　后续工作拖延时间无限制时的网络计划

（2）后续工作拖延的时间有限制。如果后续工作不允许拖延或拖延的时间有限制时，需要根据限制条件对网络计划进行调整，寻求最优方案。例如在本例中，如果工作 G 的开始时间不允许超过第 60 天，则只能将其紧前工作 D 的持续时间压缩为 25d，调整后的网络计划如图 2-61 所示。如果在工作 D、G 之间还有多项工作，则可以利用工期优化的原理确定应压缩的工作，得到满足 G 工作限制条件的最优调整方案。

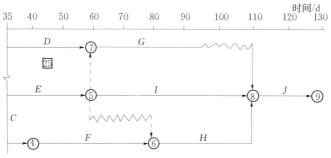

图 2-61　后续工作拖延时间有限制时的网络计划

复 习 思 考 题

1．估算活动持续时间的方法有哪些？
2．比较甘特图与网络计划技术的优缺点。
3．解释总时差、自由时差的概念。
4．根据表 2-7 绘制双代号网络图，并进行时间参数计算。

表 2-7　　　　　　　　　　　　　　复 习 思 考 题 4 表

工作	持续时间	紧前工作
a	2	—
b	3	a
c	6	a
d	1	b
e	6	b、c
f	3	d、e

5．请根据图 2-62 绘制双代号时标网络计划，并计算时间参数。

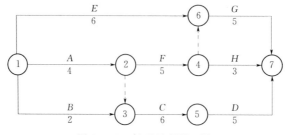

图 2-62　复习思考题 5 图

6. 某工程项目网络计划的资料见表 2-8 所示，求项目在 50d 内完工的概率。

表 2-8　　　　　　　　　　　　　复习思考题 6 表

活动	紧前活动	乐观	可能	悲观
		a	m	b
a	—	8	10	16
b	a	11	12	14
c	b	7	12	19
d	b	6	6	6
e	b	10	14	20
f	c, d	6	10	10
g	d	5	10	17
h	e, g	4	8	11

7. 如果图 2-63 中正态分布曲线下标明的两点间有 95% 的面积，问，期望值是多少？方差是多少？

图 2-63　复习思考题 7 图

8. 简述利用 S 形曲线进行进度偏差分析的原理。

9. 如果某工程的施工网络计划如图 2-64 所示，图中黑粗线表示关键线路。在不改变该网络计划中各工作逻辑关系的条件下，压缩哪些关键工作可能改变关键线路？压缩哪些关键工作不会改变关键线路？为什么？

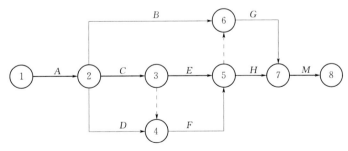

图 2-64　复习思考题 9 图

10. 某建设工程系外资贷款项目，业主与承包商按照 FIDIC《土木工程施工合同条件》签订了施工合同。施工合同《专用条件》规定：钢材、木材、水泥由业主供货到现场仓库，其他材料由承包商自行采购。

当工程施工至第五层框架柱钢筋绑扎时，因业主提供的钢筋未到，使该项作业从 10 月 3 日至 10 月 16 日停工（该项作业的总时差为零）；10 月 7 日至 10 月 9 日因停电、停水使第三层的砌砖停工（该项作业的总时差为 4d）；10 月 14 日至 10 月 17 日因砂浆搅拌机发生故障使第一层抹灰迟开工（该项作业的总时差为 4d）。

为此，承包商于 10 月 20 日向工程师提交了一份索赔意向书，并于 10 月 25 日送交了一份工期索赔计算书和索赔依据的详细材料。其计算书的主要内容如下：

（1）框架柱扎筋：10 月 3 日至 10 月 16 日停工，计 14d。

（2）砌砖：10 月 7 日至 10 月 9 日停工，计 3d。

（3）抹灰：10 月 14 日至 10 月 17 日迟开工，计 4d。

总计请求顺延工期：21d。

问题：承包商提出的工期索赔是否正确？应予批准的工期索赔为多少天？

第三章 工程项目资源计划与优化

任何项目的实施都需要有各种资源的投入，如人力资源、原材料、设备、资金等。资源计划与优化是以进度计划为依据，对项目中的各项工作所需的资源进行估计并进行均衡及分配的过程。

第一节 概 述

项目资源应分成两部分：一是项目本身所需要的材料与设备；二是项目实施中的人力、设施、设备及能源等。资源计划要决定每一项工作所使用的资源种类与数量，另外，资源的供应量是有限的，因此，资源计划还涉及约束条件下的分配与均衡。资源计划确定下来后，结合资源的使用价格，就可以估计资源费用和编制费用计划，因此，资源计划是费用计划与控制的基础。

一、资源计划的依据

1. 工作分解结构 WBS

利用 WBS 进行资源计划时，工作划分得越细、越具体，所需资源种类和数量越容易估计。工作分解自上而下逐级展开，各类资源需要量可以自下而上逐级累加，于是便得到了整个项目各类资源需要量情况。

2. 项目工作进度计划

项目工作进度计划是项目计划中最主要的计划，是其他项目计划（如质量计划、资金使用计划）的基础。资源计划必须服务于工作进度计划，什么时候需要何种资源及需要多少是围绕工作进度计划而确定的。

3. 历史信息

历史信息记录了先前类似工作使用资源的情况，在新项目中，分配给某项工作的资源类型和数量可以参考同类工程的经验数据。

4. 工作范围说明

工作范围说明详细说明了项目工作的要求、内容、工作量的大小等信息，工作量的大小及时间上的要求，决定了该项工作所需资源数量。

5. 资源供应情况

什么资源是可能获得的及供应量大小是项目资源计划所必须掌握的。资源需求计划与资源供应水平必须相适应，假如资源获取很困难甚至无法取得，就必须重新选择资源类型，从而需要修改原来的资源需求计划。

6. 组织策略

在资源计划的过程中还必须考虑人事组织、所提供设备的租赁和购买策略。例如，工程项目中劳务人员是用外包工还是本企业职工，设备是租赁还是购买等，都对资源计划产生影响。

二、资源计划的方法

1. 专家调查法

在缺乏客观资料和数据的情况下，常常采用专家调查法估计资源类型和数量，制定资源计划。这种方法能充分发挥专家个人的知识、经验和特长方面的优势。其优点是简单易行，专家不受外界干扰，没有心理压力，可最大限度地发挥个人的知识潜力。缺点是计划结果容易受专家个人经验及主观因素的影响，难免带片面性。

2. 头脑风暴法

在确定资源的类型、数量以及如何分配资源时，也可采用头脑风暴法。头脑风暴法的本质是激发群体成员无限制的自由联想和讨论，其目的在于产生新观念或新设想。具体来说就是团队的全体成员在作出最后的决策前，自发地提出尽可能多的主张和想法。

头脑风暴法更注重出主意的数量，而不是质量。这样做的目的是要团队想出尽可能多的主意，鼓励成员有新奇或突破常规的主意。应用头脑风暴法时，要遵循两个主要的规则：不进行讨论；没有判断性评论。实践证明，头脑风暴法在帮助团队获得解决问题最佳可能方案时，是很有效的。

3. 数学模型

为了使编制的资源计划具有科学性、可行性，在资源计划的编制过程中，往往借助于某些数学模型，如资源分配模型和资源均衡模型等，这些模型将在下面的章节中予以详细介绍。

三、资源计划的类型

1. 劳动力需要量计划

劳动力需要量计划，主要是作为安排劳动力、衡量劳动力消耗指标、安排生活福利设施的依据。其编制方法是根据施工方案、施工进度和施工预算，依次确定专业工种、进场时间、劳动量和工人数，然后汇集成表格形式，作为现场劳动力调配的依据。劳动力需要量计划的编制步骤为：

（1）根据工程量汇总表中分别列出的各个单位工程的主要实物工程量，查预算定额或有关资料，得到各个单位工程主要工种的劳动量。

（2）根据施工进度计划表的各单位工程中各工种的持续时间，得到某单位工程在某段时间里的平均劳动力数。

（3）按同样方法计算出各个建筑物各主要工种在各个时期的平均工人数。

（4）将施工进度计划表纵坐标方向上同工种的人数叠加在一起并连成一条曲线，即为某工种的劳动力动态曲线图。

（5）其他工种也用同样方法绘成曲线图。

（6）根据劳动力曲线图列出主要工种劳动力需要量计划表，其表格形式如表3-1所示。

表 3-1 劳动力需要量计划表

序号	工种名称	劳动量/工日	月份						
			1	2	3	4	5	6	7

2. 主要材料需要量计划

主要材料需要量计划，主要是作为备料、供料和确定仓库、堆场面积及组织运输的依据。其编制方法是根据施工预算工料分析和施工进度计划，依次确定材料名称、规格、数量和进场时间，并汇集成表格，其表格形式见表3-2。主要材料需求量计划的编制步骤如下：

（1）根据工程量汇总表所列各建筑物的工程量，查定额或有关资料，可得出各单位工程所需的建筑材料的需要量。

（2）根据施工进度计划表，大致算出某些建筑材料在某一时间内的需要量，编制出建筑材料的需要量计划表。

表 3-2 材料需要量计划表

序号	材料名称	规格	需要量		供应时间	备注
			单位	数量		

某些分项工程是由多种材料组成的，应按各种材料分类计算，如混凝土工程应计算出水泥、砂石、外加剂和水的数量，列入表格。

3. 构件和半成品需要量计划

建筑结构构件、配件和其他加工半成品的需要量计划主要用于落实加工订货单位，按照所需规格、数量、时间组织加工、运输，确定仓库或堆场面积等。其编制步骤与编制材料需要量计划相同，其表格形式见表3-3。

表 3-3 构件和半成品需要量计划表

序号	品名	规格	需要量		使用部位	供应时间	备注
			单位	数量			

4. 施工机械需要量计划

施工机械需要量计划主要用于确定施工机具的类型、数量、进场时间，落实施工机具来源，组织其进出场。其编制方法为：将单位工程施工进度表中的每一个施工过程，每天所需要的机械类型、数量按施工工期进行汇总，即得施工机械需要量计划，其表格形式见表3-4。

表 3－4　　　　　　　　　　　　　　　施工机械需要量计划表

序号	机械名称	型号	需要量		货源	使用时间	备注
			单位	数量			

在安排施工机械进场时间时，应考虑某些机械需要铺设轨道、拼装和架设的时间，如塔式起重机、桅杆式起重机等需要现场拼装和架设。

四、资源计划的工具

1. 资源矩阵

资源矩阵用以说明完成项目中的各项工作需要用到的各种资源的情况。表 3－5 给出了资源矩阵的一个例子。在表 3－5 中，左边的列给出了项目中的各项工作（任务），上面的行给出了项目中所用到的资源的名称，行列交叉处的元素代表各项工作所需要各种资源的数量。

表 3－5　　　　　　　　　　　　　　　资　源　矩　阵

任务 ＼ 资源　工（台）时	工长	高级工	中级工	初级工	1m³ 挖掘机	8m³ 铲运机
人工挖一般土方（三类土，100m³）	1.7			83.5		
人工铺筑砂石垫层（100m³）	10.2			497.4		
挖掘机挖土方（三类土，100m³）				4.3	0.99	
挖运机铲运土（三类土，100m³）				2.5		2

2. 资源数据表

资源数据表用以说明各种资源在项目周期内各时间段上需要的类型和数量。表 3－6 是资源数据表的一个例子。在表 3－6 中，第 1 周，需要电焊工 2 人、电工 1 人；第 2 周，需要电焊工 2 人、木工 1 人、电工 1 人。依此类推，可知项目周期内各时间段上所需资源种类及数量。

表 3－6　　　　　　　　　　　　　　　资　源　数　据　表

资源 ＼ 人数	时　间/周														
	1	2	3	4	5	6	7	8	9	10	11	12	13	14	15
电焊工	2	2													
钢筋工			3	3	3	3									
砌筑工					2	2	2	2	2			2	2		
木工		1			1		1	1						1	1
电工	1	1	1					1	1	1				1	1

3. 资源甘特图

资源甘特图用以反映各种资源在项目周期内各时间段上分配给了哪些工作。表3-7是资源甘特图的一个例子。某分部分项工程要用到两类资源：砌筑工和混凝土工。砌筑工要完成的任务包括砌半砖隔墙、砖外墙和砌女儿墙，其在每一项任务上的工作时间用表格右边的短横线表示。例如，砌筑工要在第12～13天砌筑女儿墙。

表 3-7　　　　　　　　　　　　　　资 源 甘 特 图

资源名称	时　　间/d												
	1	2	3	4	5	6	7	8	9	10	11	12	13
砌筑工													
M5 混合砂浆砌半砖隔墙							──	──					
M5 混合砂浆砌砖外墙										──	──		
M5 混合砂浆砌女儿墙												──	──
混凝土工													
混凝土构造柱	──												
混凝土圈梁				──									
混凝土有梁板					──	──							

4. 资源负荷图

资源负荷图以图形的方式展示了项目周期内的各时间段上所需要的资源的数量，可以按不同种类的资源画出不同的资源负荷图。图3-1是人力资源负荷图的一个例子。

5. 资源累计图

在资源负荷图的基础上，按时间累计出项目周期内的各个阶段所需要的资源的数量，绘制而成的曲线就是资源累计图。图3-2是材料需要量累计图的一个例子。

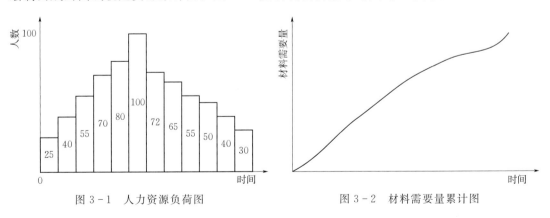

图 3-1　人力资源负荷图　　　　　　　　　图 3-2　材料需要量累计图

五、资源计划的结果

资源计划的结果是一份资源需求计划文件，其应对项目所需各种资源的类型、数量及在时间上的安排加以详细描述，并以图表的形式予以反映。资源的需求安排一般应分解到具体的工作上，即要确定每一项工作需要什么类型资源、需要多少、啥时候需要等。资源计划的结果如下：

（1）资源的需求计划。

（2）各种资源需求及需求计划的描述。

（3）具体工作的资源需求安排。

第二节　资源需求量的计算

为了便于研究项目的资源需求和工作进度安排之间的关系，假定项目实施中只使用一种资源（劳动力），并且假设每项工作的资源使用率保持不变，于是，劳动力在该工作上的总劳动时数等于每天需要的劳动力与工作持续时间的乘积。如果资源的使用率发生变化，就应该分别确定每一时间区段的资源需要状况。

一、最早时间下的资源需求量

下面以一个例子来说明当项目中所有工作都按最早时间安排时，其对应的资源需求量应该如何计算。

【例 3-1】　某分部工程包括 7 项工作，工作的持续时间及相互之间的逻辑关系如图 3-3 所示，每项工作每天需要的劳动时数及总劳动人数见表 3-8。试绘制最早时间资源需求量负荷图及累计曲线。

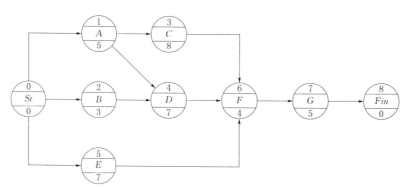

图 3-3　项目网络图

表 3-8　　　　　　　　　　　　　　　　　　工作所需资源数量

序号	工作名称	持续时间/d	每天需要的劳动人数	总劳动时数
1	A	5	8	40
2	B	3	4	12
3	C	8	3	24
4	D	7	2	14
5	E	7	5	35
6	F	4	9	36
7	G	5	7	35

解：（1）计算工作最早时间，并绘制甘特图。工作最早开始时间和最早完成时间的计算方法参见第二章相关内容，计算结果如表3-9所示。据此绘制最早时间甘特图，如图3-4所示。

表 3 - 9　　　　　　　　　　　　　工 作 时 间 参 数 表

工作名称	最早开始时间	最早完成时间	最迟开始时间	最迟完成时间/d
A	0	5	0	5
B	0	3	3	6
C	5	13	5	13
D	5	12	6	13
E	0	7	6	13
F	13	17	13	17
G	17	22	17	22

（2）根据工作最早时间安排，计算项目的资源需求量。根据图3-4的工作进度安排，统计项目的每天资源需求量（劳动时数），见表3-10。

工作名称	时间/d																						
	1	2	3	4	5	6	7	8	9	10	11	12	13	14	15	16	17	18	19	20	21	22	23
A																							
B																							
C																							
D																							
E																							
F																							
G																							

图 3 - 4　最早时间甘特图

表 3 - 10　　　　　　　　　　　　最早时间下的资源需要量

时间	1	2	3	4	5	6	7	8	9	10	11	12	13	14	15	16	17	18	19	20	21	22	23
劳动时数/(人·d)	17	17	17	13	13	10	10	5	5	5	5	5	3	9	9	9	9	7	7	7	7	7	0

（3）绘制相应的资源负荷图。根据表3-10的数据，绘制相应的资源负荷图，如图3-5所示。

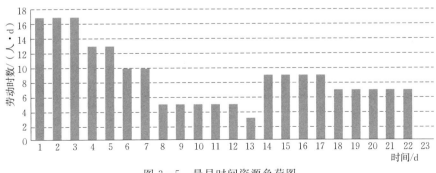

图 3 - 5　最早时间资源负荷图

（4）绘制相应的资源累计曲线。根据表 3-10 的数据，将劳动时数按时间（d）逐步累计，然后绘制出相应的资源累计曲线，如图 3-6 所示。

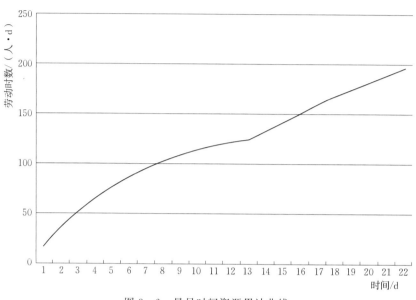

图 3-6　最早时间资源累计曲线

二、最迟时间下的资源需求量

1. 计算工作最迟时间，并绘制甘特图

工作最迟开始时间和最迟完成时间的计算方法参见第二章相关内容，计算结果见表 3-9。据此绘制最迟时间甘特图，如图 3-7 所示。

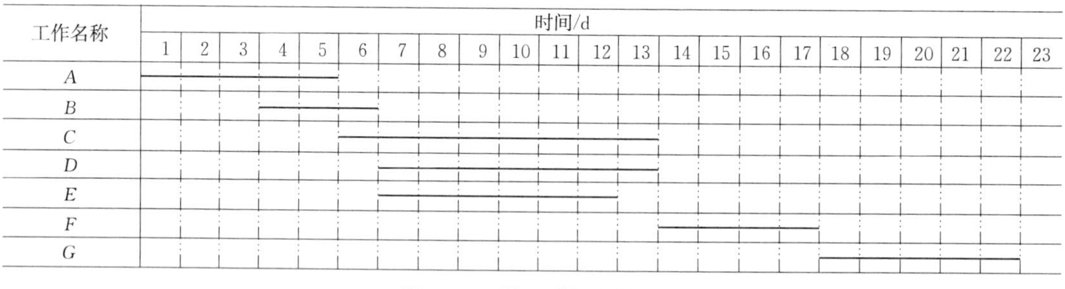

图 3-7　最迟时间甘特图

2. 根据工作最迟时间安排，计算项目的资源需求量

根据图 3-7 的工作进度安排，统计项目的每天资源需求量（劳动时数），见表 3-11。

表 3-11　　　　　　　　　　　　　最迟时间下的资源需要量

时间/d	1	2	3	4	5	6	7	8	9	10	11	12	13	14	15	16	17	18	19	20	21	22	23
劳动时数/（人·d）	8	8	8	12	12	7	10	10	10	10	10	10	10	9	9	9	9	7	7	7	7	7	0

3. 绘制相应的资源负荷图

根据如表 3-11 所示数据，绘制相应的资源负荷图，见图 3-8。

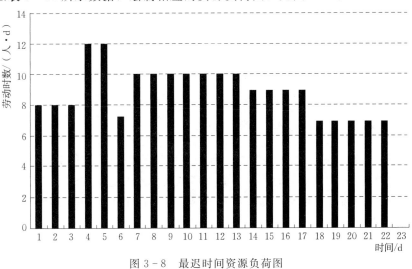

图 3-8 最迟时间资源负荷图

4. 绘制相应的资源累计曲线

根据表 3-11 的数据，将劳动时数按时间（d）逐步累计，然后绘制出相应的资源累计曲线，如图 3-9 所示。

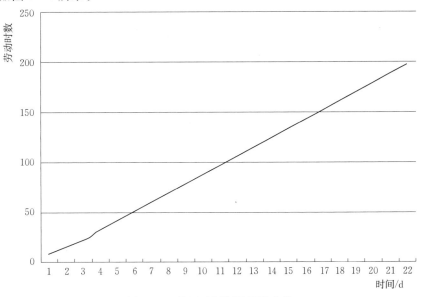

图 3-9 最迟时间资源累计曲线

第三节 资源优化

资源是指为完成一项计划任务所需投入的人力、材料、机械设备和资金等。完成一个项目所需要的资源量基本上是不变的，不可能通过资源优化将其减少。资源优化的目的是通过改变工作的开始时间和完成时间，使资源按照时间的分布符合优化目标。

在通常情况下，网络计划的资源优化分为两种，即"资源有限，工期最短"的优化和"工期固定，资源均衡"的优化。前者是通过调整计划安排，在满足资源限制条件下，使工期的延长值达到最少的过程；而后者是通过调整计划安排，在工期保持不变的条件下，使资源需用量尽可能均衡的过程。

在优化过程中，不能改变网络计划中各项工作之间的逻辑关系；不能改变网络计划中各项工作的持续时间；除规定可中断的工作外，一般不允许中断工作，应保持其连续性。

一、"资源有限，工期最短"的优化

"资源有限，工期最短"的优化本质上是为了解决资源需求和供应的冲突问题，当资源的需求量超过了资源的供应量时，项目管理者就要思考如何解决这一矛盾。办法之一是增加资源的供给量，可通过购买、租赁等手段提高资源的最大供应量。办法之二是通过调整项目中工作的开工时间和完工时间，来降低对资源的需求量，在不增加任何额外资源的情况下，解决资源冲突矛盾。"资源有限，工期最短"优化主要是针对后者。

1. 优化步骤

（1）按照各项工作的最早开始时间安排进度计划，并计算项目每天的资源需要量。

（2）从计划开始日期起，逐个检查每天的资源需要量是否超过资源限量。如果在整个工期内资源需要量均能满足资源限量的要求，则此方案即为可行方案，否则必须进行优化。

（3）分析超过资源限量的时段（资源需要量相同的时间区段）。如果在该时段内有几项并行工作，则采取将一项工作安排在与之平行的另一项工作之后进行的方法，以降低该时段的资源需要量，其结果是项目的总工期有可能变长了。如图 3-10 所示，在时间段 $[t_1, t_2]$ 内资源出现冲突，即资源需要量大于资源供应量。观察发现，在这一时间段内，工作 i 和工作 j 在并行实施。为减少这一时段的资源需要量，拟将工作 j 安排在工作 i 完成之后立即开始，如图中黑粗线所示。这一安排上的改变对总工期的影响可用下述公式表示：

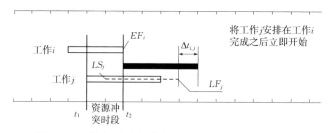

图 3-10　并行关系变成先后关系后对总工期的影响

$$\Delta t_{i,j} = EF_i + D_j - LF_j = EF_i - LS_j \qquad (3-1)$$

当然，还可将工作 i 安排在工作 j 之后实施来减少这一时段的资源需要量。此时，对总工期的影响为

$$\Delta t_{j,i} = EF_j + D_i - LF_i = EF_j - LS_i \qquad (3-2)$$

"资源有限，工期最短"优化就是在上述两种方案中寻找对总工期影响最小的方案。

如果在冲突时段有多项并行工作，要使 Δt 最小，就必须选择 LS 最大的一项工作安排在 EF 最小的另外一项工作的后面，如此安排可使其对总工期的影响最小。

（4）对调整后的网络计划重新计算每天的资源需用量。

（5）重复（2）～（4），直至网络计划整个工期范围内每天的资源需要量均满足资源限量为止。

2. 优化示例

【例 3-2】 已知某工程双代号网络计划如图 3-11 所示，图中箭线上方数字为工作的资源强度，箭线下方数字为工作的持续时间。假定资源限量 $R_a=12$，试对其进行"资源有限，工期最短"的优化。

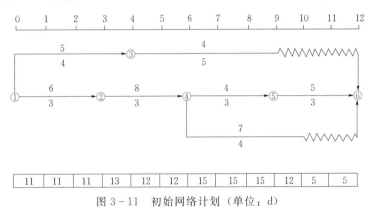

图 3-11 初始网络计划（单位：d）

解：（1）计算网络计划每天的资源需用量，如图 3-11 图形下方数字所示。

（2）从计划开始日期起，经检查发现时段 [3，4] 存在资源冲突，即资源需要量超过资源限量，故应首先调整该时段工作安排。

（3）在时段 [3，4] 有工作 1—3 和工作 2—4 两项工作并行作业，它们的最早完成时间和最迟开始时间如下：

工作 1—3：$EF_{1-3}=4$，$LS_{1-3}=3$。

工作 2—4：$EF_{2-4}=6$，$LS_{2-4}=3$。

其中 EF 最小的是工作 1—3，LS 最大的是工作 2—4，所以应将工作 2—4 安排在工作 1—3 之后。计划调整结果如图 3-12 所示。

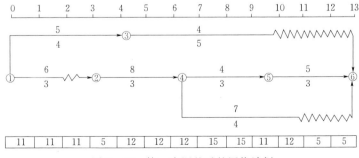

图 3-12 第一次调整后的网络计划

（4）重新计算每天的资源需要量，如图 3-12 所示。从图中可知，在时段 [7, 9] 存在资源冲突，故应调整该时段的工作安排。

（5）在时段 [7, 9] 有工作 3—6、工作 4—5 和工作 4—6 三项工作并行作业，它们的最早完成时间和最迟开始时间如下：

工作 3—6：$EF_{3-6}=9$，$LS_{3-6}=8$。

工作 4—5：$EF_{4-5}=10$，$LS_{4-5}=7$。

工作 4—6：$EF_{4-6}=11$，$LS_{4-6}=9$。

其中 EF 最小的是工作 3—6，LS 最大的是工作 4—6，所以应将工作 4—6 安排在工作 3—6 之后。计划调整结果如图 3-13 所示。

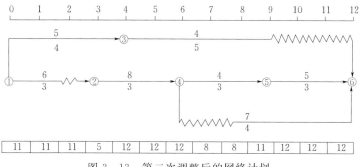

图 3-13　第二次调整后的网络计划

（6）重新计算每天的资源需用量，如图 3-13 所示。由于此时整个工期范围内每天的资源需要量均未超过资源限量，故如图 3-13 所示方案即为最优方案，其最短工期为 13。

二、"工期固定，资源均衡"的优化

"工期固定，资源均衡"的优化，是指在工期不变的情况下，使资源的分布能够尽量达到均衡，即在整个工期范围内每天的资源需要量不出现过多的高峰和低谷，力求每天的资源需要量接近平均值，这样不仅有利于工程建设的组织与管理，而且还可以降低工程费用。

"工期固定，资源均衡"的优化方法有多种，如方差值最小法、极差值最小法、削高峰法、遗传算法等，这里仅介绍方差值最小法和遗传算法。

（一）方差值最小法

1. 方差值最小法的原理

已知某工程网络计划如图 3-14 所示，项目总工期为 T，每天的资源需要量用 R_1，R_2，…，R_T 表示。

表达资源需求不均衡的指标可用其方差 σ^2 来表示，方差越大，说明资源需要量越不均衡，其计算公式为

$$\sigma^2 = \frac{1}{T}\sum_{t=1}^{T}(R_t - R_m)^2 \tag{3-3}$$

$$R_m = \frac{1}{T}(R_1 + R_2 + R_3 + \cdots + R_T) = \frac{1}{T}\sum_{t=1}^{T}R_t \tag{3-4}$$

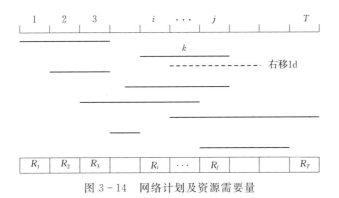

图 3-14 网络计划及资源需要量

式中：R_t 为第 t 天的资源需要量；R_m 为平均资源需要量。

将式（3-3）展开，可简化为

$$\sigma^2 = \frac{1}{T}\sum_{t=1}^{T}R_t^2 - 2R_m\frac{1}{T}\sum_{t=1}^{T}R_t + \frac{1}{T}\sum_{t=1}^{T}R_m^2 = \frac{1}{T}\sum_{t=1}^{T}R_t^2 - R_m^2 \qquad (3-5)$$

因为优化时要保证总工期不变，所以上述公式中的 T 和 R_m 为常数。据此，方差 σ^2 的大小仅与 $\sum_{t=1}^{T}R_t^2$ 的值有关，当 $\sum_{t=1}^{T}R_t^2$ 的值变小时，也就意味着方差 σ^2 变小了，即资源需要量变得更加均衡了。

令 $R(0) = \sum_{t=1}^{T}R_t^2 = R_1^2 + R_2^2 + \cdots + R_i^2 + R_{i+1}^2 + \cdots + R_j^2 + R_{j+1}^2 + \cdots + R_T^2$

从网络计划中任意挑选一项工作 k，假设工作 k 从第 i 天开始，到第 j 天完成，工作 k 的资源需要量为 r_k，如图 3-14 所示。若将工作 k 右移 1d，即工作 k 从第 $i+1$ 天开始，到第 $j+1$ 天完成，从图中可以看出，如此调整后，只有第 i 天和第 $j+1$ 天的资源需要量发生了变化，其他时间的资源需量未发生改变。记调整后的资源需用量的平方和为 $R(1)$，则

$$R(1) = R_1^2 + R_2^2 + \cdots + (R_i - r_k)^2 + R_{i+1}^2 + \cdots + R_j^2 + (R_{j+1} + r_k)^2 + \cdots + R_T^2$$

调整前后两者的差值为

$$\Delta = R(1) - R(0) = (R_i - r_k)^2 - R_i^2 + (R_{j+1} + r_k)^2 - R_{j+1}^2 = 2r_k(R_{j+1} + r_k - R_i)$$

如果 Δ 为负值，则说明工作 k 右移 1d 能使资源需要量的平方和减少，从而使资源需用量更加均衡。因此，工作 k 能够右移 1d 的判别式是

$$\Delta = 2r_k(R_{j+1} + r_k - R_i) \leqslant 0 \qquad (3-6)$$

由于 r_k 不可能为负值，故判别式（3-6）可以简化为

$$R_{j+1} + r_k \leqslant R_i \qquad (3-7)$$

判别式（3-7）表明，当工作 k 完成时间之后下 1d 所对应的资源需用量 R_{j+1} 与工作 k 的资源需要量 r_k 之和不超过工作 k 开始时间所对应的资源需用量 R_i 时，将工作 k 右移 1d 能使资源需要量更加均衡。这时，就应将工作 k 右移 1d。如此判别右移，直至工作 k 不能右移或工作 k 的总时差用完为止。

2. 优化步骤

（1）按照各项工作的最早开始时间安排进度计划，并计算网络计划中每天的资源需

用量。

（2）从网络计划的终点节点开始，按工作完成节点编号值从大到小的顺序依次进行调整。当某一节点同时作为多项工作的完成节点时，应先调整开始时间较迟的工作。

在调整工作时，一项工作能够右移的条件是：

1）工作具有足够的机动时间，在不影响工期的前提下能够右移。

2）工作满足判别式（3-7）。

只有同时满足以上两个条件，才能调整该工作，将其右移至相应位置。

（3）当所有工作均按上述顺序自右向左调整了一次之后，为使资源需用量更加均衡，可再按上述顺序自右向左进行多次调整，直至所有工作不能右移为止。

3. 优化示例

【例 3-3】 已知某工程双代号网络计划如图 3-15 所示，图中箭线上方数字为工作的资源强度，箭线下方数字为工作的持续时间。试对其进行"工期固定，资源均衡"的优化。

解：（1）计算网络计划每天的资源需用量，放在时标网络图的下方，如图 3-15 所示。

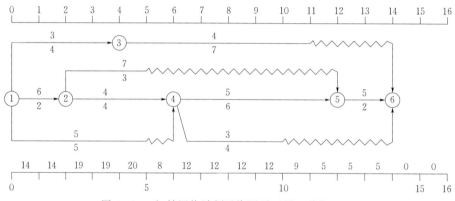

图 3-15 初始网络计划及资源需要量（单位：d）

由于总工期为 14，故资源需用量的平均值为

$$R_m = (2×14+2×19+20+8+4×12+9+3×5)/14 = 116/14 ≈ 11.86$$

（2）第一次调整。

1）以终点节点⑥为完成节点的工作有三项，即工作 3—6、工作 5—6 和工作 4—6。其中工作 5—6 为关键工作，由于工期固定而不能调整，只能考虑工作 3—6 和工作 4—6。

由于工作 4—6 的开始时间晚于工作 3—6 的开始时间，应先调整工作 4—6。

a. 由于 $R_{11}+r_{4-6}=9+3=12$，$R_7=12$，二者相等，故工作 4—6 可右移 1d，改为第 7 天开始。

b. 由于 $R_{12}+r_{4-6}=5+3=8$，小于 $R_8=12$，故工作 4—6 可再右移 1d，改为第 8 天开始。

c. 由于 $R_{13}+r_{4-6}=5+3=8$，小于 $R_9=12$，故工作 4—6 可再右移 1d，改为第 9 天开始。

d. 由于 $R_{14}+r_{4-6}=5+3=8$，小于 $R_{10}=12$，故工作 4—6 可再右移 1d，改为第 10 天开始。

至此，工作 4—6 的总时差已全部用完，不能再右移。工作 4—6 调整后的网络计划及资源需求量如图 3-16 所示。

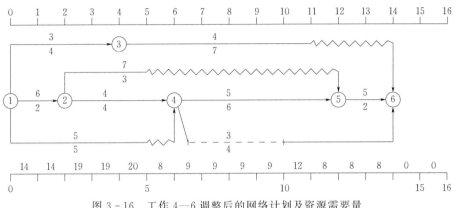

图 3-16　工作 4—6 调整后的网络计划及资源需要量

工作 4—6 调整后，就应对工作 3—6 进行调整。

a. 由于 $R_{12}+r_{3-6}=8+4=12$，小于 $R_5=20$，故工作 3—6 可右移 1d，改为第 5 天开始。

b. 由于 $R_{13}+r_{3-6}=8+4=12$，大于 $R_6=8$，故工作 3—6 不能右移 1d。

c. 由于 $R_{14}+r_{3-6}=8+4=12$，大于 $R_7=9$，故工作 3—6 也不能右移 1d。

由于工作 3—6 的总时差只有 3d，故该工作此时只能右移 1d，改为第 5 天开始。工作 3—6 调整后的网络计划及资源需求量如图 3-17 所示。

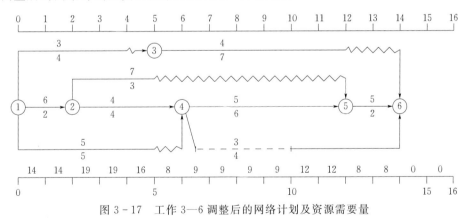

图 3-17　工作 3—6 调整后的网络计划及资源需要量

2）以节点⑤为完成节点的工作有两项，即工作 2—5 和工作 4—5。其中工作 4—5 为关键工作，不能移动，故只能调整工作 2—5。

a. 由于 $R_6+r_{2-5}=8+7=15$，小于 $R_3=19$，故工作 2—5 可右移 1d，改为第 3 天开始。

b. 由于 $R_7+r_{2-5}=9+7=16$，小于 $R_4=19$，故工作 2—5 可再右移 1d，改为第 4 天开始。

c. 由于 $R_8+r_{2-5}=9+7=16$，$R_5=16$，二者相等，故工作 2—5 可再右移 1d，改为第 5 天开始。

d. 由于 $R_9+r_{2-5}=9+7=16$，大于 $R_6=8$，故工作 2—5 不可右移 1d。

此时，工作 2—5 虽然还有总时差，但不能满足判别式（3-7），故工作 2—5 不能再右移。至此，工作 2—5 只能右移 3d，改为第 5 天开始。工作 2—5 调整后的网络计划及资源需求量如图 3-18 所示。

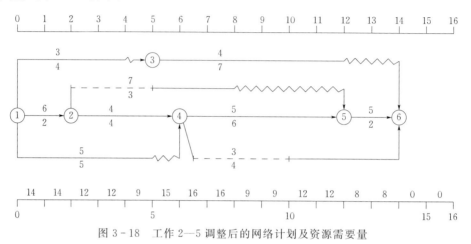

图 3-18 工作 2—5 调整后的网络计划及资源需要量

3）以节点④为完成节点的工作有两项，即工作 1—4 和工作 2—4。其中工作 2—4 为关键工作，不能移动，故只能考虑调整工作 1—4。

在图 3-18 中，$R_6+r_{1-4}=15+5=20$，大于 $R_1=14$，不满足判别式（3-7），故工作 1—4 不可右移。

4）以节点③为完成节点的工作只有工作 1—3，在图 3-18 中，由于 $R_5+r_{1-3}=9+3=12$，小于 $R_1=14$，故工作 1—3 可右移 1d。工作 1—3 调整后的网络计划及资源需要量如图 3-19 所示。

5）以节点②为完成节点的工作只有工作 1—2，由于该工作为关键工作，故不能移动。至此，第一次调整结束。

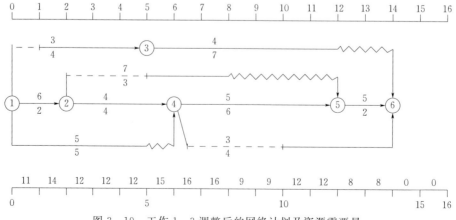

图 3-19 工作 1—3 调整后的网络计划及资源需要量

（3）第二次调整。从图 3-19 可知，在以终点节点⑥为完成节点的工作中，只有工作 3—6 有机动时间，有可能右移。

1）由于 $R_{13}+r_{3-6}=8+4=12$，小于 $R_6=15$，故工作 3—6 可右移 1d，改为第 6 天开始；

2）由于 $R_{14}+r_{3-6}=8+4=12$，小于 $R_7=16$，故工作 3—6 可再右移 1d，改为第 7 天开始。

至此，工作 3—6 的总时差已全部用完，不能再右移。工作 3—6 调整后的网络计划及资源需要量如图 3-20 所示。

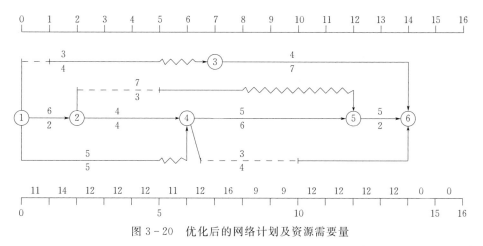

图 3-20 优化后的网络计划及资源需要量

从图 3-20 可知，此时所有工作右移或左移均不能使资源需用量更加均衡。因此，如图 3-20 所示网络计划即为最优方案。

（4）比较优化前后的方差值。

1）根据图 3-20，优化方案的方差值由式（3-5）得

$$\sigma^2=\frac{1}{14}(11^2\times2+14^2+12^2\times8+16^2+9^2\times2)-11.86^2=2.77$$

2）根据图 3-15，初始方案的方差值为

$$\sigma^2=\frac{1}{14}(14^2\times2+19^2\times2+20^2+8^2+12^2\times4+9^2+5^2\times3)-11.86^2=24.34$$

3）方差降低率为

$$\frac{24.34-2.77}{24.34}\times100\%=88.62\%$$

（二）遗传算法

遗传算法是模拟生物在自然环境中的遗传和进化过程而形成的一种自适应全局优化概率搜索算法，它最早由美国密执安大学的 Holland 教授提出，起源于 60 年代对自然和人工自适应系统的研究。

1. 求函数最大值的数学模型及解法

对于一个求函数最大值的优化问题（求函数最小值也类同），一般可描述为下述数学规划模型：

$$\max f(x) \tag{3-8}$$

$$\text{s. t.} \begin{cases} X \in R & (3-9) \\ R \subseteq U & (3-10) \end{cases}$$

式中：$X = (x_1, x_2, \cdots, x_n)^\mathrm{T}$ 为决策变量；$f(x)$ 为目标函数；式（3-9）、式（3-10）为约束条件；U 为基本空间，R 为 U 的一个子集。满足约束条件的解 x 称为可行解，集合 R 表示由所有满足约束条件的解所组成的一个集合，叫做可行解集合。

在上述最优化问题中，目标函数和约束条件的种类繁多，有的是线性的，有的是非线性的；有的是连续的，有的是离散的；有的是单峰值的，有的是多峰值的。随着研究的深入，人们逐渐认识到在很多复杂情况下要想完全精确地求出其最优解既不可能，也是不现实的，因而求出其近似最优解或满意解是人们的主要着眼点之一。总的来说，求最优解或近似最优解的方法主要有三种：枚举法、启发式算法和搜索算法。

（1）枚举法。枚举出可行解集合内的所有可行解，以求出精确最优解。对于连续函数，该方法要求先对其进行离散化处理，这样就有可能产生离散误差而永远达不到最优解。另外，当枚举空间比较大时，该方法的求解效率比较低，有时甚至在目前最先进的计算工具上都无法求解。

（2）启发式算法。寻求一种能产生可行解的启发式规则，以找到一个最优解或近似最优解。该方法的求解效率虽然比较高，但对每一个需要求解的问题都必须找出其特有的启发式规则，这个启发式规则无通用性，不适合于其他问题。

（3）搜索算法。寻求一种搜索算法，该算法在可行解集合的一个子集内进行搜索操作，以找到问题的最优解或近似最优解。该方法虽然保证不了一定能够得到问题的最优解，但若适当地利用一些启发知识，就可在近似解的质量和求解效率上达到一种较好的平衡。

随着问题种类的增多，以及问题规模的扩大，要寻求到一种能以有限的代价来解决上述最优化问题的通用方法仍是一个难题。而遗传算法却为解决这类问题提供了一个有效的途径和通用框架，开创了一种新的全局优化搜索算法。

2. 遗传算法简介

遗传算法中，将 n 维决策向量 $\boldsymbol{X} = (x_1, x_2, \cdots, x_n)^\mathrm{T}$ 用 n 个记号 C_i（$i = 1, 2, \cdots, n$）所组成的符号串 C 来表示，即：$C = C_1, C_2, C_3, \cdots, C_n$。把每一个 C_i 看作一个遗传基因，这样，X 就可看做是由 n 个遗传基因所组成的一个染色体。最简单的基因是由 0 和 1 这两个整数组成的二进制符号串，比如，$C_1 = 1101$。假如决策向量是 3 维的，每一个基因是长度为 4 的二进制符号串，则 X 可表示为长度为 12 的二进制符号串，例如：$X = 010100010000$。这种编码所形成的排列形式 $C_1, C_2, C_3, \cdots, C_n$ 称为个体的基因型，与它对应的 $x_1, x_2, \cdots, x_n$ 称为个体的表现型。将个体的表现型带入式（3-8）就可求出目标函数的值。通常个体的表现型和其基因型是一一对应的。

对于每一个个体 X，要按照一定的规则确定出其适应度，个体的适应度与其对应的目标函数值相关联，X 越接近于目标函数的最优点，其适应度越大；反之，其适应度越小。对于求最大值问题，可直接将目标函数作为个体的适应度。

遗传算法的运算对象是由 M 个个体所组成的集合，称为群体。与生物一代代的自然进化过程相类似，遗传算法的运算过程也是一个反复迭代过程。第 t 代群体记作 $P(t)$，经过一代遗传和进化后，得到第 $t+1$ 代群体，它们也是由多个个体组成的集合，记作 $P(t+1)$。这个群体不断地经过遗传和进化操作，并且每次都按照优胜劣汰的规则将适应度较高的个体更多地遗传到下一代，这样最终在群体中将会得到一个优良的个体 X，它所对应的表现型 X 将达到或接近于问题的最优解 X^*。

生物的进化过程主要是通过染色体之间的交叉和染色体的变异来完成的，与此相对应，遗传算法中最优解的搜索过程也模仿生物的这种进化过程，使用所谓的遗传算子作用于群体 $P(t)$ 中，从而得到新一代群体 $P(t+1)$。遗传算子有三种类型：

（1）选择算子。选择算子的作用是根据各个个体的适应度，按照一定的规则或方法，从第 t 代群体 $P(t)$ 中选择出一些优良的个体遗传到下一代群体 $P(t+1)$ 中。

（2）交叉算子。交叉算子的作用就是将群体 $P(t)$ 内的各个个体随机搭配成对，对每一对个体，以某个概率交换它们之间的部分染色体。

（3）变异运算。变异运算的作用就是将群体 $P(t)$ 中的每一个个体，以一定的概率改变某一个或某一些基因的值。

遗传算法的一般流程如图 3-21 所示。

3. 多资源均衡优化模型

假如某一项目包含 N 项活动，需要 K 种资源（如材料、设备等）。第 i 项活动的持续时间用 D_i（$i=1，2，\cdots，N$）表示，其单位时间内所需第 k 种资源数量记为 $r_i^{(k)}$（$i=1，2，\cdots，N$；$k=1，2，\cdots，K$）。项目总工期记为 T，第 t 时刻项目所需第 k 种资源数量记为 $R_t^{(k)}$。资源均衡优化过程中要保证：①不能改变活动之间的逻辑关系；②任何一项活动必须保持连续施工，不能有停顿；③项目的总工期保持不变。多资源均衡优化的目标是寻找各项活动的计划开工时间，使得在项目总工期内各种资源需要量的标准偏差线性加权之和达到最小。其优化模型可用式 (3-11) 表示。

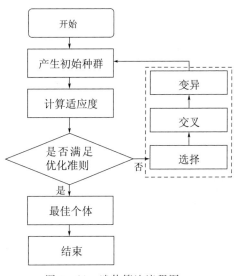

图 3-21 遗传算法流程图

$$\min \sigma = \sum_{k=1}^{K} w^{(k)} \sigma^{(k)}$$

$$\text{s.t.} \quad \begin{cases} ES_i \leqslant S_i \leqslant LS_i & i=1,2,\cdots,N \\ S_i + D_i \leqslant S_j, j \in Succ(i) \end{cases} \tag{3-11}$$

式中：S_i 和 S_j 分别为活动 i 和 j 的计划开工时间；ES_i 和 LS_i 分别为活动 i 的最早开始时间和最迟开始时间；$Succ(i)$ 为活动 i 的紧后活动；$w^{(k)}$ 为选定的一组权系数，满足 $\sum_{k=1}^{K} w^{(k)} = 1$；$\sigma^{(k)}$ 为第 k 种资源需要量的标准偏差，可按下式计算：

$$\sigma^{(k)} = \sqrt{\frac{1}{T} \sum_{t=1}^{T} (R_t^{(k)} - \overline{R}^{(k)})^2} \qquad (3-12)$$

式中：$\overline{R}^{(k)}$ 为第 k 种资源需要量的平均值，其值按式（3-13）进行计算。

$$\overline{R}^{(k)} = \frac{1}{T} \sum_{i=1}^{N} r_i^{(k)} d_i \qquad (3-13)$$

4. 遗传算法实现资源均衡优化

遗传算法的编码形式对算法的搜索能力和种群多样性等性能有着重要影响。考虑到资源均衡优化目标函数以及约束条件的复杂性，一般采用浮点数编码方法。以活动的计划开工时间作为决策变量，个体的编码长度等于其决策变量的个数，个体的每个基因值用区间 $[ES，LS]$ 内的一个浮点数来表示。个体的适应度采用一足够大的整数减去目标函数值，将资源均衡问题转化为极大化问题。

（1）选择运算。采用轮盘赌选择法来选择遗传个体。其基本思想是：各个个体被选中的概率与其适应度大小成正比。具体过程为：①先计算出群体中所有个体的适应度总和；②计算每个个体的相对适应度大小，它等于个体适应度与适应度总和的比值，此即为该个体被遗传到下一代的概率；③使用模拟赌盘操作（即 0 到 1 的随机数）来确定某个体被选中的次数。

（2）交叉运算。采用单点交叉算子。其基本思路是：对每一对相互配对的个体，随机选择交叉点，依设定的交叉概率，在其交叉点处相互交换两个个体的部分染色体，从而产生出两个新的个体。

（3）变异运算。采用均匀变异算子。均匀变异操作是指用符合某一范围内均匀分布的随机数，以某一较小的概率来替换个体编码串中各个基因座上的原有基因值。

利用 Matlab 提供的遗传算法工具箱，并结合具体问题编制相应的适应度函数、选择函数、交叉函数和变异函数的运行代码，运行主程序后即可得到优化结果。

5. 优化示例

某网络计划如图 3-22 所示，箭线上方的数字表示活动所需资源数量（假设项目中所有活动使用两种资源），箭线下方数字表示活动的持续时间，假定两种资源的权重分别为 0.7 和 0.3。表 3-12 列出了各项作业的开始时间、结束时间和总时差。

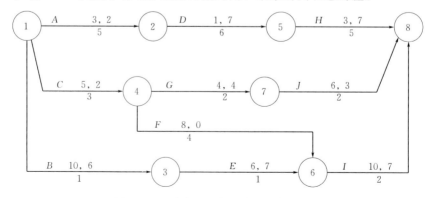

图 3-22 活动所需资源数量（单位：d）

表 3 - 12　　　　　　　　　各项作业的开始时间、结束时间和总时差　　　　　　单位：d

作业	持续时间	ES	EF	LS	LF	TF
A	5	0	5	0	5	0
B	1	0	1	12	13	12
C	3	0	3	9	12	9
D	6	5	11	5	11	0
E	1	1	2	13	14	12
F	4	3	7	10	14	7
G	2	3	5	12	14	9
H	5	11	16	11	16	0
I	2	7	9	14	16	7
J	2	5	7	14	16	9

　　优化后各项活动的计划开工时间见表 3 - 13。两种资源需求量优化前和优化后的对比图如图 3 - 23 和图 3 - 24 所示。资源 1 的方差由 37.7 下降到 2.8，资源 2 的方差由 7.71 下降到 4.14。

表 3 - 13　　　　　　　　　各项活动计划开工和完工时间　　　　　　　　　单位：d

活动	A	B	C	D	E	F	G	H	I	J
开工时间	0	4	0	5	5	8	6	11	12	14
完工时间	5	5	3	11	6	12	8	16	14	16

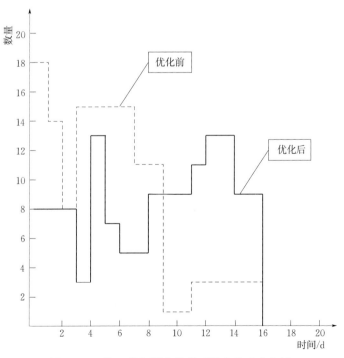

图 3 - 23　第一种资源优化前后需求量对比分析

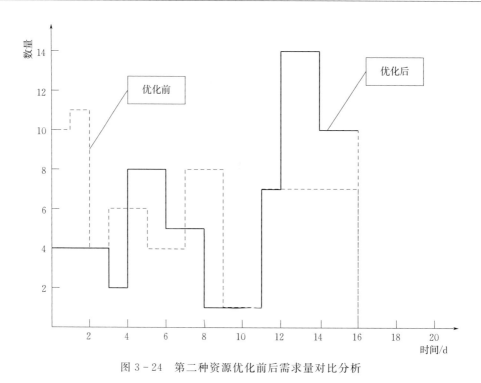

图 3-24　第二种资源优化前后需求量对比分析

复 习 思 考 题

1. 资源计划的类型有哪些？
2. 简述劳动力计划的编制步骤。
3. 表达资源计划的工具有哪些？
4. 某工程网络计划见表 3-14，试进行资源均衡。

表 3-14　　　　　　　　　　　　复习思考题 4 表

工作	紧前工作	历时/d	资源
A	—	4	9
B	—	2	3
C	—	2	6
D	C	2	4
E	C	3	8
F	E	2	7
G	B、D	3	2
H	G	4	1

5. 某小型工程的工作明细见表 3-15。若资源供应量为 12 个单位，试求工期最短的可行计划方案。

表 3 - 15　　　　　　　　　　　　　　　复习思考题 5 表

工作	紧前工作	历时/d	资源
A	—	4	3
B	—	2	6
C	—	5	5
D	A	7	4
E	B	4	4
F	B	3	7
G	C、E	6	5
H	C、E	4	3
I	F、G	2	5

第四章 工程项目投资计划与控制

第一节 概 述

一、相关概念

1. 投资

当投资作为动词用时，它指投资主体在社会经济活动中为实现某种预定的生产、经营目标而预先垫付资金的经济行为。当投资作为名词用时，它表示投入资源的数量，通常用货币单位来表示。

2. 工程项目投资

工程项目投资是为完成工程项目建设并达到使用要求或生产条件，在建设期内预计或实际投入的全部费用总和。生产性建设项目总投资包括建设投资、建设期利息和流动资金三部分；非生产性建设项目总投资包括建设投资和建设期利息两部分。其中建设投资和建设期利息之和对应于固定资产投资。

3. 工程造价

工程造价有两种含义：一是指建设一项工程预期开支或实际开支的全部固定资产投资，它是从投资方（或业主）的角度定义的，从这个意义上讲，建设工程造价就是建设项目固定资产投资；二是指在工程承发包交易活动中所形成的建设工程费用，其值最终由市场形成。本章所述工程造价特指第一种含义。

二、工程项目投资构成

建设项目总投资由固定资产投资和铺底流动资产投资两部分组成，如图4-1所示。非生产性建设项目总投资则只包括固定资产投资。

固定资产投资包含设备及工器具投资、建筑安装工程投资、工程建设其他投资、预备费及建设期利息等内容。

铺底流动资产投资是项目投产初期所需，为保证项目建成后进行试运转所必需的投入，其值一般按项目建成后所需投入全部流动资金的30%估算。

（一）设备及工器具购置费

设备及工器具购置费用是由设备购置费用和工具、器具及生产家具购置费用组成。在生产性工程建设中，设备及工器具购置费用占工程造价比重的增大，意味着生产技术的进

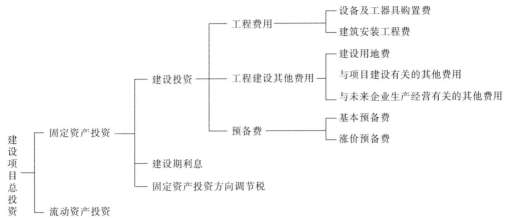

图4-1　建设项目总投资构成

步和资本有机构成的提高。

1. 设备购置费

设备购置费指为建设工程购置或自制的达到固定资产标准的设备、工具、器具的费用。它由设备原价和设备运杂费构成。即

$$设备购置费＝设备原价＋设备运杂费 \qquad (4-1)$$

式中：设备原价指国产设备或进口设备的原价；设备运杂费指除设备原价之外的关于设备采购、运输、途中包装及仓库保管等方面支出费用的总和。

2. 工器具及生产家具购置费

工器具及生产家具购置费是指新建项目或扩建项目初步设计所规定，保证初期正常生产必须购置的没有达到固定资产标准的设备、仪器、工卡模具、器具、生产家具和备品备件的费用。一般以设备购置费为计算基数，按照部门或行业规定的费率计算。计算公式为

$$工器具及生产家具购置费＝设备购置费×定额费率 \qquad (4-2)$$

（二）建筑安装工程费用

建筑安装工程费是指为完成工程项目建造、生产性设备及配套工程安装所需的费用。根据住房城乡建设部、财政部颁布的"关于印发《建筑安装工程费用项目组成》的通知"（建标〔2013〕44号），我国现行建筑安装工程费用项目按两种不同的方式划分，即按费用构成要素划分和按造价形成划分，其具体构成如图4-2所示。

建筑安装工程费按照费用构成要素划分由人工费、材料（包含工程设备，下同）费、施工机具使用费、企业管理费、利润、规费和税金组成。

建筑安装工程费按照工程造价形成由分部分项工程费、措施项目费、其他项目费、规费、税金组成。分部分项工程费、措施项目费、其他项目费包含人工费、材料费、施工机具使用费、企业管理费和

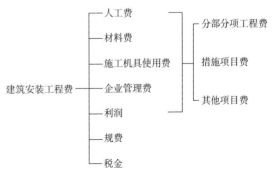

图4-2　建筑安装工程投资构成

利润。

1. 人工费

建筑安装工程费中的人工费，是指按照工资总额构成规定，支付给直接从事建筑安装工程施工作业的生产工人和附属生产单位工人的各项费用。计算人工费的基本要素有两个，即人工工日消耗量和人工日工资单价。人工费的基本计算公式为

$$人工费=\sum(工日消耗量×日工资单价) \tag{4-3}$$

2. 材料费

建筑安装工程费中的材料费，是指工程施工过程中耗费的各种原材料、辅助材料、构配件、零件、半成品或成品、工程设备的费用。

（1）材料费。计算材料费的基本要素是材料消耗量和材料单价，其计算公式为

$$材料费=\sum(材料消耗量×材料单价) \tag{4-4}$$

（2）工程设备费。是指构成或计划构成永久工程一部分的机电设备、金属结构设备、仪器装置及其他类似的设备和装置，其计算公式为

$$工程设备费=\sum(工程设备量×工程设备单价) \tag{4-5}$$

3. 施工机具使用费

建筑安装工程费中的施工机具使用费，是指施工作业所发生的施工机械、仪器仪表使用费或其租赁费。

（1）施工机械使用费。指施工机械作业发生的使用费或租赁费，其计算公式为

$$施工机械使用费=\sum(施工机械台班消耗量×机械台班单价) \tag{4-6}$$

（2）仪器仪表使用费。指工程施工所需使用的仪器仪表的摊销及维修费用，其计算公式为

$$仪器仪表使用费=工程使用的仪器仪表摊销费+维修费 \tag{4-7}$$

4. 企业管理费

（1）企业管理费的内容。企业管理费是指建筑安装企业组织施工生产和经营管理所需的费用，其内容构成如图4-3所示。

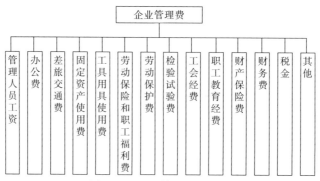

图4-3　企业管理费的组成

（2）企业管理费的计算。企业管理费一般采用取费基数乘以费率的方法计算，取费基数有三种，分别是：以分部分项工程费为计算基础、以人工费和机械费合计为计算基础及以人工费为计算基础。企业管理费费率计算方法如下：

1）以分部分项工程费为计算基础。

$$企业管理费（\%）=\frac{生产工人年平均管理费}{年有效施工天数\times 人工单价}\times 人工费占分部分项工程费比例（\%）$$

$$(4-8)$$

2）以人工费和机械费合计为计算基础。

$$企业管理费（\%）=\frac{生产工人年平均管理费}{年有效施工天数\times（人工单价+每一工日机械使用费）}\times 100\%$$

$$(4-9)$$

3）以人工费为计算基础。

$$企业管理费（\%）=\frac{生产工人年平均管理费}{年有效施工天数\times 人工单价}\times 100\% \qquad (4-10)$$

工程造价管理机构在确定计价定额中企业管理费时，应以定额人工费或（定额人工费+定额机械费）作为计算基数，其费率根据历年工程造价积累的资料，辅以调查数据确定，列入分部分项工程和措施项目中。

5. 利润

利润是指施工企业完成所承包工程获得的盈利，由施工企业根据企业自身需求并结合建筑市场实际自主确定。工程造价管理机构在确定计价定额中利润时，应以定额人工费或（定额人工费+定额机械费）作为计算基数，其费率根据历年积累的工程造价资料，并结合建筑市场实际确定，以单位（单项）工程测算，利润在税前建筑安装工程费的比重可按不低于5%且不高于7%的费率计算。利润应列入分部分项工程和措施项目费中。

6. 规费

（1）规费的内容。规费是指按国家法律、法规规定，由省级政府和省级有关权力部门规定必须缴纳或计取的费用。主要包括社会保险费、住房公积金和工程排污费。

（2）规费的计算。

1）社会保险费和住房公积金。社会保险费和住房公积金应以定额人工费为计算基础，根据工程所在地省、自治区、直辖市或行业建设主管部门规定费率计算。

$$社会保险费和住房公积金=\sum（工程定额人工费\times 社会保险费和住房公积金费率）$$

$$(4-11)$$

2）工程排污费。工程排污费应按工程所在地环境保护等部门规定的标准缴纳，按实计取列入。其他应列而未列入的规费，按实际发生计取列入。

7. 税金

建筑安装工程税金是指国家税法规定的应计入建筑安装工程费用的营业税、城市维护建设税、教育费附加及地方教育费附加，其计算公式为

$$税金=税前造价\times 综合税率（\%） \qquad (4-12)$$

综合税率的计算因纳税地点所在地的不同而不同。纳税地点在市区的企业，综合税率为3.48%；纳税地点在县城、镇的企业，综合税率为3.41%；纳税地点不在市区、县城、镇的企业，综合税率为3.28%；实行营业税改增值税的，按纳税地点现行税率计算。

（三）工程建设其他费用

工程建设其他费用是指从工程筹措到工程竣工验收交付使用为止的整个建设期间，为

保证工程建设顺利完成和交付使用后能正常发挥效用而发生的各项费用。包括：建设用地费、与项目建设有关的其他费用、与未来企业生产经营有关的其他费用。

1. 建设用地费

指为获得工程项目建设土地的使用权而在建设期内发生的各项费用，包括通过划拨方式取得土地使用权而支付的土地征用及迁移补偿费，或者通过出让方式取得土地使用权而支付的土地使用权出让金。

2. 与项目建设有关的其他费用

与项目建设有关的其他费用通常包括：建设管理费用、可行性研究费、研究试验费、勘察设计费、环境影响评价费、劳动安全卫生评价费、场地准备及临时设施费、引进技术和引进设备其他费、工程保险费、特殊设备安全监督检验费、市政公用设施费。

3. 与未来企业生产经营有关的其他费用

与未来企业生产经营有关的其他费用包括：联合试运转费、专利及专有技术使用费、生产准备及开办费等。

（四）预备费

按我国现行规定，预备费包括基本预备费和涨价预备费。

基本预备费是指针对项目实施过程中可能发生难以预料的支出而事先预留的费用，又称工程建设不可预见费，主要指设计变更及施工过程中可能增加工程量的费用。基本预备费是按工程费用与工程建设其他费用二者之和为计取基础，乘以基本预备费费率进行计算。

涨价预备费是指为在建设期内利率、汇率或价格等因素的变化而预留的可能增加的费用，也称为价格变动不可预见费。

（五）建设期利息

建设期利息主要是指在建设期内发生的为工程项目筹措资金的融资费用及债务资金利息。

三、影响工程投资的主要因素

影响工程投资大小的主要因素包括：建设规模、建设地区及建设地点（厂址）、技术方案、设备方案、工程方案、环境保护措施等。

（一）建设规模

建设规模也称项目生产规模，是指项目在其设定的正常生产营运年份可能达到的生产能力或者使用效益。在项目决策阶段应选择合理的建设规模，以达到规模经济的要求。合理的建设规模与市场因素、技术因素、环境因素等有关。

1. 市场因素

原材料市场、资金市场、劳动力市场以及产品市场的需求状况是确定项目生产规模的前提。一般情况下，项目的生产规模应以产品市场预测的需求量为限，并根据项目产品市场的长期发展趋势作相应调整。

2. 技术因素

先进适用的生产技术及技术装备是项目规模效益赖以存在的基础，而相应的管理技术水平则是实现规模效益的保证。若与经济规模生产相适应的先进技术及其装备的来源没有保障，或获取技术的成本过高，或管理水平跟不上，不仅达不到预期的规模效益，还会给项目的生存和发展带来危机，导致项目投资效益低下、工程造价支出严重浪费。

3. 环境因素

项目的建设、生产和经营都离不开一定的社会经济环境，项目规模确定中需考虑的主要环境因素有：政策因素、燃料动力供应、协作及土地条件、运输及通信条件。其中，政策因素包括产业政策、投资政策、技术经济政策以及国家、地区及行业经济发展规划等。特别是为了取得较好的规模效益，国家对部分行业的新建项目规模作了下限规定，选择项目规模时应予以遵照执行。

在对以上三方面进行充分考核的基础上，经过多方案比较，最终确定相应的产品方案、产品组合方案和项目建设规模。

（二）建设地区及建设地点（厂址）

1. 建设地区的选择

建设地区的选择影响着工程造价的高低、建设工期的长短、建设质量的好坏，还影响到项目建成后的运营状况。建设地区的选择要充分考虑以下各种因素：

（1）要符合国民经济发展战略规划、国家工业布局总体规划和地区经济发展规划的要求。

（2）要根据项目的特点和需要，充分考虑原材料条件、能源条件、水源条件、各地区对项目产品需求及运输条件等。

（3）要综合考虑气象、地质、水文等建厂的自然条件。

（4）要充分考虑劳动力来源、生活环境、协作、施工力量、风俗文化等社会环境因素的影响。

在综合考虑上述因素的基础上，建设地区的选择应遵循以下两个基本原则：靠近原料、燃料提供地和产品消费地的原则和工业项目适当聚集的原则。

2. 建设地点（厂址）的选择

在确定建设地点（厂址）时，也应进行方案的技术经济分析、比较。选择最佳建设地点（厂址）时，还应满足以下要求：

（1）节约土地，少占耕地，降低土地补偿费用。

（2）减少拆迁移民数量。

（3）应尽量选在工程地质、水文地质条件较好的地段。

（4）要有利于厂区合理布置和安全运行。

（5）应尽量靠近交通运输条件和水电供应等条件好的地方。

（6）应尽量减少对环境的污染。

（三）技术方案

生产技术方案指产品生产所采用的工艺流程和生产方法。在建设规模和建设地区及地点确定后，具体的工程技术方案的确定，在很大程度上影响着工程建设成本以及建成后的运营成本。技术方案的选择直接影响项目的工程造价，因此，必须遵照以下原则，认真评价和选择拟采用的技术方案。

1. 先进适用

这是评定技术方案最基本的标准。保证工艺技术的先进性是首先要满足的，它能够带来产品质量、生产成本的优势。但在技术方案选择时不能单独强调先进而忽略适用，而应在满足先进的同时，结合我国国情和国力，考察工艺技术是否符合我国的技术发展政策。

2. 安全可靠

项目所采用的技术或工艺，必须经过多次试验和实践证明是成熟的，技术过关、质量可靠、安全稳定、有详尽的技术分析数据和可靠性记录，并且生产工艺的危害程度控制在国家规定的标准之内。

3. 经济合理

经济合理是指所用的技术或工艺应讲求经济效益，以最小的消耗取得最佳的经济效果，要求综合考虑所用工艺所能产生的经济效益和国家的经济承受能力。

（四）设备方案

在确定生产工艺流程和生产技术后，应根据工厂生产规模和工艺过程的要求，选择设备的型号和数量。设备方案选择时应符合下列要求：

（1）主要设备方案应与确定的建设规模、产品方案和技术方案相适应，并满足项目投产后生产或使用的要求。

（2）主要设备之间、主要设备与辅助设备之间的生产或使用性能要相互匹配。

（3）设备质量应安全可靠、性能成熟，保证生产和产品质量稳定。

（4）在保证设备性能前提下，力求经济合理。

（5）选择的设备应符合政府部门或专门机构发布的技术标准要求。

（五）工程方案

工程方案选择是在已选定项目建设规模、技术方案和设备方案的基础上，研究论证主要建筑物、构筑物的建造方案，包括对于建筑标准的确定。工程方案选择应满足以下基本要求：

（1）满足生产使用功能要求。确定项目的工程内容、建筑面积和建筑结构时，应满足生产和使用的要求。分期建设的项目，应留有适当的发展余地。

（2）适应已选定的场址（线路走向）。在已选定的场址（线路走向）的范围内，合理布置建筑物、构筑物，以及地上、地下管网的位置。

（3）符合工程标准规范要求。建筑物、构筑物的基础、结构和所采用的建筑材料，应符合政府部门或者专门机构发布的技术标准规范要求，确保工程质量。

（4）经济合理。工程方案在满足使用功能、确保质量的前提下，力求降低造价、节约建设资金。

（六）环境保护措施

建设项目一般会引起项目所在地自然环境、社会环境和生态环境的变化，对环境状况、环境质量产生不同程度的影响。因此，需要在确定场址方案和技术方案时，对所在地的环境条件进行充分的调查研究，识别和分析拟建项目影响环境的因素，并提出治理和保护环境的措施，比选和优化环境保护方案。

四、投资控制中应注意的几个问题

1. 注重决策和设计阶段的投资控制工作

工程项目投资控制贯穿于项目建设的全过程。在全过程的投资控制过程中，要以设计阶段为控制重点。图 4-4 显示建设过程各阶段对投资的影响关系，从图中可以看出，项目决策阶段对工程建设投资的影响程度最大；其次是初步设计阶段，对投资的影响程度约为 75%～95%；技术设计阶段对投资的影响程度约为 35%～75%；施工图设计阶段对投资的影

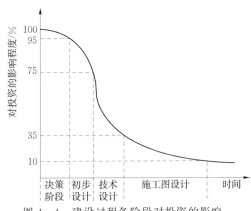

图 4-4　建设过程各阶段对投资的影响

响程度约为 10%～35%；施工阶段通过设计措施节约投资的可能性只有 5%～10%。

2. 正确处理建设投资与全寿命周期投资的关系

建设项目全寿命周期一般划分四个阶段：项目决策阶段、项目建造阶段（包括设计和施工阶段）、项目使用与维护阶段和项目拆除阶段。建设项目全寿命周期投资是建设项目在确定的寿命周期内所需支付的研究开发费、建筑安装费、运行维修费、回收报废等费用的总和。建设项目全寿命周期投资发生在建设项目寿命周期的各个阶段，是建设项目各个阶段投资的累积。

（1）全寿命周期投资估算模型。在已知项目各阶段投资情况下，全寿命周期投资估算的数学模型一般可表达为

$$C = C_0 + \sum_{j=1}^{n} C_j (1+i)^{-j} - S (1+i)^{-n} \qquad (4-13)$$

式中：C 为项目全寿命周期投资；C_0 为项目建设投资；C_j 为第 j 年的使用维修投资；S 为建筑产品残余价值；n 为寿命周期；i 为年利率。建设项目投资控制工作的目标应是在满足功能要求的前提下，使整个寿命周期投资总额最小。

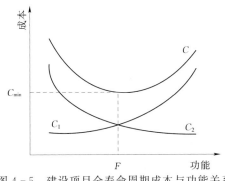

图 4-5　建设项目全寿命周期成本与功能关系

（2）建设投资与使用维护投资的关系。通常，在一定功能范围内，建设项目的建设投资与使用维护投资存在此消彼长的关系。如图 4-5 所示，随着项目功能水平的提高，建设投资 C_1 增加，使用维护投资 C_2 降低；反之，项目功能水平降低，其建设投资降低，但使用维护投资会增加。因此，当功能水平逐步提高时，全寿命周期投资 $C = C_1 + C_2$ 呈马鞍形变化。这就要求在项目决策时，要合理确定项目功能，使项目的全寿命周期投资达到最低。

3. 分阶段设置投资控制目标

投资的控制目标需按建设阶段分阶段设置，且每一阶段的控制目标值是相对而言的，随着工程项目建设的不断深入，投资控制目标也逐步具体和深化，如图 4-6 所示。

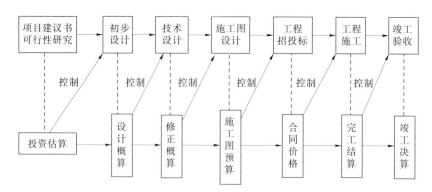

图 4-6　分阶段设置的投资控制目标

第二节　工程项目投资计划

项目投资计划是指依据项目建设进度计划所编制的，以货币形式表现的，科学合理地预测未来一定周期内建造和购置固定资产形成的工作量以及与此有关的费用总和。项目投资计划最主要的任务是估算投资、编制投资使用计划以及费用优化。

一、工程项目投资估计

（一）投资估算

投资估算是在研究并确定项目的建设规模、产品方案、技术方案、工艺技术、设备方案、厂址方案、工程建设方案以及项目进度计划等的基础上，依据特定的程序和方法，对拟建项目从筹建、施工直至建成投产所需全部建设资金进行的预测和估计。投资估算的成果文件称作投资估算书，也简称投资估算。投资估算书是项目建议书或可行性研究报告的重要组成部分，是项目决策的重要依据之一。

1. 投资估算的编制依据

建设项目投资估算编制依据是指与工程计价有关的参数、率值、计量、价格等的基础资料，主要包括以下几个方面：

（1）国家、行业和地方政府的有关规定。

（2）工程勘察与设计文件，图示计量或有关专业提供的主要工程量和主要设备清单。

（3）行业部门、项目所在地工程造价管理机构或行业协会等编制的投资估算指标、概算指标（定额）、工程建设其他费用定额（规定）、综合单价、价格指数和有关造价文件等。

（4）类似工程的各种技术经济指标和参数。

（5）工程所在地的同期的工、料、机市场价格，建筑、工艺及附属设备的市场价格和有关费用。

（6）政府有关部门、金融机构等部门发布的价格指数、利率、汇率、税率等有关参数。

（7）与建设项目相关的工程地质资料、设计文件、图纸等。

（8）委托人提供的其他技术经济资料。

2. 投资估算文件组成

《建设项目投资估算编审规程》（CECA/GC1—2007）规定，投资估算文件一般由封面、签署页、编制说明、投资估算分析、总投资估算表、单项工程估算表、主要技术经济指标等内容组成。

（1）投资估算编制说明。包括工程概况、编制范围、编制方法、编制依据、主要技术经济指标、有关参数和率值选定的说明等。

（2）投资估算分析。分析主体工程、附属工程占建设总投资的比例；分析设备及工器具购置费、建筑工程费、安装工程费、工程建设其他费用、预备费、建设期利息占建设总投资的比例；分析引进设备费用占全部设备费用的比例；分析影响投资的主要因素等。

（3）总投资估算。总投资估算包括汇总单项工程估算、计算工程建设其他费，估算基本预备费、价差预备费，计算建设期利息等。

（4）单项工程投资估算。计算各个单项工程的建筑工程费、设备及工器具购置费和安装工程费。

（5）工程建设其他费用估算。按预期将要发生的工程建设其他费用种类，逐项详细估算其费用金额。

（6）主要技术经济指标。估算人员应根据项目特点，计算并分析整个建设项目、各单项工程和主要单位工程的主要技术经济指标。

3. 投资估算的编制步骤

根据投资估算的不同阶段，主要包括项目建议书阶段及可行性研究阶段的投资估算。可行性研究阶段的投资估算编制一般包含静态投资部分、动态投资部分与流动资金估算部分，主要包括以下步骤：

（1）分别估算各单项工程所需建筑工程费、设备及工器具购置费、安装工程费，在汇总各单项工程费用的基础上，估算工程建设其他费用和基本预备费，完成工程项目静态投资部分的估算。

（2）在静态投资部分的基础上，估算价差预备费和建设期利息，完成工程项目动态投资部分的估算。

（3）估算流动资金。

（4）估算建设项目总投资。

投资估算编制的具体流程图如图 4-7 所示。

（二）设计概算

根据国家有关文件的规定，一般工业项目设计可按初步设计和施工图设计两个阶段进行；技术复杂、规模较大的工程，可以按初步设计、技术设计和施工图设计三个阶段进行；技术上较为简单的小型工程建设项目，经项目主管部门同意可以只做施工图设计。

设计概算是在投资估算的控制下由设计单位根据初步设计的图纸及说明，利用国家或地区颁发的概算定额、各项取费标准以及设备材料预算价格等资料，按照设计概算编制要求，对建设项目从筹建至竣工交付使用所需全部费用进行的预计。设计概算的成果文件称

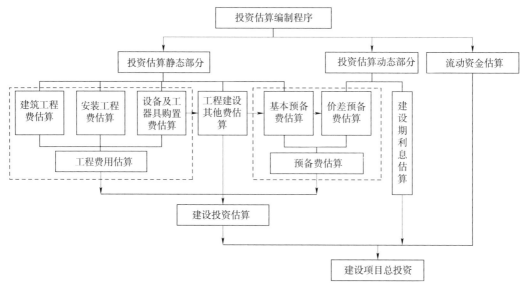

图 4-7　投资估算编制流程

作设计概算书,也简称设计概算,设计概算书是初步设计文件的重要组成部分。

设计概算文件的编制应采用单位工程概算、单项工程综合概算、建设项目总概算三级概算编制形式。当建设项目为一个单项工程时,可采用单位工程概算、总概算两级概算编制形式。三级概算之间的相互关系和费用构成,如图 4-8 所示。

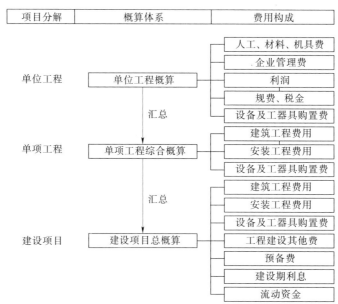

图 4-8　三级概算之间的相互关系和费用构成

1. 编制单位工程概算

单位工程概算是单项工程综合概算的组成部分,应根据单项工程中所属的每个单体按专业分别编制,一般分土建、装饰、采暖通风、给排水、照明等。总体而言,单位工程概算包括建筑工程概算和设备及安装工程概算两类。其中,建筑工程概算的编制方法有概算定额法、概算指标法、类似工程预算法等；设备及安装工程概算的编制方法有预算单价法、扩大单价法、设备价值百分比法和综合吨位指标法等。限于篇幅，仅介绍概算定额法和设备价值百分比法。

（1）概算定额法。概算定额法又称扩大单价法或扩大结构定额法，是套用概算定额编制建筑工程概算的方法。运用概算定额法，要求初步设计必须达到一定深度，建筑结构尺寸比较明确，能按照初步设计的平面图、立面图、剖面图纸计算出楼地面、墙身、门窗和屋面等扩大分项工程（或扩大结构构件）的工程量时，方可采用。概算定额法编制建筑工程概算的步骤如下：

1）搜集基础资料、熟悉设计图纸和了解有关施工条件和施工方法。

2）按照顺序列出单位工程中分部分项工程名称并计算工程量。工程量计算应按概算定额中规定的工程量计算规则进行，计算时采用的原始数据必须以初步设计图纸所标识的尺寸为准。

3）确定各分部分项工程的概算定额单价。工程量计算完毕后，逐项套用相应概算定额单价和人工、材料消耗指标，然后分别将其填入工程概算表和工料分析表中。如遇设计图中的分项工程名称、内容与采用的概算定额手册中相应的项目有某些不相符时，则按规定对定额进行换算后方可套用。

4）计算单位工程人、材、机费用。将已算出的各分部分项工程项目的工程量及在概算定额中已查出的相应定额单价和单位人工、主要材料消耗指标分别相乘，即可得出各分部分项工程的人、材、机费用和人工、主要材料消耗量。再汇总各分部分项工程的人、材、机费用及人工、主要材料消耗量，即可得到该单位工程的人、材、机费用和工料总消耗量。

5）计算企业管理费、利润、规费和税金。根据人、材、机费用，结合其他各项取费标准，分别计算出企业管理费、利润、规费和税金。

6）计算单位工程概算造价。

单位工程概算造价＝人、材、机费用＋企业管理费＋利润＋规费＋税金 （4-14）

7）编写概算编制说明。单位建筑工程概算按照规定的表格形式进行编制，具体格式见表4-1。

表 4-1　　　　　　　　　　　　　　　建筑工程概算表

序号	定额编号	工程项目或费用名称	单位	数量	单价/元				合价/元			
					定额基价	人工费	材料费	机械费	金额	人工费	材料费	机械费
一		土石方工程										
1	××	××××××										
2	××	××××××										
		......										
二		砌筑工程										
1	××	××××××										
		......										

续表

序号	定额编号	工程项目或费用名称	单位	数量	单价/元				合价/元			
					定额基价	人工费	材料费	机械费	金额	人工费	材料费	机械费
三		楼地面工程										
1	××	××××××										
		………										
		小计										
		工程综合取费										
		单位工程概算费用合计										

【例 4 - 1】　某市拟建一座 $7560m^2$ 教学楼，请按给出的单价和工程量编制出该教学楼土建工程设计概算造价和平方米造价。各项费率分别为：以定额人工费为基数的企业管理费费率为 50%，利润率为 30%，社会保险费和公积金费率为 25%，按标准缴纳的工程排污费为 50 万元，综合税率为 3.48%。

表 4 - 2　　　　　　　　　某教学楼土建工程量和扩大单价　　　　　　　　　单位：元

序号	分部工程名称	单位	工程量	单价	其中：人工费
1	基础工程	$10m^3$	160	3200	320
2	混凝土及钢筋混凝土	$10m^3$	150	13280	660
3	砌筑工程	$10m^3$	280	4878	960
4	地面工程	$100m^2$	25	13000	1500
5	楼面工程	$100m^2$	40	19000	2000
6	卷材屋面	$100m^2$	40	14000	1500
7	门窗工程	$100m^2$	35	55000	10000
8	脚手架	$100m^2$	180	1000	200

解： 根据已知条件和表 4 - 2 数据，求得的该教学楼土建工程概算造价见表 4 - 3。

表 4 - 3　　　　　　　　某教学楼土建工程概算造价计算表　　　　　　　　单位：元

序号	分部工程名称	单位	工程量	单价	合价
1	基础工程	$10m^3$	160	3200	512000
2	混凝土及钢筋混凝土	$10m^3$	150	13280	1992000
3	砌筑工程	$10m^3$	280	4878	1365840
4	地面工程	$100m^2$	25	13000	325000
5	楼面工程	$100m^2$	40	19000	760000
6	卷材屋面	$100m^2$	40	14000	560000

序号	分部工程名称	单位	工程量	单价	合价
7	门窗工程	100m²	35	55000	1925000
8	脚手架	100m²	180	1000	180000
A	小计（以上8项之和）				7619840
B	其中：人工费合计				982500
C	企业管理费		$B \times 50\%$		491250
D	利润		$B \times 30\%$		294750
E	规费		$B \times 25\% + 500000$		745625
F	税金		$(A+C+D+E) \times 3.48\%$		318471
G	概算造价		$A+C+D+E+F$		9469936
H	每平方米造价		9469936/7560		1253

（2）设备价值百分比法。设备价值百分比法，又称安装设备百分比法。当初步设计深度不够，只有设备出厂价而无详细规格、重量时，安装费可按占设备费的百分比计算。其百分比值（即安装费率）由相关管理部门制定或由设计单位根据已完类似工程确定。该法常用于价格波动不大的定型产品和通用设备产品，其计算公式为

$$设备安装费 = 设备原价 \times 安装费率 \qquad (4-15)$$

2. 编制单项工程综合概算

单项工程综合概算是确定单项工程建设费用的综合性文件，它是由所属各单位工程概算汇总而成的，是建设项目总概算的组成部分。单项工程综合概算的组成内容如图4-9所示。

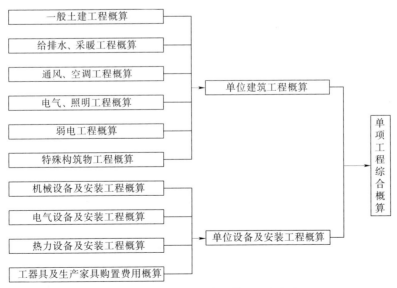

图4-9 单项工程综合概算的组成内容

单项工程综合概算文件一般包括编制说明、综合概算表两大部分。当建设项目只有一个单项工程时，综合概算文件（实为总概算）除包括上述两大部分外，还应包括工程建设其他费用、建设期利息、预备费的概算。单项工程综合概算表见表4-4。

表4-4　　　　　　　　　　　　　　　　单项工程综合概算表

序号	概算编号	工程项目和费用名称	概算价值						
			主要工程量	建筑工程	安装工程	设备购置	工器具及生产家具购置	其他	总价
一		主要工程							
1	×	××××××							
2	×	××××××							
二		辅助工程							
1	×	××××××							
2	×	××××××							
三		配套工程							
1	×	××××××							
2	×	××××××							
		单项工程概算费用合计							

3. 编制建设项目总概算

建设项目总概算是设计文件的重要组成部分，是预计整个建设项目从筹建到竣工交付使用所花费的全部费用的文件。它是由各单项工程综合概算、工程建设其他费用、建设期利息、预备费和经营性项目的铺底流动资金概算所组成，如图4-10所示。

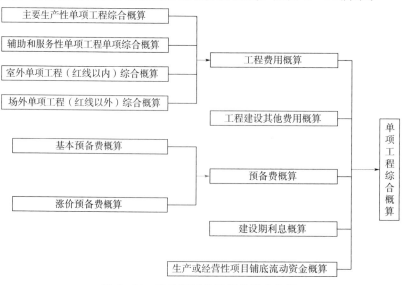

图4-10　建设项目总概算的组成内容

建设项目总概算表应按主管部门规定的统一表格进行编制，见表4-5。

表4-5 建设项目总概算表

序号	概算编号	工程项目和费用名称	概算价值						占总投资比例/%
			建筑工程	安装工程	设备购置	工器具及生产家具购置	其他	总价	
1	2	3	4	5	6	7	8	9	10
		第一部分 工程费用							
		一、主要生产和辅助生产项目							
1	×	××××××							
2	×	××××××							
		二、公用设施项目							
1	×	××××××							
2	×	××××××							
		……							
		合计							
		第二部分 其他费用项目							
1		××××××							
2		××××××							
		……							
		合计							
		预备费							
		建设期利息							
		铺底流动资金							
		建设项目概算总投资							

（三）施工图预算

施工图预算是以施工图设计文件为依据，按照规定的程序、方法和定额，在施工图设计阶段，对工程项目的费用进行的预测与估计。

根据建设项目实际情况，施工图预算可采用三级或二级预算编制形式。当建设项目有多个单项工程时，应编制三级预算。三级预算指建设项目总预算、单项工程综合预算、单位工程预算组成。当建设项目只有一个单项工程时，应采用二级预算编制形式，二级预算指建设项目总预算和单位工程预算。

1. 编制单位工程施工图预算

单位工程施工图预算包括建筑工程费、安装工程费和设备及工器具购置费。

（1）建筑安装工程费计算。建筑安装工程费应根据施工图设计文件、预算定额（或综合单价）以及人工、材料及施工机械台班等价格资料进行计算。主要编制方法有定额单价法和实物量法。其中单价法分为定额单价法和工程量清单单价法，在单价法中，使用较多的还是定额单价法。

1) 定额单价法。定额单价法又称工料单价法或预算单价法。定额单价法计算建筑安装工程费的公式为

$$建筑安装工程预算造价 = \sum(分项工程量 \times 分项工程工料单价)$$
$$+ 企业管理费 + 利润 + 规费 + 税金 \qquad (4-16)$$

采用定额单价法编制施工图预算的基本步骤如图 4-11 所示。

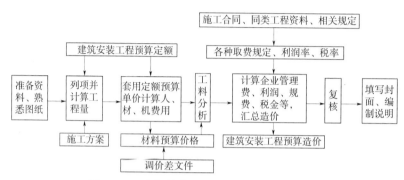

图 4-11　定额单价法编制施工图预算流程图

a. 准备资料，熟悉图纸。收集相关资料，包括定额、取费标准、工程量计算规则、材料预算价格以及市场价格等。熟悉施工图纸，了解设计意图。

b. 列项并计算工程量。根据定额规定，将单位工程分解成若干个分项工程。根据工程量计算规则和施工图纸计算各分项工程的工程量。列项计算时，应避免漏算或重复计算。

c. 套用定额预算单价，计算人、材、机费用。将定额中分项工程的预算单价与其工程量相乘，得到该分项工程的人、材、机费用。汇总分项工程的人、材、机费用后，就得到单位工程的人、材、机费用。

d. 工料分析。将定额中分项工程的材料和人工的消耗量乘以该分项工程的工程量，得到分项工程工料消耗量，最后将各分项工程工料消耗量加以汇总，得出单位工程人工、材料的消耗数量。

e. 按计价程序计取其他费用，并汇总造价。根据规定的税率、费率和相应的计取基础，分别计算企业管理费、利润、规费和税金。将上述费用与人、材、机费用相加，求出单位工程预算造价。

f. 复核。对项目列项、计算公式、计算结果、套用单价、取费费率、数据精确度等进行全面复核，及时发现差错并修改，以保证预算的准确性。

g. 填写封面、编制说明。

2) 实物法。实物法编制施工图预算的基本步骤如图 4-12 所示。

a. 准备资料、熟悉施工图纸。收集相关资料，包括定额、取费标准、工程量计算规则、材料预算价格以及市场价格等。熟悉施工图纸，了解设计意图。

b. 列项并计算工程量。根据定额规定，将单位工程分解成若干个分项工程。根据工

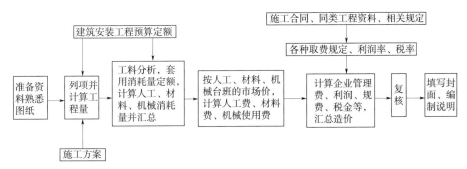

图 4-12 实物法编制施工图预算流程图

程量计算规则和施工图纸计算各分项工程的工程量。列项计算时，应避免漏算或重复计算。

c. 套用消耗量定额，计算人工、材料、机械台班消耗量。根据预算人工定额所列各类人工工日的数量，乘以各分项工程的工程量，计算出各分项工程所需各类人工工日的数量，统计汇总后确定单位工程所需的各类人工工日消耗量。同理，根据预算材料定额、预算机械台班定额分别确定出工程各类材料消耗数量和各类施工机械台班数量。

d. 计算并汇总人工费、材料费和机械使用费。根据当时当地工程造价管理部门定期发布的或企业根据市场价格确定的人工工资单价、材料预算价格、施工机械台班单价分别乘以人工、材料、机械消耗量，汇总即得到单位工程人工费、材料费和施工机械使用费。

e. 计算其他各项费用，汇总造价。本步骤与定额单价法相同。

f. 复核。对项目列项、计算公式、计算结果、套用单价、取费费率、数据精确度等进行全面复核，及时发现差错并修改，以保证预算的准确性。

g. 填写封面、编制说明。

（2）设备及工器具购置费计算。设备购置费由设备原价和设备运杂费构成；未到达固定资产标准的工器具购置费一般以设备购置费为计算基数，按照规定的费率计算。设备及工器具购置费计算方法及内容可参照设计概算编制的相关内容。

（3）单位工程施工图预算书编制。单位工程施工图预算由建筑安装工程费和设备及工器具购置费组成，将计算好的建筑安装工程费和设备及工器具购置费相加，即得到单位工程施工图预算，即

$$单位工程施工图预算＝建筑安装工程预算＋设备及工器具购置费 \qquad （4-17）$$

2. 单项工程综合预算的编制

单项工程综合预算造价由组成该单项工程的各个单位工程预算造价汇总而成。计算公式如下：

$$单项工程施工图预算＝\sum 单位建筑工程费＋\sum 单位设备及安装工程费 \qquad （4-18）$$

3. 建设项目总预算的编制

建设项目总预算由组成该建设项目的各个单项工程综合预算，以及经计算的工程建设其他费、预备费和建设期利息和铺底流动资金汇总而成。计算公式如下：

$$总预算＝\sum 单项工程施工图预算＋工程建设其他费＋$$
$$预备费＋建设期利息＋铺底流动资金 \qquad （4-19）$$

工程建设其他费、预备费、建设期利息及铺底流动资金具体编制方法可参照相关教材。

（四）招标控制价

《招标投标法实施条例》规定，招标人可以自行决定是否编制标底，一个招标项目只能有一个标底，标底必须保密。同时规定，招标人设有最高投标限价的，应当在招标文件中明确最高投标限价或者最高投标限价的计算方法，招标人不得规定最低投标限价。

1. 编制招标控制价的规定

（1）国有资金投资的工程建设项目应实行工程量清单招标，招标人应编制招标控制价，并应当拒绝高于招标控制价的投标报价，即投标人的投标报价若超过公布的招标控制价，则其投标作为废标处理。

（2）招标控制价应由具有编制能力的招标人或受其委托、具有相应资质的工程造价咨询人编制。工程造价咨询人不得同时接受招标人和投标人对同一工程的招标控制价和投标报价的编制。

（3）招标控制价应在招标文件中公布，对所编制的招标控制价不得进行上浮或下调。在公布招标控制价时，应公布招标控制价各组成部分的详细内容，不得只公布招标控制价总价。

（4）招标控制价超过批准的概算时，招标人应将其报原概算审批部门审核。这是由于我国对国有资金投资项目的投资控制实行的是设计概算审批制度，国有资金投资的工程原则上不能超过批准的设计概算。

2. 招标控制价的编制依据

招标控制价的编制依据是指在编制招标控制价时需要进行工程量计量、价格确认、工程计价的有关参数、率值的确定等工作时所需的基础性资料，主要包括以下几点：

（1）《建设工程工程量清单计价规范》（GB 50500—2013）与专业工程计量规范等。

（2）国家或省级、行业建设主管部门颁发的计价定额和计价办法。

（3）建设工程设计文件及相关资料。

（4）拟定的招标文件及招标工程量清单。

（5）与建设项目相关的标准、规范、技术资料。

（6）施工现场情况、工程特点及常规施工方案。

（7）工程造价管理机构发布的工程造价信息；工程造价信息没有发布的，参照市场价。

（8）其他的相关资料。

3. 招标控制价的编制内容

招标控制价的编制内容包括分部分项工程费、措施项目费、其他项目费、规费和税金，各个部分有不同的计价要求。

（1）分部分项工程费的编制要求。

1）分部分项工程费应根据招标文件中的分部分项工程量清单及有关要求，按《建设工程工程量清单计价规范》（GB 50500—2013）有关规定确定综合单价计价。

2）工程量依据招标文件中提供的分部分项工程量清单确定。

3）招标文件提供了暂估单价的材料，应按暂估的单价计入综合单价。

4）为使招标控制价与投标报价所包含的内容一致，综合单价中应包括招标文件中要求投标人所承担的风险内容及其范围（幅度）产生的风险费用。

（2）措施项目费的编制要求。

1）措施项目费中的安全文明施工费应当按照国家或省级、行业建设主管部门的规定标准计价，该部分不得作为竞争性费用。

2）措施项目应按招标文件中提供的措施项目清单确定，措施项目分为以"量"计算和以"项"计算两种。对于可精确计量的措施项目，采用与分部分项工程工程量清单单价相同的方式确定综合单价，然后乘以相应的工程量即可得到措施项目费用；对于不可精确计量的措施项目，则以"项"为单位，采用费率法按有关规定综合取定，采用费率法时需确定某项费用的计算基数及其费率，结果应是包括除规费、税金以外的全部费用。计算公式为：

$$以"项"计算的措施项目清单费＝措施项目计费基数×费率 \qquad (4-20)$$

（3）其他项目费的编制要求。

1）暂列金额。暂列金额可根据工程的复杂程度、设计深度、工程环境条件（包括地质、水文、气候条件等）进行估算，一般可以分部分项工程费的 $10\%\sim15\%$ 为参考。

2）暂估价。暂估价中的材料单价应按照工程造价管理机构发布的工程造价信息中的材料单价计算，工程造价信息未发布的材料单价，其单价参考市场价格估算；暂估价中的专业工程暂估价应分不同专业，按有关计价规定估算。

3）计日工。在编制招标控制价时，对计日工中的人工单价和施工机械台班单价应按省级、行业建设主管部门或其授权的工程造价管理机构公布的单价计算；材料应按工程造价管理机构发布的工程造价信息中的材料单价计算，对于工程造价信息未发布的材料，其价格应按市场调查确定的单价计算。

4）总承包服务费。总承包服务费应按照省级或行业建设主管部门的规定计算。

（4）规费和税金的编制要求。规费和税金必须按国家或省级、行业建设主管部门的规定计算。税金计算式如下：

$$税金＝（分部分项工程量清单费＋措施项目清单费＋$$
$$其他项目清单费＋规费）×综合税率 \qquad (4-21)$$

二、编制投资使用计划

在工程结构分解的基础上，将工程投资总目标值逐层分解到各个工作单元，形成各分目标值及各详细目标值，形成投资使用计划，项目实施中可以定期地将工作单元实际支出额与目标值进行比较，以便于及时发现偏差，找出偏差原因并及时采取纠正措施，将工程投资偏差控制在一定范围内。

依据项目结构分解方法不同，工程项目投资使用计划的编制方法也有所不同，常见的有按工程造价构成编制工程项目投资计划、按工程项目组成编制工程项目投资计划和按工程进度编制工程项目投资计划。这三种不同的编制方法可以有效地结合起来，组成一个详细完备的工程项目投资计划体系。

1. 按工程造价构成编制工程项目投资使用计划

工程造价主要分为建筑安装工程费、设备工器具费和工程建设其他费三部分，按工程造价构成编制的工程项目投资计划也分为建筑安装工程费使用计划、设备工器具费使用计划和工程建设其他费使用计划。每部分费用比例根据以往经验或已建立的数据库确定，也可根据具体情况作出适当调整，每一部分还可以作进一步的划分。这种编制方法比较适合于有大量经验数据的工程项目。

2. 按不同子项目编制工程项目投资使用计划

大型建设项目往往由多个单项工程组成，每个单项工程还可能由多个单位工程组成，而单位工程总是由若干个分部分项工程组成。按不同子项目划分资金的使用，进而做到合理分配，必须对工程项目进行合理划分，划分的粗细程度根据实际需要而定。在实际工作中，总投资目标按项目分解只能分到单项工程或单位工程，如果再进一步分解投资目标，就难以保证分目标的可靠性。

3. 按时间进度编制工程项目投资使用计划

建设项目的投资总是分阶段、分期支出的，资金使用是否合理与资金时间安排有密切关系。为了编制工程项目投资计划，并据此筹措资金，尽可能减少资金占用和利息支付，有必要将总投资目标按使用时间进行分解，确定分目标值。

按时间进度编制的工程项目投资计划，通常可利用项目进度网络图进一步扩充后得到。利用网络图控制投资，即要求在拟定工程项目的执行计划时，一方面确定完成某项施工活动所需的时间，另一方面也要确定完成这一工作合适的支出预算。

工程项目投资计划也可以采用 S 形曲线与香蕉图的形式，其对应数据的产生依据是施工计划网络图中时间参数（工序最早开工时间，工序最早完工时间，工序最迟开工时间，工序最迟完工时间，关键工序，关键路线，计划总工期）的计算结果与对应阶段资金使用要求。

利用确定的网络计划便可计算各项活动的最早及最迟开工时间，获得项目进度计划的甘特图。在甘特图的基础上便可编制按时间进度划分的投资支出预算，进而绘制时间—投资累计曲线（S 形图线）。时间—投资累计曲线的绘制步骤如下。

（1）确定工程进度计划，编制进度计划的甘特图。

（2）根据每单位时间内完成的实物工程量或投入的人力、物力和财力，计算单位时间（月或旬）的投资，见表 4 - 6。

表 4 - 6　　　　　　　　　　按月编制的资金使用计划表

时间/月	1	2	3	4	5	6	7	8	9	10	11	12
投资/万元	100	200	300	500	600	800	800	700	600	400	300	200

（3）计算规定时间 t 计划累计完成的投资额，其计算方法为各单位时间计划完成的投资额累加求和，可按式（4 - 22）计算：

$$Q_t = \sum_{n=1}^{t} q_n \qquad\qquad (4-22)$$

式中：Q_t 为某时间 t 计划累计完成投资额；q_n 为单位时间 n 的计划完成投资额；t 为规定

的计划时间。

（4）按各规定时间的 Q_t 值，绘制 S 形曲线，如图 4-13 所示。

每一条 S 形曲线都对应某一特定的工程进度计划。进度计划的非关键路线中存在许多有时差的工序或工作，因而 S 形曲线（投资计划值曲线）必然包括在由全部活动都按最早开工时间开始和全部活动都按最迟开工时间开始的曲线所组成的"香蕉图"内，如图 4-14所示。建设单位可根据编制的投资支出预算来合理安排资金，同时建设单位也可以根据筹措的建设资金来调整 S 形曲线，即通过调整非关键路线上的工序项目最早或最迟开工时间，力争将实际的投资支出控制在预算的范围内。

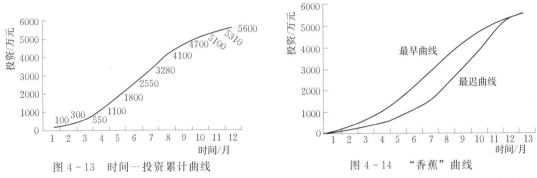

图 4-13 时间—投资累计曲线   图 4-14 "香蕉"曲线

一般而言，所有活动都按最迟时间开始，对节约建设资金贷款利息是有利的，但同时也降低了项目按期竣工的保证率，因此，必须合理地确定投资支出预算，达到既节约投资支出，又控制项目工期的目的。

三、费用优化

费用优化又称工期成本优化，是指寻求工程总成本最低时的工期安排，或按要求工期寻求最低成本的计划安排的过程。

工程的总成本是由直接费和间接费组成的，而直接费是由人工费、材料费、机械使用费、其他直接费及现场经费等组成，间接费包括施工组织管理的全部费用。一般来说，直接费会随着工期的缩短而增加，间接费会随着工期的缩短而减少，故两者叠加，必有一个总成本最低所对应的工期，这就是费用优化所要寻求的目标。工程费用与工期的关系如图 4-15 所示。

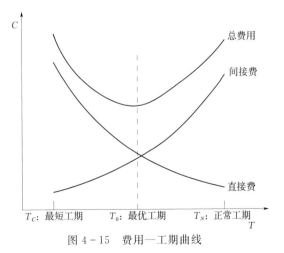

图 4-15 费用—工期曲线

1. 费用优化的步骤

（1）按工作正常持续时间找出关键工作及关键线路。

（2）按下列公式计算各项工作的费用率。

$$\Delta C_{i-j} = \frac{CC_{i-j} - CN_{i-j}}{DN_{i-j} - DC_{i-j}} \tag{4-23}$$

式中：ΔC_{i-j}为工作$i-j$的费用率；CC_{i-j}为将工作$i-j$持续时间缩短为最短持续时间后，完成该工作所需的直接费用；CN_{i-j}为在正常条件下完成工作$i-j$所需的直接费用；DN_{i-j}为工作$i-j$的正常持续时间；DC_{i-j}为工作$i-j$的最短持续时间。

（3）在网络计划中找出费用率（或组合费用率）最低的一项关键工作或一组关键工作，作为缩短持续时间的对象。

（4）缩短找出的关键工作或一组关键工作的持续时间，其缩短值必须符合不能压缩成非关键工作和缩短后其持续时间不小于最短持续时间的原则。

（5）计算相应增加的直接费用。

（6）考虑工期变化带来的间接费及其他损益，在此基础上计算总费用。

（7）重复（3）～（6）的步骤，一直计算到总费用最低为止。

2. 费用优化示例

已知某工程双代号网络计划如图4-16所示（费用单位为万元，时间单位为d），图中箭线下方括号外数字为工作的正常时间，括号内数字为最短持续时间；箭线上方括号外数字为工作按正常持续时间完成时所需的直接费，括号内数字为工作按最短持续时间完成时所需的直接费。该工程的间接费用率为0.8万元/d，试对其进行费用优化。

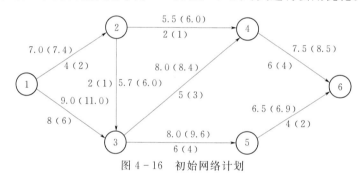

图4-16　初始网络计划

（1）根据各项工作的正常持续时间，确定网络计划的计算工期和关键线路，如图4-17所示。计算工期为19d，关键线路为1—3—4—6。

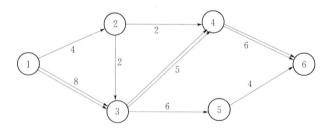

图4-17　初始网络计划中关键线路

（2）计算各项工作的直接费用率。

$$\Delta C_{1-2}=\frac{CC_{1-2}-CN_{1-2}}{DN_{1-2}-DC_{1-2}}=\frac{7.4-7.0}{4-2}=0.2,\quad \Delta C_{1-3}=\frac{CC_{1-3}-CN_{1-3}}{DN_{1-3}-DC_{1-3}}=\frac{11.0-9.0}{8-6}=1.0$$

$$\Delta C_{2-3}=\frac{CC_{2-3}-CN_{2-3}}{DN_{2-3}-DC_{2-3}}=\frac{6.0-5.7}{2-1}=0.3,\quad \Delta C_{2-4}=\frac{CC_{2-4}-CN_{2-4}}{DN_{2-4}-DC_{2-4}}=\frac{6.0-5.5}{2-1}=0.5$$

$$\Delta C_{3-4} = \frac{CC_{3-4} - CN_{3-4}}{DN_{3-4} - DC_{3-4}} = \frac{8.4 - 8.0}{5 - 3} = 0.2, \quad \Delta C_{3-5} = \frac{CC_{3-5} - CN_{3-5}}{DN_{3-5} - DC_{3-5}} = \frac{9.6 - 8.0}{6 - 4} = 0.8$$

$$\Delta C_{4-6} = \frac{CC_{4-6} - CN_{4-6}}{DN_{4-6} - DC_{4-6}} = \frac{8.5 - 7.5}{6 - 4} = 0.5, \quad \Delta C_{5-6} = \frac{CC_{5-6} - CN_{5-6}}{DN_{5-6} - DC_{5-6}} = \frac{6.9 - 6.5}{4 - 2} = 0.2$$

（3）计算工程总费用。

1）直接费总和 $C_D = 7.0 + 9.0 + 5.7 + 5.5 + 8.0 + 8.0 + 7.5 + 6.5 = 57.2$。

2）间接费总和 $C_i = 0.8 \times 19 = 15.2$。

3）工程总费用 $C = C_D + C_i = 57.2 + 15.2 = 72.4$。

（4）第一次压缩。从图 4-17 可知，有以下三个压缩方案：

1）压缩工作 1—3，直接费用率为 1.0。

2）压缩工作 3—4，直接费用率为 0.2。

3）压缩工作 4—6，直接费用率为 0.5。

在上述压缩方案中，由于工作 3—4 的直接费用率最小，故应选择工作 3—4 作为压缩对象。工作 3—4 的直接费用率 0.2，小于间接费用率 0.8，说明压缩工作 3—4 可使工程总费用降低。若将工作 3—4 的持续时间压缩至最短持续时间 3d，此时，关键工作 3—4 被压缩成非关键工作，故将其持续时间延长为 4d，使其仍为关键工作。第一次压缩后的网络计划如图 4-18 所示。

（5）第二次压缩。从图 4-18 可知，该网络计划中有两条关键线路，为了同时缩短两条关键线路的总持续时间，有以下五个压缩方案：

1）压缩工作 1—3，直接费用率为 1.0 万元/d。

2）同时压缩工作 3—4 和工作 3—5，组合直接费用率为 0.2+0.8=1.0。

3）同时压缩工作 3—4 和工作 5—6，组合直接费用率为 0.2+0.2=0.4。

4）同时压缩工作 4—6 和工作 3—5，组合直接费用率为 0.5+0.8=1.3。

5）同时压缩工作 4—6 和工作 5—6，组合直接费用率为 0.5+0.2=0.7。

在上述压缩方案中，由于工作 3—4 和工作 5—6 的组合直接费用率最小，故应选择工作 3—4 和工作 5—6 作为压缩对象。工作 3—4 和工作 5—6 的组合直接费用率 0.4，小于间接费用率 0.8，说明同时压缩工作 3—4 和工作 5—6 可使工程总费用降低。由于工作 3—4 的持续时间只能压缩 1d，所以工作 5—6 的持续时间也只能随之压缩 1d。第二次压缩后的网络计划如图 4-19 所示。此时，关键工作 3—4 的持续时间已达最短，不能再压缩。

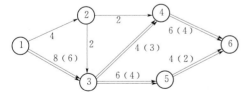

图 4-18 第一次压缩后的网络计划

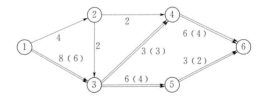

图 4-19 第二次压缩后的网络计划

（6）第三次压缩。从图 4-19 可知，由于工作 3—4 持续时间已压缩至最短，为了同时缩短两条关键线路的总持续时间，有以下三个压缩方案：

1）压缩工作 1—3，直接费用率为 1.0 万元/d。

2）同时压缩工作 4—6 和工作 3—5，组合直接费用率为 0.5+0.8=1.3 万元/d。

3) 同时压缩工作 4—6 和工作 5—6，组合直接费用率为 0.5＋0.2＝0.7 万元/d。

在上述压缩方案中，由于工作 4—6 和工作 5—6 的组合直接费用率最小，故应选择工作 4—6 和工作 5—6 作为压缩对象。工作 4—6 和工作 5—6 的组合直接费用率 0.7 万元/d，小于间接费用率 0.8 万元/d，说明同时压缩工作 4—6 和工作 5—6 可使工程总费用降低。由于工作 5—6 的持续时间只能压缩 1d，所以工作 4—6 的持续时间也只能随之压缩 1d。第三次压缩后的网络计划如图 4-20 所示。此时，关键工作 5—6 的持续时间已达最短，不能再压缩。

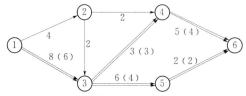

图 4-20　第三次压缩后的网络计划

（7）第四次压缩。从图 4-20 可知，由于工作 3—4 和工作 5—6 持续时间已压缩至最短，为了同时缩短两条关键线路的总持续时间，有以下两个压缩方案：

1）压缩工作 1—3，直接费用率为 1.0。

2）同时压缩工作 4—6 和工作 3—5，组合直接费用率为 0.5＋0.8＝1.3。

在上述压缩方案中，由于工作 1—3 的直接费用率最小，故应选择工作 1—3 作为压缩对象。工作 1—3 的直接费用率为 1.0，大于间接费用率 0.8，说明压缩工作 1—3 会使工程总费用增加。因此不需要压缩工作 1—3，优化方案已得到。优化过程及结果见表 4-7。

（8）计算优化后的工程总费用。

1）直接费总和 C_D＝7.0＋9.0＋5.7＋5.5＋8.4＋8.0＋8.0＋6.9＝58.5 万元。

2）间接费总和 C_i＝0.8×16＝12.8 万元。

3）工程总费用 $C＝C_D＋C_i＝58.5＋12.8＝71.3$ 万元。

表 4-7　　　　　　　　　　优 化 过 程 及 结 果 表

压缩次数	压缩对象	直接费用率	费率差	缩短时间	费用增加	总工期/d	总费用/万元
0	—	—	—	—	—	19	72.4
1	3—4	0.2	−0.6	1	−0.6	18	71.8
2	3—4 5—6	0.4	−0.4	1	−0.4	17	71.4
3	4—6 5—6	0.7	−0.1	1	−0.1	16	71.3
4	1—3	1.0	＋0.2	—	—		

第三节　工程项目投资控制

一、决策阶段投资控制

决策阶段的投资控制包括两层含义：一是指对决策阶段本身发生成本的控制，对于这一部分用于实地调查、科学研究、决策咨询等方面的费用要本着对科学决策有利的原则，舍得投入；二是指对项目建设前期所确定的工程投资规模的控制，工程投资规模是由建设方案、建设标准、对建设期宏观经济环境的预测等综合因素决定的，是按照工程项目建设目标进行整体优化的结果。本节主要是指第二层含义。

（一）项目的方案比选

工程建设项目由于受资源、市场、建设条件等因素的限制，可以设计出在建设场址、建设规模、产品方案、工艺流程等方面的不同组合方案。而在一个整体设计方案中也可存在厂区总平面布置、建筑结构形式等不同的多个设计方案。在构思多方案的基础上，通过方案比选，为决策提供依据。

1. 方案比选应遵循的原则

为了提高工程建设投资效果，建设项目设计方案比选应遵循以下三个原则：

（1）建设项目设计方案比选要协调好技术先进性和经济合理性的关系。即在满足设计功能和采用合理先进技术的条件下，尽可能降低投入。

（2）建设项目设计方案比选除考虑一次性建设投资的比选，还应考虑项目运营过程中的费用比选，即项目寿命期的总费用比选。

（3）建设项目设计方案比选要兼顾近期与远期的要求，即建设项目的功能和规模应根据国家和地区远景发展规划，适当留有发展余地。

2. 方案比选的内容

工程项目多方案比选主要包括：工艺方案比选、规模方案比选、选址方案比选，甚至包括污染防治措施方案比选等。无论哪一类方案比选，均包括技术方案比选和经济效益比选两个方面。

（1）技术方案比选。由于工程项目的技术内容不同，技术方案比较的内容、重点和方法也各不相同。总的比选原则应是在满足技术先进适用、符合社会经济发展要求的前提下，选择能更好地满足决策目标的方案。技术方案比选方法分为两大类，即传统方法和现代方法。

1）传统方法。包括：经验判断法、方案评分法和经济计算法。

a. 经验判断法。利用人们的知识、经验和主观判断能力，靠直觉进行方案评价。其优点是适用性强，决策灵活；缺点是缺乏严格的科学论证，容易导致主观、片面的结果。

b. 方案评分法。根据评价指标对方案进行打分，最后根据得分多少判断优劣。常用的方法有加法评分法、乘法评分法、综合价值系数法。其优点是能够定量判断方案的优劣，比起笼统地用"很好""好""不好"等字眼评价要更为细致、更为准确。

c. 经济计算法。通过指标的大小来判断方案的优劣，是一种准确的方案比选方法。可应用于较准确地计算各方案经济效益的场合，如价值工程中的新产品开发、技术改造、可行性研究中的投资方案等。

2）现代方法。主要包括：目标规划法、层次分析法、模糊数学综合评价法、灰色理论分析法和人工神经网络法等。

（2）经济效益比选。

1）方案比选要点。由于不同投资方案产出品的质量、数量、投资、费用和收益的大小不同，发生的时间、方案的寿命期也不尽相同，因此，在比较各种不同方案时，必须有一定的前提条件和规范的判别标准。

a. 筛选备选方案。筛选备选方案实际上就是单方案检验，利用经济评价指标的判断准则剔除不可行方案。

b. 保证备选方案之间的可比性。既可按方案的全部因素计算多个方案的全部经济效益和费用，进行全面的分析对比；也可就各个方案的不同因素计算其相对经济效益和费用，进行局部的分析对比，但要遵循效益和费用计算口径一致的原则，保证各个方案之间的可比性。

c. 针对备选方案的结构类型选用适宜的比选方法。对于不同结构类型的方案，要选用不同的比较方法和评价指标。考察结构类型所涉及的因素有：方案的计算期是否相同；方案所需的资金来源是否有限制；方案的投资额是否相差过大等。

多方案比选是一个复杂的系统工程，涉及许多因素，这些因素不仅包括经济因素，而且还包括诸如项目本身以及项目内外部的其他相关因素。如产品市场、市场营销、企业形象、环境保护、外部竞争、市场风险等，只有对这些因素进行全面的调查研究和深入分析，再结合工程项目经济效益分析情况，才能比选出最佳方案，为科学的投资决策奠定基础。

2）方案比选方法。互斥型方案的比选方法包括：静态差额投资收益率法、静态差额投资回收期法、差额投资内部收益率法、净现值法、净现值率法、年值法、总费用现值比较法、年费用比较法等。

（二）投资估算的审查

为了保证项目投资估算的准确性和估算质量，以便确保其应有的作用，必须加强对项目投资估算的审查工作，项目投资估算的审查部门和单位，在审查项目投资估算时，应注意审查以下几点。

1. 投资估算编制依据的时效性、准确性

估算项目投资所需的数据资料很多，如已建同类型项目的投资、设备和材料价格、运杂费率、有关的定额、指标、标准，以及有关规定等，这些资料既可能随时间而发生不同程度的变化，又因工程项目内容和标准的不同而有所差异。因此，必须注意其时效性。同时根据工艺水平、规模大小、自然条件、环境因素等对已建项目与拟建项目在投资方面形成的差异进行调整。

2. 审查选用的投资估算方法的科学性、适用性

投资估算方法有许多种，每种估算方法都有各自适用条件和范围，并具有不同的精确度，如果使用的投资估算方法与项目的客观条件和情况不相适应，或者超出了该方法的适用范围，那就不能保证投资估算的质量。

3. 审查投资估算的编制内容与拟建项目规划要求的一致性

（1）审查投资估算包括的工程内容与规划要求是否一致，是否漏掉了某些辅助工程、室外工程等的建设费用。

（2）审查项目投资估算中生产装置的技术水平和自动化程度是否符合规划要求的先进程度。

4. 审查投资估算的费用项目、费用数额的真实性

（1）审查费用项目与规划要求、实际情况是否相符，有否漏项或重项，估算的费用项目是否符合国家规定，是否针对具体情况作了适当的增减。

（2）审查"三废"处理所需投资是否进行了估算，其估算数额是否符合实际。

（3）审查是否考虑了物价上涨和汇率变动对投资额的影响，考虑的波动变化幅度是否合适。

（4）审查项目投资主体自有的稀缺资源是否考虑了机会成本，沉没成本有否剔除。

（5）审查是否考虑了采用新技术、新材料以及现行标准和规范比已运行项目的要求提高所需增加的投资额，考虑的额度是否合适。

二、设计阶段投资控制

（一）提高设计经济合理性的途径

1. 设计竞赛

设计方案竞赛通过建设单位以设计方案竞赛公告的方式邀请符合要求的参赛人，按照公告的条件和要求，分别报出工程项目的构思方案和实施计划，然后由建设单位组织专家对方案进行评审，优选出最佳方案的过程。

对于参加设计方案竞赛的单位，无论中选或不中选，凡达到规定的设计深度的参赛者，均应给予合理的费用补偿；中标单位使用未中标单位的方案成果须征得该单位的同意，实行有偿转让，转让费用由中标单位承担。

方案设计竞赛的实施能够集思广益，吸取众多设计方案的优点，使设计更完美。同时，这种方法有利于控制投资，因为选中的项目投资概算是符合投资者给定的投资范围的。

2. 设计招标

设计招标是指招标人以公开或邀请书的方式提出招标项目的指标要求、投资限额和指标条件等，由符合要求的潜在投标人按照招标文件的条件和要求，分别报出工程项目的构思方案和实施计划，然后由招标人开标、评标确定中标人的过程。设计招标主要有以下几个优点：

（1）设计招标有利于方案的选择和竞争。投标人要想在竞争中取胜，所提设计方案就得有独到之处，要安全、实用、技术先进、造型新颖。众多投标人的参与让建设单位有了更多的方案选择机会。

（2）设计招标有利于控制项目建设投资。在正常情况下，中标单位提出的投资估算能控制在招标文件规定的投资范围内，即从源头上就能控制住项目的建设投资。

（3）设计招标有利缩短设计周期，降低设计费。缩短设计周期和降低设计费用是投标人提高中标机会的一种措施。投标人提出的设计费用一般都按国家目前收费标准向下浮动，以增强投标的吸引力。

3. 标准化设计

标准化设计（也称为定型设计、通用设计或复用设计）是工程建设标准化的组成部分，各类工程建设的构件、配件、零配件、通用的建筑物、构筑物、公用设施等，只要有

条件的都应使用标准化设计。推广标准化设计的意义有以下几方面：

（1）可以节约设计费用，大大加快提供设计图纸的速度（一般可以加快设计速度1~2倍），缩短设计周期，且能较好的执行国家的技术经济政策。

（2）有利于构件预制厂生产标准件，能使工艺定型，容易提高工人技术，而且容易使生产均衡和提高劳动生产率以及统一配料、节约材料，有利于构配件成本的大幅度降低（如标准构件仅为非标准构件木材消耗的25%）。

（3）可以使施工准备工作和定制预制构件等工作提前。模板定型，可重复使用，能使施工速度大大加快，缩短工期，降低成本。

4. 限额设计

限额设计就是按照批准的可行性研究报告及投资估算控制初步设计，按照批准的初步设计总概算控制技术设计和施工图设计，同时各专业在保证达到使用功能的前提下，按分配的投资额控制设计，严格控制不合理的变更，保证总投资不被突破。

（1）限额设计目标。限额设计目标是在初步设计开始前，根据批准的可行性研究报告及其投资估算确定的。限额设计目标值既不能太高，又不能太低。目标值过低会造成这个目标值很容易被突破，限额设计无法实施；目标值过高会造成投资浪费现象严重。总额度一般控制在工程费用的90%左右。

（2）投资分配。设计任务书获批准后，设计单位在设计之前应在设计任务书的总框架内将投资先分解到各专业，然后再分配到各单项工程和单位工程，作为进行初步设计的造价控制目标。这种分配往往不是只凭设计任务书就能办到，而是要进行方案设计，在此基础上作出决策。

（3）限额下进行初步设计。初步设计应严格按分配的造价控制目标进行设计。在初步设计开始之前，项目总设计师应将设计任务书规定的设计原则、建设方针和投资限额向设计人员交底，将投资限额分专业下达到设计人员，发动设计人员认真研究实现投资限额的可能性，切实进行多方案比选，对各个技术经济方案的关键设备、工艺流程、总图方案、总图建筑和各项费用指标进行比较和分析，从中选出既能达到工程要求，又不超过投资限额的方案，作为初步设计方案。

（4）限额下进行施工图设计。已批准的初步设计及初步设计概算是施工图设计的依据，在施工图设计中，无论是建设项目总造价，还是单项工程造价，均不应该超过初步设计概算造价。如果不满足，应修改施工图设计，直到满足限额要求。

5. 价值工程

价值工程（value engineering，VE），又称价值分析，是通过对产品进行功能分析，使之以最低的总成本，可靠地实现产品的必要功能，从而提高产品价值的一套科学的技术经济方法。价值工程的目标是提高研究对象的价值，这里的"价值"定义可用下列公式表示：

$$V = \frac{F}{C} \tag{4-24}$$

式中：V 为价值（value）；F 为功能（function）；C 为成本或费用（cost）。这里的功能和成本都不是绝对量，而是相对量，是抽象了的功能和成本。在运用价值工程进行方案比选时，各评价对象的价值是一种性价比的相对值。

根据公式，可得五种提高价值的途径：

(1) 在提高功能水平的同时，降低成本。

(2) 在保持成本不变的情况下，提高功能水平。

(3) 在保持功能水平不变的情况下，降低成本。

(4) 成本稍有增加，但功能水平大幅度提高。

(5) 功能水平稍有下降，但成本大幅度下降。

【例 4－2】 某监理公司设计监理对设计院提出的某写字楼的 A、B、C 三个设计方案，进行了专家调查和技术经济分析，得到表 4－8 所列数据。问题：列表计算各方案成本系数、功能系数和价值系数，并确定最优方案。

表 4－8 三种方案五种功能评分表

方案功能	方案			方案功能重要系数
	A	B	C	
F_1	8.5	9	8	0.15
F_2	8	10	10	0.20
F_3	10	7	9	0.25
F_4	9	8	9	0.30
F_5	8.5	8	7	0.10
单方造价/（元/m²）	1825.00	1518.00	1626.00	1.0

解：(1) 功能得分计算。

$$F_A = 8.5 \times 0.15 + 8 \times 0.20 + 10 \times 0.25 + 9 \times 0.30 + 8.5 \times 0.10 = 8.93$$

$$F_B = 9 \times 0.15 + 10 \times 0.20 + 7 \times 0.25 + 9 \times 0.30 + 8.5 \times 0.10 = 8.60$$

$$F_C = 8.5 \times 0.15 + 10 \times 0.20 + 9 \times 0.25 + 9 \times 0.30 + 9 \times 0.10 = 8.85$$

总得分：

$$\sum F_i = F_A + F_B + F_C = 26.38$$

(2) 功能系数。

$$\phi_A = 8.93/26.38 = 0.3385$$

$$\phi_B = 8.60/26.38 = 0.3260$$

$$\phi_C = 8.85/26.38 = 0.3355$$

成本系数和价值系数的计算见表 4－9。

表 4－9 价值系数计算表

方案名称	单方造价/（元/m²）	成本系数	功能系数	价值系数	最优方案
A	1825.00	0.3673	0.3385	0.9216	
B	1518.00	0.3055	0.3260	1.0671	最优
C	1626.00	0.3272	0.3355	1.0254	
合计	4969.00	1.0000	1.0000		

（二）设计方案的评价与优化

设计方案的评价与优化是设计过程的重要环节，它是指通过技术比较、经济分析和效益评价，正确处理技术先进与经济合理之间的关系，力求达到技术先进与经济合理的和谐统一。

设计方案的评价与优化通常采用技术经济分析法，即将技术与经济相结合，按照建设工程经济效果，针对不同的设计方案，分析其技术经济指标，从中选出经济效果最优的方案。由于设计方案不同，其功能、造价、工期和设备、材料、人工消耗等标准均存在差异，因此，技术经济分析法不仅要考察工程技术方案，更要关注工程费用。

1. 基本程序

设计方案评价与优化的基本程序如下：

（1）按照使用功能、技术标准、投资限额的要求，结合工程所在地实际情况，探讨和建立可能的设计方案。

（2）从所有可能的设计方案中初步筛选出各方面都较为满意的方案作为比选方案。

（3）根据设计方案的评价目的，明确评价的任务和范围。

（4）确定能反映方案特征并能满足评价目的的指标体系。

（5）根据设计方案计算各项指标及对比参数。

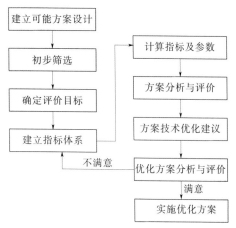

图 4-21 设计方案评价与优化的基本程序

（6）根据方案评价的目的，将方案的分析评价指标分为基本指标和主要指标，通过评价指标的分析计算，排出方案的优劣次序，并提出推荐方案。

（7）综合分析，进行方案选择或提出技术优化建议。

（8）对技术优化建议进行组合搭配，确定优化方案。

（9）实施优化方案并总结备案。

设计方案评价与优化的基本程序如图 4-21所示。

在设计方案评价与优化过程中，建立合理的指标体系，并采取有效的评价方法进行方案优化是最基本和最重要的工作内容。

2. 评价指标体系

设计方案的评价指标是方案评价与优化的衡量标准，对于技术经济分析的准确性和科学性具有重要作用。内容严谨、标准明确的指标体系，是对设计方案进行评价与优化的基础。

评价指标应能充分反映工程项目满足社会需求的程度，以及为取得使用价值所需投入的社会必要劳动和社会必要消耗量。因此，指标体系应包括以下内容：

（1）使用价值指标，即工程项目满足需要程度（功能）的指标。

（2）反映创造使用价值所消耗的社会劳动消耗量的指标。

（3）其他指标。

对建立的指标体系，可按指标的重要程度设置主要指标和辅助指标，并选择主要指标进行分析比较。

3. 评价方法

设计方案的评价方法主要有多指标法、单指标法以及多因素评分法。

（1）多指标法。多指标法就是采用多个指标，将各个对比方案的相应指标值逐一进行分析比较，按照各种指标数值的高低对其作出评价。其评价指标包括：①工程造价指标；②主要材料消耗指标；③劳动消耗指标；④工期指标。

（2）单指标法。单指标法是以单一指标为基础对建设工程技术方案进行综合分析与评价的方法。单指标法有很多种类，各种方法的使用条件也不尽相同，较常用的有以下几种：

1）综合费用法。这里的费用包括方案投产后的年度使用费、方案的建设投资以及由于工期提前或延误而产生的收益或亏损等。该方法的基本出发点在于将建设投资和使用费结合起来考虑，同时考虑建设周期对投资效益的影响，以综合费用最小为最佳方案。综合费用法是一种静态价值指标评价方法，没有考虑资金的时间价值，只适用于建设周期较短的工程。此外，由于综合费用法只考虑费用，未能反映功能、质量、安全、环保等方面的差异，因而只有在方案的功能、建设标准等条件相同或基本相同时才能采用。

2）全寿命期费用法。建设工程全寿命期费用除包括筹建、征地拆迁、咨询、勘察、设计、施工、设备购置以及贷款支付利息等与工程建设有关的一次性投资费用之外，还包括工程完成后交付使用期内经常发生的费用支出，如维修费、设施更新费、采暖费、电梯费、空调费、保险费等。这些费用统称为使用费，按年计算时称为年度使用费。全寿命期费用评价法考虑了资金的时间价值，是一种动态的价值指标评价方法。由于不同技术方案的寿命期不同，因此，应用全寿命期费用评价法计算费用时，不用净现值法，而用年度等值法，以年度费用最小者为最优方案。

3）价值工程法。价值工程法主要是对产品进行功能分析，研究如何以最低的全寿命期成本实现产品的必要功能，从而提高产品价值。

（3）多因素评分优选法。多因素评分法是多指标法与单指标法相结合的一种方法。对需要进行分析评价的设计方案设定若干个评价指标，按其重要程度分配权重，然后按照评价标准给各指标打分，将各项指标所得分数与其权重采用综合方法整合，得出各设计方案的评价总分，以获总分最高者为最佳方案。多因素评分优选法综合了定量分析评价与定性分析评价的优点，可靠性高，应用较广泛。

4. 方案优化

设计优化是使设计质量不断提高的有效途径，在设计招标以及设计方案竞赛过程中可以将各方案的可取之处重新组合，吸收众多设计方案的优点，使设计更加完美。而对于具体方案，则应综合考虑工程质量、造价、工期、安全和环保五大目标，基于全要素造价管理进行优化。

工程项目五大目标之间的整体相关性，决定了设计方案的优化必须考虑工程质量、造价、工期、安全和环保五大目标之间的最佳匹配，力求达到整体目标最优，而不能孤立、片面地考虑某一目标或强调某一目标而忽略其他目标。在保证工程质量和安全、保护环境的基础上，追求全寿命期成本最低的设计方案。

【例 4-3】 某机场绿地景观设计方案评价。

(1) 项目概况。本项目是某机场环境提升工程的重要组成部分，位于机场进出场通道两侧，面积 $19532m^2$。该区域绿化是机场绿化的核心和重点，要求工程实施后能极大改善机场环境质量，明显提升机场形象。项目设计采用邀请招标形式，两家设计单位提供两套设计方案。

(2) 评价指标体系。在参照国家有关规范标准和景观评价的相关文献的基础上，运用园林设计学、景观生态学及环境行为学基本原理，根据参选方案提供的信息，结合机场实际和有关专家建议和意见，筛选出 18 个因子作为具体评价指标，如图 4-22 所示。

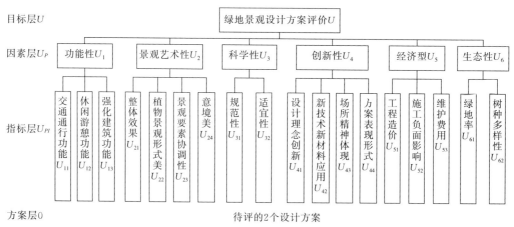

图 4-22 绿地景观设计方案评价指标体系

(3) 评价方法。根据层次分析结构模型采用二级模糊综合评价。

1) 确定评价指标权重。评估小组对各评价因素重要性进行两两比较，用 1~9 比率标度法量化建立判断矩阵，然后计算最大特征根及对应的特征向量并进行一致性检验，得出各评价因素权重 W_p。采用同样的方法得出各评价指标权重 W_{pi}，如表 4-10 所示。

表 4-10　　　　　　　　　　　　评价指标权重

序号	层名	权　　重
1	因素层	$W = (0.2880, 0.2880, 0.0979, 0.1695, 0.0979, 0.0588)$
2	指标层	$W_{1i} = (0.5098, 0.2451, 0.2451)$
3		$W_{2i} = (0.4668, 0.2776, 0.1603, 0.0953)$
4		$W_{3i} = (0.3333, 0.6667)$
5		$W_{4i} = (0.3512, 0.1887, 0.3512, 0.1089)$
6		$W_{5i} = (0.5396, 0.2970, 0.1634)$
7		$W_{6i} = (0.3333, 0.6667)$

2) 建立评语集。根据可能出现的评价结果，将评价等级分为 4 级：优秀、良好、一般、差。建立评语集 $V = \{V_1, V_2, V_3, V_4\}$，对应的量化区间为：$V_1 = [90, 100]$；$V_2$

$= [80, 89]$；$V_3 = [60, 79]$；$V_4 = [0, 59]$。

3）根据各评价指标隶属度，建立模糊关系评价矩阵。

$$\boldsymbol{R}_1 = \begin{bmatrix} 0.2 & 0.5 & 0.3 & 0.0 \\ 0.2 & 0.6 & 0.2 & 0.0 \\ 0.2 & 0.8 & 0.0 & 0.0 \end{bmatrix}, \quad \boldsymbol{R}_2 = \begin{bmatrix} 0.0 & 0.7 & 0.3 & 0.0 \\ 0.2 & 0.5 & 0.3 & 0.0 \\ 0.0 & 0.6 & 0.4 & 0.0 \\ 0.0 & 0.3 & 0.7 & 0.0 \end{bmatrix}$$

$$\boldsymbol{R}_3 = \begin{bmatrix} 0.0 & 0.4 & 0.6 & 0.0 \\ 0.0 & 0.3 & 0.7 & 0.0 \end{bmatrix}, \quad \boldsymbol{R}_4 = \begin{bmatrix} 0.1 & 0.7 & 0.2 & 0.0 \\ 0.0 & 0.3 & 0.6 & 0.1 \\ 0.0 & 0.2 & 0.7 & 0.1 \\ 0.0 & 0.1 & 0.8 & 0.1 \end{bmatrix}$$

$$\boldsymbol{R}_5 = \begin{bmatrix} 0.0 & 0.0 & 0.8 & 0.2 \\ 0.2 & 0.7 & 0.1 & 0.0 \\ 0.0 & 0.8 & 0.2 & 0.0 \end{bmatrix}, \quad \boldsymbol{R}_6 = \begin{bmatrix} 1.0 & 0.0 & 0.0 & 0.0 \\ 0.0 & 0.6 & 0.2 & 0.2 \end{bmatrix}$$

4）利用扎德算子 $\boldsymbol{M}$（$\cdot$，$\oplus$）进行模糊合成运算，可得各因素一级模糊综合评价集。

$$R = W_{j,i} \cdot R_j = \begin{bmatrix} 0.2000 & 0.5980 & 0.2020 & 0.0000 \\ 0.0555 & 0.5903 & 0.3542 & 0.0000 \\ 0.0000 & 0.3333 & 0.6667 & 0.0000 \\ 0.0351 & 0.3836 & 0.5164 & 0.0649 \\ 0.0594 & 0.3386 & 0.4941 & 0.1079 \\ 0.3333 & 0.4000 & 0.1333 & 0.1333 \end{bmatrix}$$

5）二级模糊综合评价。再用扎德算子 $\boldsymbol{M}$（$\cdot$，$\oplus$）进行模糊合成运算，可得目标层的模糊综合评价集，$\boldsymbol{B} = \boldsymbol{W} \cdot \boldsymbol{R} = (0.1049, 0.4965, 0.3692, 0.0294)$。

6）计算综合评估值。用公式 $\alpha = \dfrac{m\beta - 1}{2\gamma(m-1)}$ 进行最大隶属度有效性验证，β 为 B 中最大分量，γ 为 B 中第二大分量，m 为数据的个数。经过计算得 $\alpha_1 = 0.45$。采用同样的方法可得 $\alpha_2 = 0.23$。两个方案的 α 均小于 0.5，因此，不宜采用最大隶属度原则对方案做出评价。

为提高评价结果的可靠性和有效性，采用加权平均法按照公式 $X = B \cdot F^{\mathrm{T}}$ 计算各因素评估值和方案综合评估值。上述公式中的行向量 F 一般是按中间取值原则对评价等级区间进行取值而得到，即 $F = [95.0, 84.5, 69.5, 29.5]$，$F^{\mathrm{T}}$ 为 F 的转秩矩阵。计算结果见表 4-11，从中可以看出，方案一综合评估值大于方案二，即方案一优于方案二。

表 4-11　　　　　　　　　　　各因素及方案评估值

评价因素	功能性	景观艺术性	科学性	创新性	经济性	生态性	综合评价
方案一	83.5700	79.7698	74.4995	73.5531	71.7777	78.6602	78.4548
方案二	45.5832	70.3098	79.0602	84.5149	47.6951	78.8530	67.5907

（三）设计概算的审查

1. 审查设计概算的编制依据

（1）合法性审查。采用的各种编制依据必须经过国家或授权机关的批准，符合国家的编制规定。未经过批准的不得以任何借口采用，不得强调特殊理由擅自提高费用标准。

（2）时效性审查。对定额、指标、价格、取费标准等各种依据，都应根据国家有关部门的现行规定执行。对颁发时间较长、已不能全部适用的应按有关部门颁布的调整系数执行。

（3）适用范围审查。各主管部门、各地区规定的各种定额及其取费标准均有其各自的适用范围，特别是各地区的材料预算价格区域性差别较大，在审查时应给予高度重视。

2. 单位工程设计概算构成的审查

（1）建筑工程概算的审查。

1）工程量审查。根据初步设计图纸、概算定额、工程量计算规则的要求进行审查。

2）采用的定额或指标的审查。审查定额或指标的使用范围、定额基价、指标的调整、定额或指标缺项的补充等。其中，审查补充的定额或指标时，其项目划分、内容组成、编制原则等须与现行定额水平相一致。

3）材料预算价格的审查。以耗用量最大的主要材料作为审查的重点，同时着重审查材料原价、运输费用及节约材料运输费用的措施。

4）各项费用的审查。审查各项费用所包含的具体内容是否重复计算或遗漏、取费标准是否符合国家有关部门或地方规定的标准。

（2）设备及安装工程概算的审查。设备及安装工程概算审查的重点是设备清单与安装费用的计算。

1）标准设备原价。应根据设备所被管辖的范围，审查各级规定的统一价格标准。

2）非标准设备原价。除审查价格的估算依据、估算方法外，还要分析研究非标准设备估价准确度的有关因素及价格变动规律。

3）设备运杂费审查。需注意设备运杂费率应按主管部门或省、自治区、直辖市规定的标准执行；若设备价格中已包括包装费和供销部门手续费时不应重复计算，应相应降低设备运杂费率。

4）进口设备费用的审查。应根据设备费用各组成部分及国家设备进口、外汇管理、海关、税务等有关部门不同时期的规定进行。

5）其他。除编制方法、编制依据外，还应注意审查：采用预算单价或扩大综合单价计算安装费时的各种单价是否合适、工程量计算是否符合规则要求、是否准确无误；当采用概算指标计算安装费时采用的概算指标是否合理、计算结果是否达到精度要求；审查所需计算安装费的设备数量及种类是否符合设计要求，避免将某些不需安装的设备安装费记入在内。

3. 综合概算和总概算的审查

（1）审查概算的编制是否符合国家经济建设方针、政策的要求、施工条件和影响造价的各种因素，实事求是地确定项目总投资。

（2）审查概算文件的组成。概算文件反映的内容是否完整、工程项目确定是否满足设计要求、设计文件内的项目是否遗漏、设计文件外的项目是否列入；建设规模、建筑结构、建筑面积、建筑标准、总投资是否符合设计文件的要求；非生产性建设工程是否符合规定的要求、结构和材料的选择是否进行了技术经济比较、是否超标等。

（3）审查总图设计和工艺流程。总图布置是否符合生产和工艺要求、场区运输和仓库布置是否优化或进行方案比较、分期建设的工程项目是否统筹考虑、总图占地面积是否符合规划指标和节约用地的要求。工程项目是否按生产要求和工艺流程合理安排、主要车间生产工艺是否合理。

（4）审查经济效果。概算是设计的经济反映，除对投资进行全面审查外，还要审查建设周期、原材料来源、生产条件、产品销路、资金回收和盈利等效益指标。

（5）审查项目的环保。设计项目必须满足环境改善及污染整治的要求，对未作安排或漏列的项目，应按国家规定要求列入项目内容并计入总投资。

（6）审查其他具体项目。审查各项技术经济指标是否经济合理；审查建筑工程费用；审查设备和安装工程费；审查各项其他费用。

（四）施工图预算的审查

1. 施工图预算审查的内容

施工图预算审查的重点是工程量计算是否准确，定额套用、各项取费标准是否符合现行规定或单价计算是否合理等方面。审查的具体内容如下：

（1）审查工程量。是否按照规定的工程量计算规则计算工程量，编制预算时是否考虑到了施工方案对工程量的影响，定额中要求扣除项或合并项是否按规定执行，工程计量单位的设定是否与要求的计量单位一致。

（2）审查单价。套用预算单价时，各分部分项工程的名称、规格、计量单位和所包括的工程内容是否与定额一致，有单价换算时，换算的分项工程是否符合定额规定及换算是否正确。

采用实物法编制预算时，资源单价是否反映了市场供需状况和市场趋势。

（3）审查其他的有关费用。采用预算单价法计算造价时，审查的主要内容有：是否按本项目的性质计取费用，有无高套取费标准；间接费的计取基础是否符合规定；利润和税金的计取基础和费率是否符合规定，有无多算或重算。

2. 施工图预算审查的方法

（1）逐项审查法。逐项审查法又称全面审查法，即按定额顺序或施工顺序，对各项工程细目逐项全面详细审查的一种方法。其优点是全面、细致，审查质量高、效果好。缺点是工作量大，时间较长。这种方法适合一些工程量较小、工艺比较简单的工程。

（2）重点审查法。重点审查法就是抓住施工图预算中的重点进行审核的方法。审查的重点一般是工程量大或者造价较高的各种工程、补充定额、计取的各种费用（计费基础、取费标准）等。重点审查法的优点是突出重点，审查时间短、效果好。

三、施工阶段投资控制

（一）工程计量

工程计量是指按照合同约定的工程量计算规则、图纸及变更指示等进行的工程量计量。工程量计算规则应以相关的国家标准、行业标准等为依据，由合同当事人在专用合同条款中约定。除专用合同条款另有约定外，工程量的计量按月进行。

1. 工程计量的依据

计量依据一般有质量合格证书、工程量清单计价规范、技术规范中的"计量支付"条款和设计图纸。

(1) 质量合格证书。对于承包商已完成的工程,并不是全部进行计量,而只是质量达到合同标准的已完成的工程才予以计量。即只有质量合格的工程才予以计量。

(2) 工程量清单计价规范和技术规范。工程量清单计价规范和技术规范是确定计量方法的依据,因为工程量清单计价规范和技术规范的计量支付条款规定了清单中每一项工程的计量方法,同时还规定了按规定的计量方法确定的单价所包括的工作内容和范围。

(3) 设计图纸。单价合同以实际完成的工程量进行结算,但被监理工程师计量的工程数量,并不一定是承包商实际施工的数量。工程师对承包商超出设计图纸要求增加的工程量和自身原因造成返工的工程量不予计量。

2. 工程计量的方法

根据 FIDIC 合同条件的规定,一般可按照以下方法进行计量:

(1) 均摊法。所谓均摊法,就是对清单中某些项目的合同价款,按合同工期平均计量。例如,为监理工程师提供宿舍、保养测量设备、保养气象记录设备、维护土地清洁和整洁等。这些项目都有一个共同的特点,即每月均有发生,所以可以采用均摊法进行计量支付。例如,保养气象记录设备,每月发生的费用是相同的,如果本项合同工期为 20 个月,合同款为 2000 元,则每月计量、支付的款额为 2000 元/20 月＝100 元/月。

(2) 凭据法。所谓凭据法,就是按照承包商提供的凭据进行计量支付。例如,建筑工程险保险费、第三方责任险保险费、履约保证金等项目,一般按凭据法进行计量支付。

(3) 估价法。所谓估价法,就是按合同文件的规定,根据工程师估算的已完成的工程价值支付。例如,为工程师提供办公设施和生活设施,为工程师提供用车,为工程师提供测量设备、天气记录设备、通信设备等项目。这类清单项目往往要购买几种仪器设备,当承包商对于某一项清单项目中规定购买的仪器设备不能一次性购进时,则需采用估价法进行计量支付。其计量过程如下。

1) 按照市场的物价情况,对清单中规定购置的仪器设备分别进行估价。

2) 按式 (4-25) 计量支付金额。

$$F = A\frac{B}{D} \tag{4-25}$$

式中:F 为计算支付的金额;A 为清单所列该项的合同金额;B 为该项实际完成的金额(按估算价格计算);D 为该项全部仪器设备的总估算价格。

(4) 断面法。断面法主要用于取土坑或填筑路堤土方的计量。对于填筑土方工程,一般规定计量的体积为原地面线与设计断面所构成的体积。采用这种方法计量,在开工前承包商需测绘出原地形的断面,并需经工程师检查,作为计量的依据。

(5) 图纸法。在工程量清单中,许多项目采取按照设计图纸所示的尺寸进行计量。例如,混凝土构筑物的体积、钻孔桩的桩长等。

(6) 分解计量法。所谓分解计量法,就是将一个项目,根据工序或部位分解为若干子项,对完成的各子项进行计量支付。这种计量方法主要是为了解决一些包干项目或较大项目中存在的支付时间过长，从而影响承包商的资金流动等问题。

（二）工程价款结算

1. 工程价款结算的方式

所谓工程价款结算是指施工企业在工程实施过程中，按照承包合同的规定完成一定的工作内容并经验收质量合格后，向建设单位（业主）收取工程价款的一项经济活动。价款结算包括预付款的支付、中间结算（进度款结算）、工程保留金的预留及竣工结算等。及时地结算工程价款，对承包商而言，有利于偿还债务，也有利于资金的回笼，降低企业运营成本。

工程价款结算在项目施工中通常需要发生多次，一直到整个项目全部竣工验收。我国现行工程价款结算根据不同情况，可采取多种方式。

（1）按月结算与支付。即实行按月支付进度款，竣工后清算的办法。合同工期在两个年度以上的工程，要在年终进行工程盘点，办理年度结算。目前，我国建筑安装工程项目中，大部分是采用这种按月结算办法。

（2）分段结算与支付。对当年开工、当年不能竣工的工程按照工程形象进度，划分不同阶段支付工程进度款，具体划分要在合同中明确。分段结算可以按月预支工程款。

（3）竣工后一次结算。当建设项目或单项工程全部建筑安装工程建设期在 12 个月以内，或者工程承包合同价值在 100 万元以下的，可以实行工程价款每月月中预支，竣工后一次结算。

（4）目标结款方式。目标结款方式是指在工程合同中，将承包工程的内容分解成不同的控制界面，以业主验收控制界面而作为支付工程价款的前提条件。即将合同中的工程内容分解成不同的验收单元，当承包商完成单元工程内容并经业主验收后，业主支付构成单元工程内容的工程价款。

2. 工程价款结算的依据

编制结算必须有翔实有效的编制依据，包括以下几方面。

（1）发包方与承包方签订的具有法律效力的工程合同和补充协议。

（2）国家及上级有关主管部门颁发的有关工程造价的政策性文件及相关规定和标准。

（3）按国家规定定额及相关取费标准结算的工程项目，应依据施工图预算、设计变更技术核定单和现场用工用料、机械费用的签证，合同中有关违约索赔规定等。

（4）实行招投标的工程项目，以中标价为结算主要依据的，如发生中标范围以外的工作内容，则依据双方约定结算方式进行结算。

3. 工程预付款的支付与扣回

工程预付款是指建设工程施工合同订立后，由发包人按照合同约定，在正式开工前预先支付给承包人的工程款。它是施工准备和所需要材料、结构件等流动资金的主要来源，国内习惯上又称为预付备料款。

（1）预付款的支付。

1）预付款的额度。各地区、各部门对工程预付款额度的规定不完全相同，主要是保证施工所需材料和构件的正常储备。工程预付款额度一般是根据施工工期、建安工作量、主要材料和构件费用占建安工程费的比例以及材料储备周期等因素经测算来确定。

a. 百分比法。发包人根据工程的特点、工期长短、市场行情、供求规律等因素，招标时在合同条件中约定工程预付款的百分比。根据《建设工程价款结算暂行办法》（财建〔2004〕369号）的规定，包工包料的工程预付款的比例原则上不低于合同金额的10%，不高于合同金额的30%。对重大工程项目，按年度工程计划逐年预付。实行工程量清单计价的工程，实体性消耗和非实体性消耗部分应在合同中分别约定预付款比例。

b. 公式计算法。公式计算法是根据主要材料（含结构件等）占年度承包工程总价的比重，材料储备定额天数和年度施工天数等因素，通过公式计算预付款额度的一种方法。其计算公式为

$$工程预付款数额 = \frac{工程总价 \times 材料比例（\%）}{年度施工天数} \times 材料储备定额天数 \qquad (4-26)$$

2）预付款的支付时间。在具备施工条件的前提下，发包人应在双方签订合同后的1个月内或不迟于约定开工日期前7d内预付工程款，发包人不按约定预付工程款，承包人可以在预付时间到期后10d内向发包人发出要求预付的通知，发包人收到通知后仍不按要求预付工程款，承包人可在发出通知14d后停止施工，发包人应从约定应付之日起向承包人支付应付款利息（利率按同期银行贷款利率计），并承担违约责任。

（2）预付款的扣回。发包人支付给承包人的工程预付款属于预支性质，随着工程的逐步实施后，原已支付的预付款应以充抵工程价款的方式陆续扣回，抵扣方式应当由双方当事人在合同中明确约定。扣款的方法主要有以下两种：

1）按合同约定比例扣款。一般是在承包人完成金额累计达到合同总价的一定比例后，由承包人开始向发包人还款，发包方从每次应付给承包人的金额中按比例逐步扣回工程预付款，当然，发包人至少应在合同规定的完工期前将全部工程预付款扣回。国际工程中的扣款方法一般为：当工程进度款累计金额超过合同价格的10%~20%时开始起扣，每月从进度款中按一定比例扣回。

2）起扣点计算法。从未施工工程尚需的主要材料及构件的价值相当于工程预付款数额时起扣，此后每次结算工程价款时，按材料所占比重扣减工程价款，至工程竣工前全部扣清。起扣点的计算公式如下：

$$T = P - \frac{M}{N} \qquad (4-27)$$

式中：T 为起扣点（即工程预付款开始扣回时）的累计完成工程金额；M 为工程预付款总额；N 为主要材料及构件所占比重；P 为承包工程合同总额。

（3）预付款的担保。

1）预付款担保的作用。预付款担保是指承包人与发包人签订合同后领取预付款前，承包人正确、合理使用发包人支付的预付款而提供的担保。其主要作用是保证承包人能够按合同规定的目的使用并及时偿还发包人已支付的全部预付金额。如果承包人中途毁约，中止工程，使发包人不能在规定期限内从应付工程款中扣除全部预付款，则发包人有权从该项担保金额中获得补偿。

2）预付款担保的形式。预付款担保的主要形式为银行保函。预付款担保的金额通常与发包人的预付款是等值的。预付款一般逐月从工程进度款中扣除，预付款担保的金额也相应逐月减少。承包人在施工期间，应当定期从发包人处取得同意此保函减值的文件，并

送交银行确认；承包人还清全部预付款后，发包人应退还预付款担保，承包人将其退回银行注销，解除担保责任。

预付款担保也可以采用发承包双方约定的其他形式，如由担保公司提供担保，或采取抵押等担保形式。

（4）安全文明施工费。发包人应在工程开工后的 28d 内预付不低于当年施工进度计划的安全文明施工费总额的 60%，其余部分按照提前安排的原则进行分解，与进度款同期支付。

发包人没有按时支付安全文明施工费的，承包人可催告发包人支付；发包人在付款期满后的 7d 内仍未支付的，若发生安全事故，发包人应承担连带责任。

4. 期中支付

合同价款的期中支付，是指发包人在合同工程施工过程中，按照合同约定对付款周期内承包人完成的合同价款给予支付的款项，也就是工程进度款的结算支付。发承包双方应按照合同约定的时间、程序和方法，根据工程计量结果，办理期中价款结算，支付进度款。进度款支付周期，应与合同约定的工程计量周期一致。

（1）期中支付价款的计算。

1）已完工程的结算价款。

已标价工程量清单中的单价项目，承包人应按工程计量确认的工程量与综合单价计算。如综合单价发生调整的，以发承包双方确认调整的综合单价计算进度款。

已标价工程量清单中的总价项目，承包人应按合同中约定的进度款支付分解，分别列入进度款支付申请中的安全文明施工费和本周期应支付的总价项目的金额中。

2）结算价款的调整。承包人现场签证和得到发包人确认的索赔金额列入本周期应增加的金额中。由发包人提供的材料、工程设备金额，应按照发包人签约提供的单价和数量从进度款支付中扣出，列入本周期应扣减的金额中。

（2）期中支付的程序。

1）承包人提交进度款支付申请。承包人应在每个计量周期到期后的 7d 内向发包人提交已完工程进度款支付申请一式四份，详细说明此周期认为有权得到的款额，包括分包人已完工程的价款。

2）发包人签发进度款支付证书。发包人应在收到承包人进度款支付申请后的 14d 内，根据计量结果和合同约定对申请内容予以核实，确认后向承包人出具进度款支付证书。若发、承包双方对有的清单项目的计量结果出现争议，发包人应对无争议部分的工程计量结果向承包人出具进度款支付证书。

3）发包人支付进度款。发包人应在签发进度款支付证书后的 14d 内，按照支付证书列明的金额向承包人支付进度款。若发包人逾期未签发进度款支付证书，则视为承包人提交的进度款支付申请已被发包人认可，承包人可向发包人发出催告付款的通知。发包人应在收到通知后的 14d 内，按照承包人支付申请的金额向承包人支付进度款。

发包人未按照规定的程序支付进度款的，承包人可催告发包人支付，并有权获得延迟支付的利息；发包人在付款期满后的 7d 内仍未支付的，承包人可在付款期满后的第 8d 起暂停施工。发包人应承担由此增加的费用和（或）延误的工期，向承包人支付合理利润，并承担违约责任。

4）进度款的支付比例。进度款的支付比例按照合同约定，按期中结算价款总额计，不低于60%，不高于90%。

5）支付证书的修正。发现已签发的任何支付证书有错、漏或重复的数额，发包人有权予以修正，承包人也有权提出修正申请；经发承包双方复核同意修正的，应在本次到期的进度款中支付或扣除。

5. 竣工结算

工程竣工结算是指工程项目完工并经竣工验收合格后，发承包双方按照施工合同的约定对所完成的工程项目进行的工程价款的计算、调整和确认。工程竣工结算分为单位工程竣工结算、单项工程竣工结算和建设项目竣工总结算，其中，单位工程竣工结算和单项工程竣工结算也可看做是分阶段结算。

（1）竣工结算的程序。

1）承包人提交竣工结算文件。合同工程完工后，承包人应在经发承包双方确认的合同工程期中价款结算的基础上汇总编制完成竣工结算文件，并在提交竣工验收申请的同时向发包人提交竣工结算文件。

承包人未在合同约定的时间内提交竣工结算文件，经发包人催告后14d内仍未提交或没有明确答复，发包人有权根据已有资料编制竣工结算文件，作为办理竣工结算和支付结算款的依据，承包人应予以认可。

2）发包人核对竣工结算文件。

a. 发包人应在收到承包人提交的竣工结算文件后的28d内核对。发包人经核实，认为承包人还应进一步补充资料和修改结算文件，应在28d内向承包人提出核实意见，承包人在收到核实意见后的28d内按照发包人提出的合理要求补充资料，修改竣工结算文件，并再次提交给发包人复核后批准。

b. 发包人应在收到承包人再次提交的竣工结算文件后的28d内予以复核，并将复核结果通知承包人。如果发包人、承包人对复核结果无异议的，应在7d内在竣工结算文件上签字确认，竣工结算办理完毕。如果发包人或承包人对复核结果认为有误的，无异议部分办理不完全竣工结算，有异议部分由发承包双方协商解决，协商不成的，按照合同约定的争议解决方式处理。

c. 发包人在收到承包人竣工结算文件后的28d内，不核对竣工结算或未提出核对意见的，视为承包人提交的竣工结算文件已被发包人认可，竣工结算办理完毕。

d. 承包人在收到发包人提出的核实意见后的28d内，不确认也未提出异议的，视为发包人提出的核实意见已被承包人认可，竣工结算办理完毕。

（2）竣工结算价款的支付。

1）承包人提交竣工结算款支付申请。承包人应根据办理的竣工结算文件，向发包人提交竣工结算款支付申请。该申请应包括下列内容：

a. 竣工结算合同价款总额。

b. 累计已实际支付的合同价款。

c. 应扣留的质量保证金。

d. 实际应支付的竣工结算款金额。

2）发包人签发竣工结算支付证书。发包人应在收到承包人提交竣工结算款支付申请后7d内予以核实，向承包人签发竣工结算支付证书。

3）支付竣工结算款。发包人签发竣工结算支付证书后的14d内，按照竣工结算支付证书列明的金额向承包人支付结算款。

发包人在收到承包人提交的竣工结算款支付申请后7d内不予核实，不向承包人签发竣工结算支付证书的，视为承包人的竣工结算款支付申请已被发包人认可；发包人应在收到承包人提交的竣工结算款支付申请7d后的14d内，按照承包人提交的竣工结算款支付申请列明的金额向承包人支付结算款。

发包人未按照规定的程序支付竣工结算款的，承包人可催告发包人支付，并有权获得延迟支付的利息。发包人在竣工结算支付证书签发后或者在收到承包人提交的竣工结算款支付申请7d后的56d内仍未支付的，除法律另有规定外，承包人可与发包人协商将该工程折价，也可直接向人民法院申请将该工程依法拍卖。承包人就该工程折价或拍卖的价款优先受偿。

（三）工程变更费用控制

工程变更是指合同成立后，在尚未履行或尚未完全履行时，当事人双方依法经过协商，对合同内容进行修订或调整达成协议的行为。在工程项目（尤其是大型工程项目）施工过程中，工程变更具有普遍性。工程变更对合同价格和合同工期具有很大的破坏性，而成功的工程变更管理有助于项目工期和投资目标的实现。

1. 工程变更的原因

工程变更一般主要有以下几个方面的原因：

（1）业主新的变更指令，对建筑的新要求，如业主有新的意图、修改项目计划、削减项目预算等。

（2）由于设计人员、监理方人员、承包商事先没有很好地理解业主的意图，或设计的错误，导致图纸修改。

（3）工程环境的变化，预定的工程条件不准确，要求实施方案或实施计划变更。

（4）由于产生新技术和知识，有必要改变原设计、原实施方案或实施计划，或由于业主指令及业主责任的原因造成承包商施工方案的改变。

（5）政府部门对工程新的要求，如国家计划变化、环境保护要求、城市规划变动等。

（6）由于合同实施出现问题，必须调整合同目标或修改合同条款。

2. 工程变更的范围

根据《建设工程施工合同（示范文本）》（GF—2013—0201），工程变更的内容包括：

（1）增加或减少合同中任何工作，或追加额外的工作。

（2）取消合同中任何工作，但转由他人实施的工作除外。

（3）改变合同中任何工作的质量标准或其他特性。

（4）改变工程的基线、标高、位置和尺寸。

（5）改变工程的时间安排或实施顺序。

3. 工程变更的程序

根据《建设工程施工合同（示范文本）》（GF—2013—0201），工程变更一般按如下程序进行。

（1）提出工程变更。根据工程实施的实际情况，发包人、监理人和承包人都可以根据需要提出工程变更。

1）发包人提出变更。发包人提出变更的，应通过监理人向承包人发出变更指示，变更指示应说明计划变更的工程范围和变更的内容。

2）监理人提出变更建议。监理人提出变更建议的，需要向发包人以书面形式提出变更计划，说明计划变更工程范围和变更的内容、理由，以及实施该变更对合同价格和工期的影响。

3）承包人的合理化建议。承包人提出合理化建议的，应向监理人提交合理化建议说明，说明建议的内容和理由，以及实施该建议对合同价格和工期的影响。

（2）工程变更批准。对于监理人提出的变更建议，发包人同意变更的，由监理人向承包人发出变更指示。发包人不同意变更的，监理人无权擅自发出变更指示。

对于承包人提出的合理化建议，监理人应在收到承包人提交的合理化建议后，在规定时间内审查完毕并报送发包人，发现其中存在技术上的缺陷，应通知承包人修改。发包人应在收到监理人报送的合理化建议后，在规定时间内审批完毕。合理化建议经发包人批准的，监理人应及时发出变更指示，由此引起的合同价格调整按照约定执行。发包人不同意变更的，监理人应书面通知承包人。

（3）变更执行。承包人收到经发包人签认的变更指示后，方可实施变更。未经许可，承包人不得擅自对工程的任何部分进行变更。承包人收到监理人下达的变更指示后，认为不能执行，应立即提出不能执行该变更指示的理由。承包人认为可以执行变更的，应当书面说明实施该变更指示对合同价格和工期的影响，且合同当事人应当按照约定确定变更估价。

4. 工程变更的估价

（1）变更估价原则。因非承包人原因导致的工程变更，对应的综合单价按下列方法确定：

1）已标价工程量清单或预算书有相同项目的，按照相同项目单价认定。

2）已标价工程量清单或预算书中无相同项目，但有类似项目的，参照类似项目的单价认定。

3）变更导致实际完成的变更工程量与已标价工程量清单或预算书中列明的该项目工程量的变化幅度超过15%的，或已标价工程量清单或预算书中无相同项目及类似项目单价的，按照合理的成本与利润构成的原则，由合同当事人协商确定变更工作的单价。

（2）变更估价程序。承包人应在收到变更指示后，在规定时间内向监理人提交变更估价申请。监理人应在收到承包人提交的变更估价申请后，在规定时间内审查完毕并报送发包人，监理人对变更估价申请有异议，通知承包人修改后重新提交。发包人应在承包人提交变更估价申请后，在规定时间内审批完毕。发包人逾期未完成审批或未提出异议的，视为认可承包人提交的变更估价申请。

(四) 索赔控制

索赔是在工程承包合同履行中，当事人一方由于另一方未履行合同所规定的义务或者出现了应当由对方承担的风险而遭受损失时，向另一方提出赔偿要求的行为。工程索赔是双向的，既包括承包人向发包人的索赔，也包括发包人向承包人的索赔。工程实践中，发包人向承包人的索赔处理更方便，可以通过冲账、扣拨工程款、扣保证金等实现对承包人的索赔，而承包人对发包人的索赔则比较困难一些。

1. 索赔产生的原因

(1) 当事人违约。当事人违约常常表现为没有按照合同约定履行自己的义务。发包人违约常常表现为没有为承包人提供合同约定的施工条件、未按照合同约定的期限和数额付款等。工程师未能按照合同约定完成工作，如未能及时发出图纸、指令等也视为发包人违约。承包人违约的情况则主要是没有按照合同约定的质量、期限完成施工，或者由于不当行为给发包人造成其他损害。

(2) 不可抗力事件。不可抗力又可以分为自然事件和社会事件。自然事件主要是不利的自然条件和客观障碍，如在施工过程中遇到了经现场调查无法发现、业主提供的资料中也未提到的、无法预料的情况（如地下水、地质断层等）。社会事件则包括国家政策、法律、法令的变更，战争、罢工等。

(3) 合同缺陷。合同缺陷表现为合同文件规定不严谨甚至矛盾，合同中的遗漏或错误。在这种情况下，工程师应当给予解释，如果这种解释将导致成本增加或工期延长，发包人应当给予补偿。

(4) 合同变更。合同变更表现为设计变更、施工方法变更、追加或者取消某项工作、合同其他规定的变更等。

(5) 工程师指令。工程师指令有时也会产生索赔，如工程师指令让承包人加速施工、进行某项额外工作、更换某些材料、采取某些措施等。

(6) 其他第三方原因。其他第三方原因常常表现为与工程有关的第三方的问题而引起的对本工程的不利影响。

2. 索赔的分类

索赔依据不同的标准可以进行不同的分类。

(1) 按索赔的合同依据分类。按索赔的合同依据可以将工程索赔分为合同中明示的索赔和合同中默示的索赔。

1) 合同中明示的索赔。合同中明示的索赔是指承包人所提出的索赔要求，在该工程项目的合同文件中有文字依据，承包人可以据此提出索赔要求，并取得经济补偿。这些在合同文件中有文字规定的合同条款，称为明示条款。

2) 合同中默示的索赔。合同中默示的索赔，即承包人的该项索赔要求，虽然在工程项目的合同条款中没有专门的文字叙述，但可以根据该合同的某些条款的含义，推断出承包人有索赔权。这种索赔要求，同样有法律效力，有权得到相应的经济补偿。这种有经济补偿含义的条款，在合同管理工作中被称为"默示条款"或称为"隐含条款"。

(2) 按索赔目的分类。按索赔目的可以将工程索赔分为工期索赔和费用索赔。

1) 工期索赔。由于非承包人责任的原因而导致施工进程延误，承包人要求顺延合同工期的索赔，称之为工期索赔。一旦工期索赔获得批准，合同工期应相应顺延。

2）费用索赔。费用索赔的目的是要求经济补偿。当施工的客观条件改变导致承包人增加开支，要求对超出计划成本的附加开支给予补偿，以挽回不应由他承担的经济损失。

（3）按索赔事件的性质分类。按索赔事件的性质可以将工程索赔分为工程延误索赔、工程变更索赔、合同被迫终止索赔、工程加速索赔、意外风险和不可预见因素索赔和其他索赔。

1）工程延误索赔。因发包人未按合同要求提供施工条件，如未及时交付设计图纸、施工现场、道路等，或因发包人指令工程暂停或不可抗力事件等原因造成工期拖延的，承包人对此提出索赔。这是工程中常见的一类索赔。

2）工程变更索赔。由于发包人或监理工程师指令增加或减少工程量，增加附加工程、修改设计、变更工程顺序等，造成工期延长和费用增加，承包人对此提出索赔。

3）合同被迫终止的索赔。由于发包人或承包人违约以及不可抗力事件等原因造成合同非正常终止，无责任的受害方因其蒙受经济损失而向对方提出索赔。

4）工程加速索赔。由于发包人或工程师指令承包人加快施工速度，缩短工期，引起承包人人力、财力、物力的额外开支而提出的索赔。

5）意外风险和不可预见因素索赔。在工程实施过程中，因人力不可抗拒的自然灾害、特殊风险以及一个有经验的承包人通常不能合理预见的不利施工条件或外界障碍。如地下水、地质断层、溶洞、地下障碍物等引起的索赔。

6）其他索赔。例如，因货币贬值，汇率变化，物价、工资上涨，政策法令变化等原因引起的索赔。

3．索赔处理的程序

根据合同约定，承包人认为有权得到追加付款和（或）延长工期的，应按以下程序向发包人提出索赔：

（1）承包人应在知道或应当知道索赔事件发生后28d内，向监理人递交索赔意向通知书，并说明发生索赔事件的事由；承包人未在前述28d内发出索赔意向通知书的，丧失要求追加付款和（或）延长工期的权利。

（2）承包人应在发出索赔意向通知书后28d内，向监理人正式递交索赔报告；索赔报告应详细说明索赔理由以及要求追加的付款金额和（或）延长的工期，并附必要的记录和证明材料。

（3）索赔事件具有持续影响的，承包人应按合理时间间隔继续递交延续索赔通知，说明持续影响的实际情况和记录，列出累计的追加付款金额和（或）工期延长天数。

（4）在索赔事件影响结束后28d内，承包人应向监理人递交最终索赔报告，说明最终要求索赔的追加付款金额和（或）延长的工期，并附必要的记录和证明材料。

4．工期索赔的计算

（1）工期索赔中应当注意的问题。

1）划清施工进度拖延的责任。因承包人的原因造成施工进度滞后，属于不可原谅的延期；只有承包人不应承担任何责任的延误，才是可原谅的延期。可原谅延期，又可细分为可原谅并给予补偿费用的延期和可原谅但不给予补偿费用的延期。有时工期延期的原因中可能包含有双方责任，此时工程师应进行详细分析，分清责任比例，只有可原谅延期部分才能批准顺延合同工期。

2）被延误的工作应是处于施工进度计划关键线路上的工作。位于关键线路上的工作进度滞后，会影响到竣工日期。另外，位于非关键线路上的工作拖延的时间超过了其总时差，也会影响到总工期。

（2）工期索赔的计算方法。

1）网络分析法。如果延误的工作为关键工作，则总延误的时间为批准顺延的工期；如果延误的工作为非关键工作，当该工作延误时间超过总时差而成为关键工作时，则总延误时间为该工作延误时间与其总时差的差值；若该工作延误后仍为非关键工作，则不存在工期索赔问题。

【例 4 - 4】 某工程项目的进度计划如图 4 - 23 所示，总工期为 32 周，在实施过程中发生了延误，工作②—④由原来的 6 周延至 7 周，工作③—⑤由原来的 4 周延至 5 周，工作④—⑥由原来的 5 周延至 9 周，其中工作②—④的延误是因承包商自身原因造成的，其余均由非承包商原因造成。

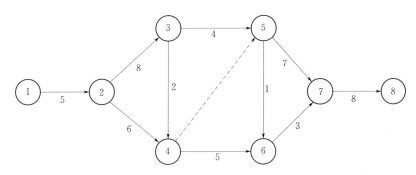

图 4 - 23　进度计划网络图

解： 将延误后的持续时间代入原网络计划，即得到工程实际网络图，如图 4 - 24 所示。比较图 4 - 23 和图 4 - 24，可以发现实际总工期变为 35 周，延误了 3 周。承包商责任造成的延误不在关键线路上，因此，承包商可以向业主要求延长工期 3 周。

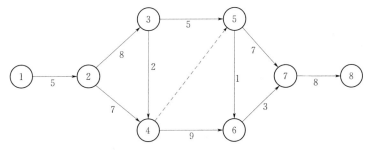

图 4 - 24　实际进度网络图

2）比例计算法。如果某干扰事件仅仅影响某单项工程、单位工程或分部分项工程的工期，要分析其对总工期的影响，可以采用比例分析法。采用比例分析法时，可以按工程量的比例进行分析。例如：某工程基础施工中出现了意外情况，导致工程量由原来的

$2800\mathrm{m}^3$增加到$3500\mathrm{m}^3$，原定工期是$40\mathrm{d}$，则承包商可以提出的工期索赔值是：

$$\text{工期索赔值}=\text{原工期}\times\frac{\text{新增工程量}}{\text{原工程量}}=40\times\frac{700}{2800}=10\text{（d）}$$

比例计算法简单方便，但有时不尽符合实际情况，比例计算法不适用于变更施工顺序、加速施工、删减工程量等事件的索赔。

5. 费用索赔的计算

（1）可索赔的费用。

1）人工费。包括增加工作内容的人工费、停工损失费和工作效率降低的损失费等累计，但不能简单地用计日工费计算。

2）设备费。可采用机械台班费、机械折旧费、设备租赁费等几种形式。

3）材料费。

4）保函手续费。工程延期时，保函手续费相应增加，反之，取消部分工程且发包人与承包人达成提前竣工协议时，承包人的保函金额相应折减，则计入合同价内的保函手续费也应扣减。

5）贷款利息。

6）保险费。

7）利润。

8）管理费。此项又可分为现场管理费和公司管理费两部分，由于二者的计算方法不一样，所以在审核过程中应区别对待。

（2）费用索赔的计算方法。

1）实际费用法。该方法是按照索赔事件所引起损失的费用项目分别分析计算索赔值，然后将各费用项目的索赔值汇总，即可得到总索赔费用值。这种方法以承包商为某项索赔工作所支付的实际开支为依据，但仅限于由于索赔事项引起的、超过原计划的费用，故也称额外成本法。在这种计算方法中，需要注意的是不要遗漏费用项目。

2）总费用法。总费用法就是当发生多次索赔事件以后，重新计算该工程的实际总费用，实际总费用减去投标报价时的估算总费用，即为索赔金额。不少人对采用该方法计算索赔费用持批评态度，因为实际发生的总费用中可能包括了承包商的原因，如施工组织不善而增加的费用；同时投标报价估算的总费用也可能为了中标而过低。所以这种方法只有在难以采用实际费用法时才应用。

3）修正的总费用法。这种方法是对总费用法的改进，即在总费用计算的原则上，去掉一些不确定的可能因素，对总费用法进行相应的修改和调整，使其更加合理。

【例4-5】 某建设单位和施工单位按照《建设工程施工合同（示范文本）》签订了施工合同，合同中约定建筑材料由建设单位提供，由于非施工单位原因造成的停工，机械补偿费为200元/台班，人工补偿费为50元/工日；总工期为120d；竣工时间提前奖励为3000元/d，误期损失赔偿费为5000元/d。经项目监理机构批准的施工进度计划如图4-25所示。

施工过程中发生如下事件：①由于建设单位要求对B工作的施工图纸进行修改，致使B工作停工3d（每停1d影响30工日，10台班）；②由于机械租赁单位调度的原因，施工

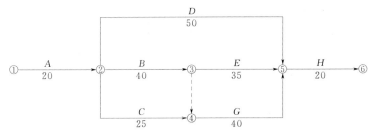

图 4-25 施工进度计划网络图（单位：d）

机械未能按时进场，使 C 工作的施工暂停 5d（每停 1d 影响 40 工日，10 台班）；③由于建设单位负责供应的材料未能按计划到场，E 工作停工 6d（每停 1d 影响 20 工日，5 台班）。

请逐项说明上述事件中施工单位能否得到工期延长和停工损失补偿。

解：（1）B 工作停工 3d，应批准工期延长 3d，因属建设单位原因且 B 工作处在关键线路上；费用可以索赔，应补偿停工损失 $= 3 \times 30 \times 50 + 3 \times 10 \times 200 = 10500$ 元。

（2）C 工作停工 5d，工期索赔不予批准，停工损失不予补偿，因属施工单位原因。

（3）E 工作停工 6d，应批准工期延长 1d，该停工虽属建设单位原因，但 E 工作有 5d 总时差，停工使总工期延长 1d；费用可以索赔，应补偿停工损失 $= 6 \times 20 \times 50 + 6 \times 5 \times 200 = 12000$ 元。

四、投资偏差分析

在确定了投资控制目标之后，为了有效地进行投资控制，必须定期地将投资计划值与实际值进行比较，当实际值偏离计划值时，分析产生偏差的原因，采取适当的纠偏措施，以使投资超支尽可能小。

（一）偏差参数

1. 投资偏差

在投资控制中，把投资的实际值与计划值的差异叫做投资偏差，即

$$投资偏差 = 已完工程实际投资 - 已完工程计划投资 \tag{4-28}$$

投资偏差结果为正，表示投资超支；结果为负，表示投资节约。但是，必须特别指出，进度偏差对投资偏差分析的结果有重要影响，如果不加考虑就不能正确反映投资偏差的实际情况。例如，某一阶段的投资超支，可能是由于进度超前导致的，也可能是物价上涨导致的。所以，必须引入进度偏差的概念。

2. 进度偏差

在进度控制中，把实际工期与计划工期的差异叫做进度偏差，即

$$进度偏差1 = 已完工程实际时间 - 已完工程计划时间 \tag{4-29}$$

为了与投资偏差联系起来，进度偏差也可表示为

$$进度偏差2 = 拟完工程计划投资 - 已完工程计划投资 \tag{4-30}$$

所谓拟完工程计划投资，是指根据进度计划安排在某一确定时间内所应完成的工程内容的计划投资。即

$$拟完工程计划投资 = 拟完工程量（计划工程量） \times 计划单价 \tag{4-31}$$

进度偏差为正值，表示工期拖延；结果为负值，则表示工期提前。用式（4－30）来表示进度偏差，其思路虽是可以接受的，但表达并不十分严格。在实际应用时，为了便于工期调整，还需将用投资差额表示的进度偏差转换为所需要的时间。

根据投资偏差和进度偏差的情况，可将工程的状态划分为四种情况，如图4－26所示。

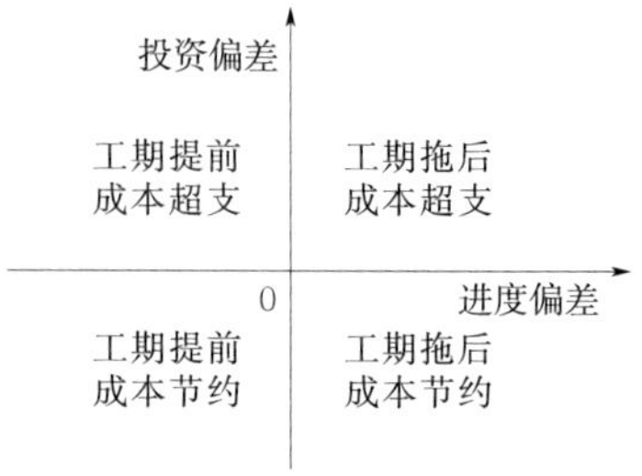

另外，在进行投资偏差分析时，还要考虑以下几组投资偏差参数。

3. 局部偏差和累计偏差

所谓局部偏差，有两层含义：一是对于整个项目而言，指各单项工程、单位工程及分部分项工程的投资偏差；另一含义是对于整个项目已经实施的时间而言，是指每一控制周期所发生的投资偏差。累计偏差是一个动态的概念，其数值总是与具体的时间联系在一起。第一个时间段的累计偏差在数值上等于局部偏差，最终的累计偏差就是整个项目各阶段的局部投资偏差之和。

图 4－26　工程进度和投资映射出的四种状态

4. 绝对偏差和相对偏差

绝对偏差是指投资实际值与计划值比较所得到的差额，绝对偏差的结果很直观，有助于投资管理人员了解项目投资出现偏差的绝对数额，并依此采取一定措施，制定或调整投资支付计划和资金筹措计划。但是，绝对偏差有其不容忽视的局限性。如同样是1万元的投资偏差，对于总投资1000万元的项目和总投资10万元的项目而言，其严重性显然是不同的。因此需引入相对偏差这个参数。

$$相对偏差 = \frac{绝对偏差}{投资计划值} = \frac{投资实际值 - 投资计划值}{投资计划值} \qquad (4-32)$$

与绝对偏差一样，相对偏差可正可负，且二者同号。正值表示投资超支，反之表示投资节约。

项目允许相对偏差大小与项目的性质、管理者的水平等很多因素有关，目前还缺少相关的理论和计算方法计算该值，只能根据历史数据估计出该值。一般情况下，在施工初期，项目允许相对偏差控制在10%左右，到了中后期，项目允许相对偏差应控制在5%左右。投资相对偏差波动趋势如图4－27所示。

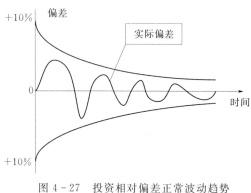

图 4－27　投资相对偏差正常波动趋势

5. 偏差程度

偏差程度是指投资实际值对计划值的偏离程度，其表达式为

$$投资偏差程度 = \frac{投资实际值}{投资计划值} \qquad (4-33)$$

偏差程度可分为局部偏差程度和累计偏差程度。但要注意累计偏差程度并不等于局部偏差程度的简单相加。

如果偏差程度等于 1，说明投资控制得很好；如果偏差程度大于 1，说明实际发生的投资比预期的投资高，这是不利的。如果偏差程度小于 1，说明实际发生的投资比预期发生的投资低，这是有利的。

投资偏差程度大多数被用作趋势分析，如图 4－28～图 4－30 所示。图 4－28 显示投资偏差程度随时间推移一直在 1 附近上下波动，表明投资实际值和投资计划值相当，偏差不大。图 4－29 显示投资偏差程度随时间推移由小于 1 变成大于 1 并越来越大，表明投资实际值超过投资计划值越来越大，这是不利的情况。图 4－30 显示投资偏差程度随时间推移由大于 1 变成小于 1 并越来越小，表明投资实际值比投资计划值小，而且差距越来越大，这是有利的情况。

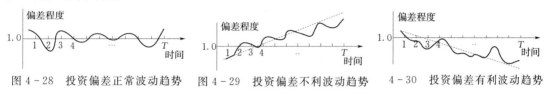

偏差程度
1.0
1 2 3 4
T
时间

图 4－28　投资偏差正常波动趋势

偏差程度
1.0
1 2 3 4
T
时间

图 4－29　投资偏差不利波动趋势

偏差程度
1.0
1 2 3 4
T
时间

4－30　投资偏差有利波动趋势

（二）偏差分析的方法

偏差分析可采用不同的方法，常用的有横道图法、表格法和曲线法。

1. 横道图法

用横道图法进行投资偏差分析，是用不同的横道标识已完工程计划投资、拟完工程计划投资和已完工程实际投资，横道的长度与其金额成正比例，如图 4－31 所示。

横道图法具有形象、直观、一目了然等优点，它能够准确表达出投资的绝对偏差，而且能直观感受到偏差的严重性。但是，这种方法反映的信息量少，一般在项目的较高管理层应用。

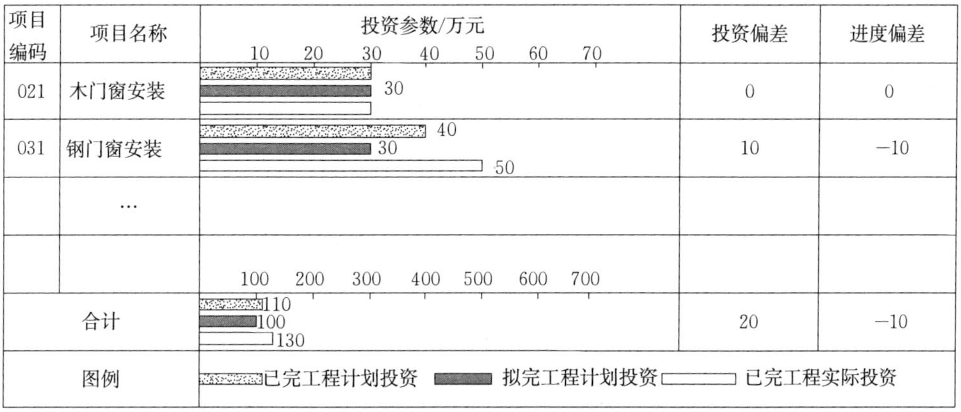

项目编码
项目名称
投资参数/万元
10 20 30 40 50 60 70
投资偏差
进度偏差
021
木门窗安装
30
0
0
031
钢门窗安装
40
30
50
10
−10
…
100 200 300 400 500 600 700
合计
110
100
130
20
−10
图例
已完工程计划投资
拟完工程计划投资
已完工程实际投资

图 4－31　横道图表示投资偏差

2. 表格法

表格法是进行偏差分析最常用的一种方法。它将项目编号、名称、各投资参数以及投资偏差数综合归纳入一张表格中，并且直接在表格中进行比较。由于各偏差参数都在表中列出，使得投资管理者能够综合地了解并处理这些数据。表 4－12 是用表格法进行偏差分析的例子。

表 4 - 12　　　　　　　　　　　投 资 偏 差 分 析 表

项目编码	(1)	041	042	043
项目名称	(2)	木门窗安装	钢门窗安装	铝合金门窗安装
单位	(3)	m²	m²	m²
计划单价	(4)	元	元	元
拟完工程量	(5)			
拟完工程计划投资	(6) = (4) × (5)			
已完工程量	(7)			
已完工程计划投资	(8) = (4) × (7)			
实际单价	(9)			
其他款项	(10)			
已完工程实际投资	(11) = (7) × (9) + (10)			
投资局部偏差	(12) = (11) - (8)			
投资局部偏差程度	(13) = (11) ÷ (8)			
投资累计偏差	(14) = ∑ (12)			
投资累计偏差程度	(15) = ∑ (11) ÷ ∑ (8)			
进度局部偏差	(16) = (6) - (8)			
进度局部偏差程度	(17) = (6) ÷ (8)			
进度累计偏差	(18) = ∑ (16)			
进度累计偏差程度	(19) = ∑ (6) ÷ ∑ (8)			

用表格法进行偏差分析具有如下优点：

（1）灵活、适用性强。可根据实际需要设计表格，进行增减项。

（2）信息量大。可以反映偏差分析所需的资料，从而有利于投资控制人员及时采取针对性措施，加强控制。

（3）表格处理可借助于计算机，从而节约大量数据处理所需的人力，并大大提高速度。

3. 曲线法

曲线法是用投资累计曲线（S 形曲线）来进行投资偏差分析的一种方法，见图 4 - 32。其中，a 表示投资实际值曲线，p 表示投资计划值曲线，两条的线之间的竖向距离表示投资偏差。

当进度偏差与投资偏差放在一起分析时，应当引入三条投资参数曲线，即已完工程实际投资曲线 a、已完工程计划投资曲线 b 和拟完工程计划投资曲线 p，见图 4 - 33。图中曲线 a 与曲线 b 的竖向距离表示投资偏差，曲线 b 与曲线 p 的水平距离表示进度偏差。

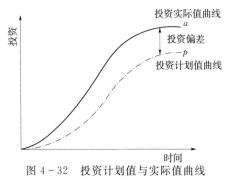

图 4 - 32　投资计划值与实际值曲线

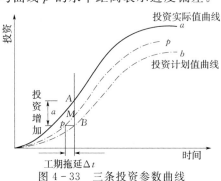

图 4 - 33　三条投资参数曲线

【例4-6】 某工程项目施工合同于2000年12月签订，约定的合同工期为8个月，2001年1月开始正式施工，施工单位按合同工期要求编制了混凝土结构工程施工进度时标网络计划（图4-34），并经专业监理工程师审核批准。

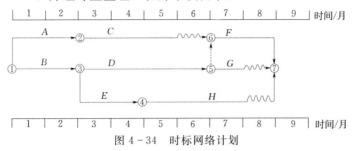

图4-34 时标网络计划

该项目的各项工作均按最早开始时间安排，且各工作每月所完成的工程量相等。各工作的计划工程量和实际工程量见表4-13。工作D、E、F的实际工作持续时间与计划工作持续时间相同。

表4-13 计划工程量和实际工程量表

工作	A	B	C	D	E	F	G	H
计划工程量/m³	8600	9000	5400	10000	5200	6200	1000	3600
实际工程量/m³	8600	9000	5400	9200	5000	5800	1000	5000

合同约定，混凝土结构工程综合单价为1000元/m³，按月结算。结算价按项目所在地混凝土结构工程价格指数进行调整，项目实施期间各月的混凝土结构工程价格指数见表4-14。

表4-14 工程价格指数表

时间	2000年12月	2001年1月	2001年2月	2001年3月	2001年4月	2001年5月	2001年6月	2001年7月	2001年8月	2001年9月
混凝土结构工程价格指数/%	100	115	105	110	115	110	110	120	110	110

施工期间，由于建设单位原因使工作H的开始时间比计划的开始时间推迟1个月，并由于工作H工程量的增加使该工作的工作持续时间延长了1个月。

问题：

(1) 请按施工进度计划编制工程项目投资计划（即计算每月和累计拟完工程计划投资）并简要写出其步骤，计算结果填入表4-14中。

(2) 计算工作H各月的已完工程计划投资和已完工程实际投资。

(3) 计算混凝土结构工程已完工程计划投资和已完工程实际投资，计算结果填入表4-14中。

(4) 列式计算8月末的投资偏差和进度偏差（用投资额表示）。

解：(1) 将各工作计划工程量与单价相乘后，除以该工作持续时间，得到各工作每月拟完工程计划投资额；再将时标网络计划中各工作分别按月纵向汇总得到每月拟完工程计划投资额；然后逐月累加得到各月累计拟完工程计划投资额。

（2）H 工作 6—9 月每月完成工程量为 5000/4＝1250（m³/月）。

H 工作 6—9 月已完成工程计划投资均为 1250×1000＝125（万元）。

H 工作已完工程实际投资：

6 月：125×110％＝137.5（万元）。

7 月：125×120％＝150.0（万元）。

8 月：125×110％＝137.5（万元）。

9 月：125×110％＝137.5（万元）。

（3）计算结果填入表 4－15。

表 4-15　　　　　　　　　　　计　算　结　果　　　　　　　　　　单位：万元

项　目	投　资　数　据								
	1	2	3	4	5	6	7	8	9
每月拟完工程计划投资	880	880	690	690	550	370	530	310	
累计拟完工程计划投资	880	1760	2450	3140	3690	4060	4590	4900	
每月已完工程计划投资	880	880	660	660	410	355	515	415	125
累计已完工程计划投资	880	1760	2420	3080	3490	3845	4360	4775	4900
每月已完工程实际投资	1012	924	726	759	451	390.5	618	456.5	137.5
累计已完工程实际投资	1012	1936	2662	3421	3872	4262.5	4880.5	5337	5474.5

（4）投资偏差＝已完工程实际投资－已完工程计划投资＝5337－4775＝562（万元），超支 562 万元。

进度偏差＝拟完工程计划投资－已完工程计划投资＝4900－4775＝125（万元），拖后 125 万元。

（三）偏差原因分析

偏差分析的一个重要目的就是要找出引起偏差的原因，从而有可能采取有针对性的措施，减少或避免相同原因的再次发生。在进行偏差原因分析时，首先应当将已经导致和可能导致偏差的各种原因逐一列举出来。导致不同工程项目产生投资偏差的原因具有一定共性，因而可以通过对已建项目的投资偏差原因进行归纳、总结，为该项目采用预防措施提供依据。

一般来说，产生投资偏差的原因见图 4－35。

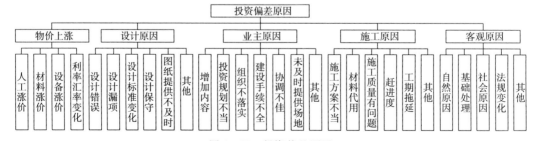

图 4-35　投资偏差原因

（四）纠偏

对偏差原因进行分析的目的是为了有针对性地采取纠偏措施，从而实现投资的动态控制和主动控制。

纠偏首先要确定纠偏的主要对象，如上面介绍的偏差原因，有些是无法避免和控制的，如客观原因，充其量只能对其中少数原因做到防患于未然，力求减少该原因所产生的经济损失。对于施工原因所导致的经济损失通常是由承包商自己承担的，从投资控制的角度只能加强合同的管理，避免被承包商索赔。所以，这些偏差原因都不是纠偏的主要对象。纠偏的主要对象是业主原因和设计原因造成的投资偏差。在确定了纠偏的主要对象之后，就需要采取有针对性的纠偏措施。纠偏可采用组织措施、经济措施、技术措施和合同措施等。

复 习 思 考 题

1. 简述工程项目投资构成。

2. 影响工程项目投资的因素有哪些？

3. 简述设计概算的编制步骤。

4. 简述招标控制价的编制步骤。

5. 提高设计经济合理性的途径有哪些？

6. 某市高新技术开发区拟开发建设集科研和办公于一体的综合大楼，其设计方案主体土建工程结构型式对比如下：

（1）A 方案：结构方案为大柱网框架剪力墙轻墙体系，采用预应力大跨度叠合楼板，墙体材料采用多孔砖及移动式可拆装式分室隔墙，窗户采用中空玻璃断桥铝合金窗，面积利用系数为 93%，单方造价为 1438 元/m^2。

（2）B 方案：结构方案同 A 方案，墙体采用内浇外砌，窗户采用双玻塑钢窗，面积利用系数为 87%，单方造价为 1108 元/m^2。

（3）C 方案：结构方案采用框架结构，采用全现浇楼板，墙体材料采用标准黏土砖，窗户采用双玻铝合金窗，面积利用系数为 79%，单方造价方 1082 元/m^2。

方案各功能的权重及各方案的功能得分见表 4-16，试应用价值工程方法选择最优设计方案。

表 4-16   复 习 思 考 题 6 表

功能项目	功能权重	各方案功能得分		
		A	B	C
结构体系	0.25	10	10	8
楼板类型	0.05	10	10	9
墙体材料	0.25	8	9	7
面积系数	0.35	9	8	7
窗户类型	0.10	9	7	8

7. 某项目承包人与发包人签订了施工承包合同。合同工期为 22d；工期每提前或拖延 1d，奖励（或罚款）600 元。按发包人要求，承包人在开工前递交了一份施工方案和施工进度计划并获批准，如图 4-36 所示。

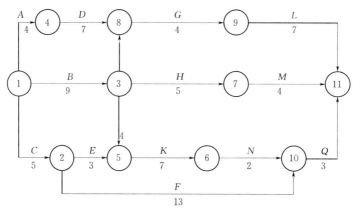

图 4-36 复习思考题 7 图

根据图 4-36 所示的计划安排，工作 A、K、Q 要使用同一种施工机械，而承包人可供使用的该种机械只有 1 台。在工程施工中，由于发包人负责提供的材料及设计图纸原因，致使 C 工作的持续时间延长了 3d；由于承包人的机械设备原因使 N 工作的持续时间延长了 2d。在该工程竣工前 1d，承包人向发包人提交了工期和费用索赔申请。

问题：承包人可得到的合理的工期索赔为多少天？假设该种机械闲置台班费用补偿标准为 280 元/d，则承包人可得到的合理的费用追加额为多少元？

8. 某工程计划进度与实际进度如表 4-17 所示。表中粗实线表示计划进度（进度线上方的数据为每周计划投资），粗虚线表示实际进度（进度线上方的数据为每周实际投资），假定各分项工程每周计划进度与实际进度均为匀速进度，而且各分项工程实际完成总工程量与计划完成总工程量相等。试分析第 6 周末和第 10 周末的投资偏差和进度偏差。

表 4-17 复习思考题 8 表

工作	时间/周											
	1	2	3	4	5	6	7	8	9	10	11	12
A	5	5	5									
	5	5	5									
B		4	4	4	4	4						
		4	4	4	3	3						
C				9	8	7	7					
					5	5	5	5				
D						9	8	7	7			
							4	4	4	5	5	
E								3	3	3		
										3	3	3

第五章　工程项目质量计划与控制

第一节　概　　述

一、相关概念

1. 质量

质量是指一组固有特性满足要求的程度（GB/T 19000—2008）。上述定义可以从以下几个方面去理解：

（1）质量不仅是指产品质量，也可以是过程的质量，甚至是质量管理体系的质量。术语"质量"可使用形容词，如：差、好或优秀来修饰。

（2）特性是指可区分的特征，包括物理特性、功能特性、感官特性、时间特性等。特性可以区分为固有的特性和赋予的特性。固有的特性是指与生俱来的、本来就有的，如螺栓的直径。赋予的特性是指不是本来就有的，而是后来增加的特性，如螺栓的价格、螺栓的供货时间。

（3）要求是指明示的（如合同、技术规范、图纸等的规定）、通常隐含的（如惯例、一般的做法等的要求）或必须履行的（如法律、法规等要求）需要和期望。要求不相同，意味着质量水准不相同。

（4）顾客和其他相关方对产品、过程或体系的质量要求是动态的、发展的和相对的。质量要求会随着时间、地点、环境的变化而变化，如随着技术的发展、生活水平的提高，人们对产品、过程或体系会提出新的质量要求。

2. 工程项目质量

工程项目质量指工程项目满足业主需要且符合国家法律法规、标准规范、设计文件及合同规定的特性综合。工程项目作为一种特殊的产品，除具有一般产品共有的质量特性，如性能、寿命、可靠性、安全性、经济性等以外，还具有以下特定的质量属性：

（1）适用性。即功能，是指工程项目满足使用目的的各种性能。包括：理化性能（如保温、耐酸、防尘等），结构性能（如结构的刚度、稳定性等），使用性能（如民用住宅要能使居住者安居），外观性能（如室内装饰效果、色彩等）。

（2）耐久性。即寿命，是指工程项目在规定的条件下，满足规定功能要求能正常使用的年限。如民用建筑主体结构耐用年限分为四级：一级耐久年限为 100 年及以上，适用于重要的建筑和高层建筑；二级耐久年限为 50～100 年，适用于一般性建筑；三级耐久年限为 25～50 年，适用于次要的建筑；四级耐久年限为 15 年以下，适用于临时性建筑。

（3）安全性。是指工程项目建成后在使用过程中保证结构安全、保证人身和环境免受危害的程度。如建筑工程的结构安全度、抗震、耐火及防火能力等都是安全性的重要标志。

（4）经济性。是指工程项目从规划、勘察、设计、施工到使用的全寿命周期内的成本和消耗的费用。判断工程项目的经济性必须从工程项目的全寿命周期考虑，而不能仅考虑工程项目某一阶段所需要的费用。

（5）与环境的协调性。是指工程项目与其周围生态环境协调，与所在地区经济环境协调以及与周围已建工程相协调，以适应可持续发展的要求。

总体而言，上述五个方面的质量特性彼此之间是相互依存的，也是工程项目必须达到的基本要求。但是对于不同门类不同专业的工程项目，如工业建筑、民用建筑等，可根据其所处的特定地域环境条件、技术经济条件的差异，提出不同的具体要求。

二、影响工程项目质量的因素

影响工程项目质量的因素很多，但归纳起来主要有五个方面，即人（man）、材料（Material）、机械（Machine）、方法（Method）和环境（Enviroment），简称 4M1E 因素。

1. 人员素质

人是生产经营活动的主体，也是工程项目建设的决策者、管理者、操作者，人员的素质，如人的文化水平、技术水平、决策能力、管理能力、身体素质及职业道德等，都将直接和间接地对规划、决策、勘察、设计和施工的质量产生影响，因此，人员素质是影响工程质量的一个重要因素。

2. 工程材料

工程材料泛指构成工程实体的各类建筑材料、构配件、半成品等，它是工程建设的物质条件，是形成工程质量的物质基础。因此，工程材料不合格，工程质量也就不可能合乎标准。

3. 机械设备

机械设备可分为两类：一是指构成工程实体的各类设备和机具，如电梯、泵机、通风设备等。工程设备质量不合格，工程质量也就不合格。二是指施工过程中使用的各类机具设备，包括各种施工机械和工器具。施工机械和工器具的质量的优劣，直接影响到工程施工的顺利进行，另外，施工机械和工器具的类型是否符合工程施工特点，性能是否先进稳定，操作是否方便安全等，都将会影响工程项目的质量。

4. 方法

方法是指工艺方法、操作方法和施工方案。在工程施工中，施工方案是否合理，施工工艺是否先进，施工操作是否正确，都将对工程质量产生重大的影响。大力推进采用新技术、新工艺、新方法，不断提高工艺技术水平，是保证工程质量稳步提高的重要因素。

5. 环境条件

环境条件指对工程质量特性起重要作用的环境因素，包括：工程技术环境（如工程地质、水文、气象等)、工程作业环境 (如施工作业面、防护设施、通风照明和通信条件等)、工程管理环境 (如合同结构、组织机构及管理制度等) 和周边环境 (如工程邻近的地下管线、建筑物等)。环境条件往往对工程质量产生特定的影响。

三、工程项目质量的形成过程

工程项目质量是在工程建设过程中逐渐形成的。工程项目建设的各个阶段,如可行性研究、勘察设计、施工、竣工验收等,对工程项目质量的形成都会产生不同程度的影响,所以工程项目的建设过程就是工程项目质量的形成过程。工程项目质量的形成过程如图5-1所示。

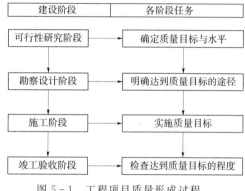

图 5-1　工程项目质量形成过程

1. 可行性研究阶段

工程项目可行性研究是在项目建议书的基础上,运用经济学原则对工程项目的技术、经济、社会、环境等方面进行调查研究,对各种可能的拟建方案及其经济效益、社会效益和环境效益等进行技术经济分析、预测和论证,以确定工程项目建设的可行性。在此过程中,需要明确工程项目的质量目标,并与投资目标相协调。

2. 勘察设计阶段

工程项目的地质勘察是为建设场地的选择和工程项目的设计与施工提供地质资料依据。工程项目设计是根据建设项目总体需求和地质勘察报告,对工程项目的外形和内在的实体进行筹划、研究、构思、设计和描绘,形成设计说明书和图纸等相关文件,使得质量目标和水平具体化,为施工提供直接依据,因此,工程项目设计质量是决定工程项目质量的关键环节。

3. 工程项目施工阶段

工程项目施工是指按照设计图纸和相关文件的要求,在建设场地上将设计意图付诸实现,最终形成建筑产品的活动。任何优秀的勘察设计成果,只有通过施工才能变为现实。因此,工程项目施工是形成工程项目实体质量的决定性环节。

4. 竣工验收阶段

工程项目竣工验收是指通过检查评定、试车运转等手段,考核工程项目质量是否达到设计要求,是否符合决策阶段确定的质量目标和水平的过程。由此可见,工程项目竣工验收是一个对工程项目质量进行确认的过程,同时也是保证最终产品质量的关键环节。

四、工程项目质量的特点

工程项目质量的特点是由工程项目的特点决定的。不同的工程项目,其质量的特点可能有所不同,但总的来说,都具有以下特点。

1. 影响因素众多

工程项目质量受到多种因素的影响,如决策、设计、材料、机具设备、施工方法、施工工艺、技术措施、人员素质、工期、工程造价等，这些因素直接或间接地影响着工程项目质量。

2. 质量的波动性

工程项目的实施不像一般工业产品的生产那样，有固定的生产流水线、有规范化的生产工艺和完善的检测技术、有成套的生产设备和稳定的生产环境，所以工程项目的质量容易受到外部因素的干扰而出现较大的起伏，同时，由于影响工程项目质量的偶然性因素和系统性因素比较多，其中任一因素发生变动，如材料规格品种使用错误、施工方法不当、操作未按规程进行、机械设备过度磨损或出现故障等，都会使工程项目质量产生波动。

3. 质量的隐蔽性

工程项目在施工过程中，由于分项工程交接多、中间产品多、隐蔽工程多，因此质量存在隐蔽性。例如，柱子钢筋焊接作业完成后，若不及时进行质量检查，一旦混凝土浇筑完毕，就很难发现焊缝的质量问题。

4. 验收的特殊性

工程项目的质量评价不同于一般工业产品的质量评价，不同类型的工程项目，其质量评价的方法也不相同。例如，对于建设工程项目，其质量检查评定及验收是按检验批、分项工程、分部工程、单位工程顺序进行的；而对于水利水电工程项目，质量检查评定是按单元工程、分部工程以及单位工程进行的。

5. 终检的局限性

工程项目建成后，不可能像一般工业产品那样将产品拆卸、解体来检查其内在质量，也不可能在发现质量问题后，像工业产品那样实行"包换"或"退款"。因此，工程项目的终检（竣工验收）存在一定的局限性，这就要求工程项目质量控制应以预防为主，防患于未然。

五、工程质量管理制度

1. 施工图设计文件审查制度

施工图设计文件（以下简称施工图）审查是政府主管部门对工程勘察设计质量监督管理的重要环节。施工图审查是指国务院建设行政主管部门和省、自治区、直辖市人民政府建设行政主管部门委托依法认定的设计审查机构，根据国家法律、法规、技术标准与规范，对施工图进行结构安全和强制性标准、规范执行情况等的独立审查。

（1）施工图审查的主要内容。

1）建筑物的稳定性、安全性审查，包括地基基础和主体结构是否安全、可靠。

2）是否符合消防、节能、环保、抗震、卫生、人防等有关强制性标准、规范。

3）施工图是否达到规定的深度要求。

4）是否损害公众利益。

（2）施工图审查程序。施工图审查的各个环节可按以下步骤办理：

1）建设单位向建设行政主管部门报送施工图，并作书面登录。

2）建设行政主管部门委托审查机构进行审查，同时发出委托审查通知书。

3）审查机构完成审查，向建设行政主管部门提交技术性审查报告。

4）审查结束，建设行政主管部门向建设单位发出施工图审查批准书。

5）报审施工图设计文件和有关资料应存档备查。

对审查不合格的项目，提出书面意见后，由审查机构将施工图退回建设单位，并由原设计单位修改，重新送审。施工图一经审查批准，不得擅自进行修改。如遇特殊情况需要进行涉及审查主要内容的修改时，必须重新报原审批部门，由原审批部门委托审查机构审查后再批准实施。

2. 工程质量监督制度

国家实行建设工程质量监督管理制度。工程质量监督管理的主体是各级政府建设行政主管部门和其他有关部门。由于工程建设周期长、环节多、点多面广，工程质量监督工作是一项专业技术性强，且很繁杂的工作，政府部门不可能亲自进行日常检查工作。因此，工程质量监督管理由建设行政主管部门或其他有关部门委托的工程质量监督机构具体实施。工程质量监督机构是经省级以上建设行政主管部门或有关专业部门考核认定，具有独立法人资格的单位。它受县级以上地方人民政府建设行政主管部门或有关专业部门的委托，依法对工程质量进行强制性监督，并对委托部门负责。工程质量监督机构的主要任务包括以下内容：

（1）根据政府主管部门的委托，受理建设工程项目的质量监督。

（2）制定质量监督工作方案，确定负责该项工程的质量监督工程师和助理质量监督师。根据有关法律、法规和工程建设强制性标准，针对工程特点，明确监督的具体内容、监督方式。在方案中对地基基础、主体结构和其他涉及结构安全的重要部位和关键过程，作出实施监督的详细计划安排，并将质量监督工作方案通知建设、勘察、设计、施工、监理单位。

（3）检查施工现场工程建设各方主体的质量行为；检查施工现场工程建设各方主体及有关人员的资质或资格；检查勘察、设计、施工、监理单位的质量管理体系和质量责任制落实情况；检查有关质量文件、技术资料是否齐全并符合规定。

（4）检查建设工程实体质量。按照质量监督工作方案，对建设工程地基基础、主体结构和其他涉及安全的关键部位进行现场实地抽查，对用于工程的主要建筑材料、构配件的质量进行抽查。对地基基础分部、主体结构分部和其他涉及安全的分部工程的质量验收进行监督。

（5）监督工程质量验收。监督建设单位组织的工程竣工验收的组织形式、验收程序以及在验收过程中提供的有关资料和形成的质量评定文件是否符合有关规定，实体质量是否存在严重缺陷，工程质量验收是否符合国家标准。

（6）向委托部门报送工程质量监督报告。报告的内容应包括对地基基础和主体结构质量检查的结论，工程施工验收的程序、内容和质量检验评定是否符合有关规定，及历次抽查该工程质量问题和处理情况等。

（7）对预制建筑构件和混凝土的质量进行监督。

（8）受委托部门委托按规定收取工程质量监督费。

（9）政府主管部门委托的工程质量监督管理的其他工作。

3. 工程质量检测制度

建设工程质量检测是指工程质量检测机构接受委托，依据国家有关法律、法规和工程建设强制性标准，对涉及结构安全项目的抽样检测和对进入施工现场的建筑材料、构配件的见证取样检测。

检测机构是具有独立法人资格的中介机构，检测机构只有取得相应的资质证书后，方能从事规定的质量检测业务。检测机构资质按照其承担的检测业务内容分为专项检测机构资质和见证取样检测机构资质。质量检测的业务内容分为两种情况：

（1）专项检测。

1）地基基础工程检测。包括：地基及复合地基承载力静载检测；桩的承载力检测；桩身完整性检测；锚杆锁定力检测。

2）主体结构工程现场检测。包括：混凝土、砂浆、砌体强度现场检测；钢筋保护层厚度检测；混凝土预制构件结构性能检测；后置埋件的力学性能检测。

3）建筑幕墙工程检测。包括：建筑幕墙的气密性、水密性、风压变形性能、层间变位性能检测；硅酮结构胶相容性检测。

4）钢结构工程检测。包括：钢结构焊接质量无损检测；钢结构防腐及防火涂装检测；钢结构节点、机械连接用紧固标准件及高强度螺栓力学性能检测；钢网架结构的变形检测。

（2）见证取样检测。

1）水泥物理力学性能检验。

2）钢筋（含焊接与机械连接）力学性能检验。

3）砂、石常规检验。

4）混凝土、砂浆强度检验。

5）简易土工试验。

6）混凝土掺加剂检验。

7）预应力钢绞线、锚夹具检验。

8）沥青、沥青混合料检验。

检测机构完成检测业务后，应当及时出具检测报告。检测报告经检测人员签字、检测机构法定代表人或者其授权的签字人签署，并加盖检测机构公章或者检测专用章后方可生效。检测机构应当对其检测数据和检测报告的真实性和准确性负责。检测机构违反法律、法规和工程建设强制性标准，给他人造成损失的，应当依法承担相应的赔偿责任。

4. 工程质量保修制度

建设工程质量保修制度是指建设工程在办理交工验收手续后，在规定的保修期限内，因勘察、设计、施工、材料等原因造成的质量问题，要由施工单位负责维修、更换，由责任单位负责赔偿损失的一种制度。建设工程施工单位在向建设单位提交工程竣工验收报告时，应向建设单位出具工程质量保修书，质量保修书中应明确建设工程保修范围、保修期限和保修责任等。

（1）保修期限。在正常使用条件下，建设工程的最低保修期限如下：

1）基础设施工程、房屋建筑工程的地基基础和主体结构工程，为设计文件规定的该工程的合理使用年限。

2）屋面防水工程、有防水要求的卫生间、房间和外墙面的防渗漏，为 5 年。

3）供热与供冷系统，为 2 个采暖期、供冷期。

4）电气管线、给排水管道、设备安装和装修工程，为 2 年。

其他项目的保修期由发包方与承包方约定。保修期自竣工验收合格之日起计算。

（2）保修责任承担。建设工程在保修范围和保修期限内发生质量问题的，施工单位应当履行保修义务。保修义务的承担和经济责任的承担应按下列原则处理：

1）施工单位未按国家有关标准、规范和设计要求施工，造成的质量问题，由施工单位负责返修并承担经济责任。

2）由于设计方面的原因造成的质量问题，先由施工单位负责维修，其经济责任按有关规定通过建设单位向设计单位索赔。

3）因建筑材料、构配件和设备不合格引起的质量问题，先由施工单位负责维修，其经济责任属于施工单位采购的，由施工单位承担经济责任；属于建设单位采购的，由建设单位承担经济责任。

4）因建设单位（含监理单位）错误管理造成的质量问题，先由施工单位负责维修，其经济责任由建设单位承担，如属监理单位责任，则由建设单位向监理单位索赔。

5）因使用单位使用不当造成的损坏问题，先由施工单位负责维修，其经济责任由使用单位自行负责。

6）因地震、洪水、台风等不可抗拒原因造成的损坏问题，先由施工单位负责维修，建设参与各方根据国家具体政策分担经济责任。

第二节　工程项目质量计划

项目质量计划就是确定与项目相关的质量标准并决定达到质量标准的方法和过程。它是项目计划中的重要组成部分之一。项目质量计划应与项目其他计划（如费用计划和进度计划）同时编制，因为质量计划中规定的质量标准的高低以及达到质量标准的方法必然会影响到项目实施的成本和工期。

整个工程项目质量计划应由建设单位（业主）负责，其对质量的要求体现在勘察设计任务书和施工合同中，参与项目建设的勘察设计单位和施工单位应根据国家法律、法规、标准、规范和合同分别编制项目质量计划。项目质量计划主要包括设计阶段质量计划和施工阶段质量计划。

一、制订质量计划的依据

1. 质量方针与质量目标

质量方针是组织（如公司、集团、研究机构等）的最高管理者正式发布的该组织总的质量宗旨和方向。它体现了该组织成员的质量意识和质量追求，是组织内部的行为准则，也体现了客户的期望和对客户的承诺。质量目标是落实质量方针的具体要求，并与质量方针一致。例如某建筑公司确定的质量方针是"遵纪守法，交优良工程；信守合同，让业主满意；坚持改进，达行业先进"。质量目标是"单位工程竣工验收一次合格率100％；工期履约率100％；顾客满意率100％"。

2. 承包合同

承包合同是承包人制订质量计划的关键依据。因为它书面说明了主要的项目可交付成果和项目目标，明确了项目有关各方的主要需求。承包合同中还经常包含可能影响质量计划的技术要点和其他注意事项的详细内容。

3. 标准和规则

项目管理人员在制订质量计划时必须考虑到特定领域中可能影响到项目的标准和规则。例如，制定项目质量验收计划时，建筑工程的分部、分项工程划分宜按《建筑工程施工质量验收统一标准》采用。

4. 其他过程的输出

在制定项目质量计划时，除了要考虑到上述三项内容以外，还要考虑项目管理其他过程的输出内容。例如，在制定项目质量计划时，还要考虑到项目采购计划的输出，从而对分包商或供应商提出相应的质量要求。

二、质量计划的工具和技术

1. 效益成本分析

质量既可以为组织带来利益，同样也需要组织为此付出代价。项目团队在制定其质量计划时，必须要权衡项目质量的效益和成本，也就是要进行成本效益分析。

质量为组织带来的效益表现为：高质量产品和服务的高价格、高竞争力；有效的质量保证体系所带来的低废品率和返修率，以及市场声誉和客户忠诚度的提高等等。

根据经济学的边际收益递减和边际成本递增的原理，可以得到如图5-2所示的成本质量曲线和收益成本曲线。

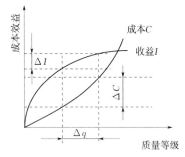

图5-2　质量等级提高的效益成本分析

从图5-2可见，当质量等级改进为Δq时，质量效益会增加ΔI，相应地，质量成本也会增加ΔC。令$\beta=\dfrac{\Delta I}{\Delta C}$。显然，当$\beta>1$时，质量改进是可取的；当$\beta<1$时，质量改进则是不可取的；当$\beta=1$时，如果这种质量改进是对社会有益的，也是可取的，否则就是不必要的。

2. 质量成本分析

组织为了保证和改善其产品和服务的质量，需要付出成本代价。根据ISO 8402：1994对质量成本的定义，所谓质量成本是"为了确保和保证满意的质量而发生的费用以及没有达到质量所造成的损失"。

根据上述定义，一般将质量成本分成两个部分：运行质量成本和外部质量保证成本。运行质量成本又包括预防成本、鉴定成本、内部损失成本、外部损失成本四部分。其中，前两项之和统称为可控成本，后两项之和统称为损失成本或结果成本。质量与成本之间的关系可用图5-3说明。

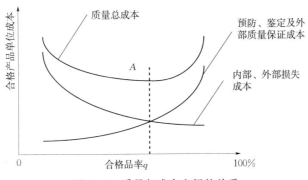

图 5-3 质量与成本之间的关系

实践表明，产品因质量而带来的内外部损失成本之和 C_1 是随产品质量水平的提高而单调下降；而为了提高质量水平而支出的预防和鉴定检查成本之和 C_2 随产品质量水平的提高而单调上升。C_1 与 C_2 的和 C 构成了产品的质量总成本。可以证明，一定存在一个最佳质量控制点。进一步还可以证明，总质量成本 C 的最低点一定是 C_1 与 C_2 的相交点。

根据上述分析，可以将质量等级水平以图 5-4 中的 A 点为中心划分为三个区域，分别为质量改进区、控制区（或适宜区）和至善论区域。

Ⅰ区是质量改进区：该区域损失成本大于 70%，而预防成本小于 10%，在这个区域中的质量成本偏高主要是由于质量管理水平低所造成的。为此，企业应加强质量保证工作和检验工作，采取各种预防措施来提高产品质量水平，以减少不良损失，使质量总成本趋于下降。

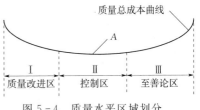

图 5-4 质量水平区域划分

Ⅱ区是质量成本控制区：该区域损失成本约为 50%，预防成本约为 10%，这个区域是质量总成本处于最低水平的区域，如没有更有效的改善措施，企业应把质量工作重点转入到维持和控制现有的产品质量水平上。

Ⅲ区为质量至善论区：该区域损失成本小于 40%，而鉴定成本则大于 50%，此时出现了产品质量过剩，应放宽检验水平或重新审查产品标准。为此，企业应采取抽样检验的方法，减少全检比例以降低鉴定成本或者结合客户实际需要来修订产品标准，消除由于提供不必的质量而增加质量成本。

三、设计质量计划

在设计阶段，建设单位并没有针对项目专门制订质量计划，其对质量的要求体现在设计任务书中。设计任务书是建设单位在研究项目的有关批文及技术资料的基础上，依据批准的可行性报告规定的标准，提出建设项目设计的原则和要求所形成的正式设计要求文件。设计任务书的内容主要包括以下内容：

（1）项目设计的经济技术指标。

（2）总体规划及综合利用的设计要求。

（3）主体工程布置的设计要求。

（4）主体工程施工方案及施工总体布置的设计要求。

（5）临时工程和辅助工程的设计要求。

（6）设备工程和金属结构的设计要求。

（7）施工交通布置要求。

（8）有关具体结构的设计要求等。

设计单位中标后，应根据设计要求文件制定项目质量计划，确保设计质量，使设计项目能更好地满足业主所需要的功能和使用价值，能充分发挥项目投资的经济效益。设计阶段质量计划内容主要包括以下内容：

（1）分析业主对工程的功能要求特点。

（2）明确履行设计合同所必须达到的工程质量总目标及其分解目标。

（3）质量管理组织机构、人员及资源配置计划。

（4）为确保工程质量所采取的设计技术或手段。

（5）多方案比较与设计优化计划。

（6）设计质量控制点的设置和设计成果审查计划。

四、施工质量计划

1. 施工质量计划的内容

在已经建立质量管理体系的情况下，质量计划的内容必须全面体现和落实企业质量管理体系文件的要求，其编制程序、内容和编制依据符合有关规定，同时结合本工程的特点，在质量计划中编写专项管理要求。施工质量计划的内容一般包括以下内容：

（1）工程特点及施工条件（合同条件、法规条件和现场条件等）分析。

（2）质量总目标及其分解目标。

（3）质量管理组织机构和职责，人员及资源配置计划。

（4）确定施工工艺与操作方法的技术方案和施工组织方案。

（5）施工材料、设备等物资的质量管理及控制措施。

（6）施工质量检验、检测、试验工作的计划安排及其实施方法与接收准则。

（7）施工质量控制点及其跟踪控制的方式与要求。

（8）质量记录的要求等。

2. 质量控制点设置

质量控制点是施工质量控制的重点，概括地说，凡是关键技术、重要部位、薄弱环节等，均可列为质量控制点，具体包括以下内容：

（1）施工过程中的关键工序或环节以及隐蔽工程，如预应力张拉工序、钢筋混凝土结构中的钢筋绑扎工序。

（2）施工中的薄弱环节或质量不稳定的工序、部位或对象，例如地下防水工程、屋面与卫生间防水工程。

（3）对后续工程施工或对后续工序质量或安全有重大影响的工序、部位或对象，例如预应力结构中的预应力钢筋质量、模板的支撑与固定等。

（4）采用新技术、新工艺、新材料的部位或环节。

（5）施工上无足够把握的、施工条件困难的或技术难度大的工序或环节，例如复杂曲线模板的放样等。

显然，是否设置为质量控制点，主要是视其对质量特性影响的大小、危害程度以及其质量保证的难度大小而定。表5-1是质量控制点的一般位置示例。

表5-1　　　　　　　　　　　　质量控制点的设置位置表

分项工程	质 量 控 制 点
工程测量定位	标准轴线桩、水平桩、龙门板、定位轴线、标高
地基、基础（含设备基础）	基坑（槽）尺寸、标高、土质、地基承载力，基础垫层标高，基础位置、尺寸、标高，预留孔洞、预埋件的位置、规格、数量，基础标高、杯底弹线
砌体	砌体轴线、皮数杆、砂浆配合比、预留孔洞、预埋件位置、数量，砌块排列
模板	位置、尺寸、标高，预埋件位置，预留孔洞尺寸、位置，模板强度及稳定性，模板内部清理及润湿情况
钢筋混凝土	水泥品种、强度等级，砂石质量，混凝土配合比，外加剂比例，混凝土振捣，钢筋品种、规格、尺寸、搭接长度，钢筋焊接，预留孔洞及预埋件规格、数量、尺寸、位置，预制构件吊装或出场（脱模）强度，吊装位置、标高、支撑长度、焊缝长度
吊装	吊装设备起重能力、吊具、索具、地锚
钢结构	翻样图、放大样
焊接	焊接条件、焊接工艺
装修	视具体情况而定

3. 编制质量预控措施

所谓工程质量预控，就是针对所设置的质量控制点或分部、分项工程，事先分析施工中可能发生的质量问题和隐患，分析可能产生的原因，并提出相应的对策，采取有效的措施进行预先控制，以防在施工中发生质量问题。

质量预控及对策的表达方式主要有：①文字表达；②用表格形式表达；③解析图形式表达。表5-2用简表形式分析了混凝土灌注桩在施工中可能发生的主要质量问题和隐患，并针对各种可能发生的质量问题，提出了相应的预控措施。

表5-2　　　　　　　　　　　　混凝土灌注桩质量预控表

可能发生的质量问题	质 量 预 控 措 施
孔斜	督促施工单位在钻孔前对钻机认真整平
混凝土强度达不到要求	随时抽查原料质量；混凝土配合比经监理工程师审批确认；评定混凝土强度；按月向监理报送评定结果
缩颈、堵管	督促施工单位每桩测定混凝土坍落度2次，每20～50cm测定一次混凝土浇筑高度，随时处理
断桩	准备足够数量的混凝土供应机械（搅拌机等），保证连续不断的灌注
钢筋笼上浮	掌握泥浆比重和灌注速度，灌注前做好钢筋笼的固定

第三节 工程项目质量控制

一、勘察设计质量控制

(一) 勘察质量控制

1. 勘察阶段划分

工程勘察的主要任务是按勘察阶段的要求，正确反映工程地质条件，提出岩土工程评价，为设计、施工提供依据。工程勘察工作一般分三个阶段，即可行性研究勘察、初步勘察、详细勘察。当工程地质条件复杂或有特殊施工要求的重要工程，应进行施工勘察。

(1) 可行性研究勘察。指在分析已有资料的基础上，进行现场踏勘，必要时，还可进行工程地质测绘和少量勘探工作，对拟选场址的稳定性和适宜性作出岩土工程评价，进行技术经济论证和方案比较，满足确定场地方案的要求。

(2) 初步勘察。指在可行性研究勘察的基础上，对场地内建筑地段的稳定性作出岩土工程评价，并为确定建筑总平面布置、主要建筑物地基基础方案及对不良地质现象的防治工作方案进行论证，满足初步设计或扩大初步设计的要求。

(3) 详细勘察。应对地基基础处理与加固、不良地质现象的防治工程进行岩土工程计算与评价，满足施工图设计的要求。

(4) 施工勘察。施工阶段对工程地质问题进行勘察，提出相应的工程地质资料以制定施工方案，以及工程竣工后一些必要的勘察工作 (如检验地基加固效果等) 都属于施工勘察的内容。

2. 勘察质量控制要点

(1) 选择工程勘察单位。按照国家的有关规定，建设单位应委托具有相应资质等级的工程勘察单位承担勘察业务工作，委托可采用竞选委托、直接委托或招标三种方式，其中竞选委托可以采取公开竞选或邀请竞选的形式，招标也可采用公开招标和邀请招标形式。建设单位原则上应将整个建设工程项目的勘察业务委托给一个勘察单位，也可以根据勘察业务的专业特点和技术要求分别委托几个勘察单位。

(2) 勘察工作方案审查和控制。工程勘察单位在实施勘察工作之前，应结合各勘察阶段的工作内容和深度要求，按照有关规范、规程的规定，结合工程的特点编制勘察工作方案 (勘察纲要)。勘察工作方案应由项目负责人主持编写，由勘察单位技术负责人审批、签字并加盖公章，报监理机构审查。

勘察工作方案要体现规划、设计意图，如实反映现场的地形和地质概况，满足任务书上深度和合同工期的要求，勘察方案要合理，人员、机具配备满足需要，项目技术管理制度健全，各项工作质量责任明确。监理机构应按上述编制要求对勘察工作方案进行认真审查。

(3) 勘察现场作业的质量控制。在工程勘察现场，主要质量控制要点如下:

1) 现场作业人员要持证上岗。

2) 严格执行勘察工作方案及有关操作规程。

3）原始记录表格应按要求认真填写，并经有关人员检查签字。

4）勘察仪器、设备、机具应通过计量认证，严格执行管理程序。

5）项目负责人应对作业现场进行指导、监督和检查。

（4）勘察文件的质量控制。勘察文件资料的审核与评定是勘察阶段质量控制的重要工作。其质量控制的一般要求如下：

1）工程勘察资料、图表、报告等文件要依据工程类别按有关规定执行各级审核、审批程序，并由负责人签字。

2）工程勘察成果应齐全、可靠，满足国家有关法规及技术标准和合同规定的要求。

3）工程勘察成果必须严格按照质量管理有关程序进行检查和验收，质量合格方能提供使用。对工程勘察成果的检查验收和质量评定应当执行国家、行业和地方有关工程勘察成果检查验收评定的规定。

（5）后期服务质量保证。勘察文件交付后，根据工程建设的进展情况，勘察单位应做好施工阶段的勘察配合及验收工作，对施工过程中出现的地质问题要进行跟踪服务，做好监测、回访。特别是要及时参加验槽、基础工程验收和工程竣工验收及与地基基础有关的工程事故处理工作，保证整个工程建设的总体目标得以实现。

（6）勘察技术档案管理。工程项目完成后，勘察单位应将全部资料，特别是质量审查、监督主要依据的原始资料，分类编目，归档保存。

（二）设计质量控制

1. 设计质量控制的主要任务

（1）审查设计基础资料的正确性和完整性。

（2）编制设计招标文件或方案竞赛文件，组织设计招标或方案竞赛。

（3）审查设计方案的先进性和合理性，确定最佳设计方案。

（4）督促设计单位完善质量管理体系，建立内部专业交底及会签制度。

（5）进行设计质量跟踪检查，控制设计图纸的质量。

（6）组织施工图会审。

（7）评定、验收设计文件。

2. 设计文件的审查

监理机构要定期地对设计文件进行审核，必要时，对计算书进行核查，发现不符合质量标准和要求的，指令设计单位修改，直至符合标准为止。主要检查内容如下：

（1）设计标准及主要技术参数是否合理。

（2）是否满足使用功能要求。

（3）地基处理与基础形式的选择。

（4）结构选型及抗震设防体系。

（5）建筑防火、安全疏散、环境保护及卫生的要求。

（6）特殊的要求，如工艺流程、人防、暖通、防腐蚀、防辐射、恒温、恒湿、防磁、防电波等。

（7）其他需要专门审查的内容。

二、施工质量控制

工程项目施工是使工程设计意图最终实现并形成工程实体的阶段，是最终形成工程产品质量和工程项目使用价值的重要阶段，是工程项目质量控制的重点阶段。施工阶段的质量控制按工程实体质量形成的时间可划分为施工准备质量控制、施工过程质量控制和竣工验收质量控制，如图 5-5 所示。

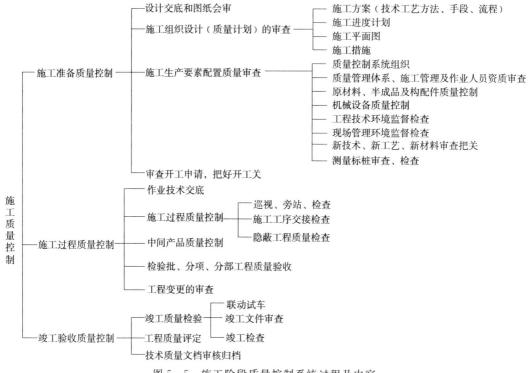

图 5-5　施工阶段质量控制系统过程及内容

（一）施工准备质量控制

施工准备质量控制是指工程项目开工前的全面施工准备和施工过程中各分部分项工程施工作业前的施工准备，此外，还包括季节性的特殊施工准备，这是确保施工质量的先决条件。施工准备质量控制主要包括图纸会审与设计交底、施工组织设计的审查、施工生产要素配置质量检查及审查开工申请等内容。

1. 图纸会审和设计交底

（1）图纸会审。图纸会审是指监理单位组织施工单位以及建设单位、材料、设备供货等相关单位，在收到施工图设计文件后，在设计交底前进行的全面细致熟悉和审查施工图纸的活动。其目的有两点：一是及时发现图纸中可能存在的差错；二是使各参建单位熟悉设计图纸，了解工程特点和设计意图，找出需要解决的技术难题，并制定解决方案。图纸会审一般包括以下内容：

1）是否无证设计或越级设计，图纸是否经设计单位正式签署。

2）地质勘探资料是否齐全。

3）设计图纸与说明是否齐全，有无分期供图的时间表。

4）设计地震烈度是否符合当地要求。

5）几个设计单位共同设计的图纸相互间有无矛盾，专业图纸之间、平立剖面图之间有无矛盾，标注有无遗漏。

6）总平面与施工图的几何尺寸、平面位置、标高等是否一致。

7）防火、消防是否满足要求。

8）建筑结构与各专业图纸本身是否有差错及矛盾，结构图与建筑图的平面尺寸及标高是否一致，建筑图与结构图的表示方法是否清楚，是否符合制图标准，预埋件是否表示清楚，有无钢筋明细表，钢筋的构造要求在图中是否表示清楚。

9）施工图中所列各种标准图册，施工单位是否具备。

10）材料来源有无保证，能否代换，图中所要求的条件能否满足，新材料、新技术的应用有无问题。

11）地基处理方法是否合理，建筑与结构构造是否存在不能施工、不便于施工的技术。

12）电气线路、设备装置、运输道路与建筑物之间或相互间有无矛盾，布置是否合理。

13）施工安全、环境卫生有无保证等。

图纸会审一般由监理单位负责组织，施工单位、建设单位等相关参建单位参加。图纸会审结束后，由施工单位整理会议纪要，并将各参建单位提出的问题整理成问题清单，在设计交底前交由设计单位。见表5-3。

表5-3 图 纸 会 审 记 录

工程名称			结构形式	
设计单位			施工单位	
建设单位			会审日期	
参加人员签字	设计单位			
	建设单位			
	施工单位			
内　　容				
序号	图号	会审问题		会审结论
填表单位			制表人	

（2）设计交底。设计交底是指在施工图完成并经有关审查机构审查合格后，设计单位在设计文件交付施工时，按法律规定的义务就施工图设计文件向施工单位和监理单位作出详细说明的活动。其目的是让施工单位和监理单位能正确了解设计意图，加深对设计文件特点、难点、疑点的理解，掌握关键工程部位的质量要求。设计交底的主要内容一般

如下：

1）施工图设计文件总体介绍。

2）设计的意图说明。

3）特殊的工艺要求。

4）建筑、结构、工艺、设备等各专业在施工中的难点、疑点和容易发生的问题说明。

5）对建设单位、监理单位、施工单位等对设计图纸疑问的解释。

设计交底一般由建设单位负责组织，设计单位先进行设计交底，然后转入对图纸会审问题清单的解答。设计交底活动结束后，由设计单位整理会议纪要，与会各方签字后，即成为施工的依据之一。

2. 施工组织设计文件审查

（1）施工组织设计的审查程序。工程项目开工之前，总监理工程师应组织专业监理工程师审查施工单位编制的施工组织设计并提出审查意见，再经总监理工程师审核、签认后报建设单位。施工组织设计已包括了质量计划的主要内容，因此，监理工程师对施工组织设计的审查也同时包括了对质量计划的审查。具体审查程序如下：

1）在工程项目开工前约定的时间内，施工单位必须完成施工组织设计的编制及内部自审批准工作，然后报送项目监理机构审定。

2）总监理工程师在约定的时间内，组织专业监理工程师审查，提出意见后，由总监理工程师审核签认。需要施工单位修改时，由总监理工程师签发书面意见，退回施工单位修改后再报审，总监理工程师重新审查。

3）已审定的施工组织设计由项目监理机构报送建设单位。

4）施工单位应按审定的施工组织设计文件组织施工。如需对其内容做较大的变更，应在实施前将变更内容书面报送项目监理机构审核。

5）对于规模大、结构复杂或属新结构、特种结构的工程，项目监理机构对施工组织设计审查后，还应报送监理单位技术负责人审查，提出审查意见后由总监理工程师签发，必要时与建设单位协商，组织有关专业部门和有关专家会审。

6）规模大或工艺复杂的工程、群体工程或分期出图的工程，经总监理工程师批准可分阶段报审施工组织设计；技术复杂或采用新技术的分部、分项工程，施工单位还应编制该分部、分项工程的专项施工方案，报项目监理机构审查。

（2）审查施工组织设计时应掌握的原则。

1）施工组织设计的编制、审查和批准应符合规定的程序。

2）施工组织设计应符合国家的技术政策，充分考虑承包合同规定的条件、施工现场条件及法规条件的要求，突出"质量第一、安全第一"的原则。

3）施工组织设计的针对性。施工单位是否了解并掌握了本工程的特点及难点，施工条件分析是否充分。

4）施工组织设计的可操作性。施工单位是否有能力执行并保证工期和质量目标；该施工组织设计是否切实可行。

5）技术方案的先进性。施工组织设计采用的技术方案和措施是否先进适用，技术是否成熟。

6）质量管理和技术管理体系、质量保证措施是否健全且切实可行。

7）安全、环保、消防和文明施工措施是否切实可行并符合有关规定。

8）在满足合同和法规要求的前提下，对施工组织设计的审查，应尊重施工单位的自主技术决策和管理决策。

（3）施工组织设计审查的注意事项。

1）在施工顺序上应符合先地下、后地上；先土建、后设备；先主体、后围护的基本规律。所谓先地下、后地上是指地上工程开工前，应尽量把管道、线路等地下设施和土方与基础工程完成，以避免干扰，造成浪费、影响质量。此外，施工流向要合理，即平面和立面上都要考虑施工的质量保证与安全保证，考虑使用的先后和区段的划分，与材料、构配件的运输不发生冲突等。

2）施工方案与施工进度计划的一致性。施工进度计划的编制应以确定的施工方案为依据，正确体现施工的总体部署、流向顺序及工艺关系等。

3）施工方案与施工平面图布置的协调一致。施工平面图的静态布置内容，如临时施工供水供电供热、供气管道、施工道路、临时办公房屋、物资仓库等，以及动态布置内容，如施工材料模板、工具器具等，应做到布置有序，有利于各阶段施工方案的实施。

3. 施工生产要素配置质量审查

（1）现场质量管理体系的审查。施工单位健全的质量管理体系，对于取得良好的施工效果具有重要作用。施工单位应在规定时间内向监理工程师报送现场质量管理体系的有关资料，包括组织机构、各项制度、管理人员、专职质检员、特种作业人员的资格证、上岗证等。监理工程师对报送的相关资料进行审核，并进行实地检查。经审核，施工单位的质量管理体系满足工程质量管理的需要，总监理工程师予以确认；对于不合格人员，总监理工程师有权要求施工单位予以撤换，对于不健全、不完善之处有权要求施工单位尽快整改。

（2）施工人员的质量控制。施工企业必须坚持执业资格注册制度和作业人员持证上岗制度；对所选派的施工项目经理、技术人员、管理人员进行教育和培训，使其质量意识和组织管理能力能满足施工质量控制的要求；对所属一线生产工人进行培训，加强质量意识的教育和技术训练，提高每个作业者的质量活动能力；对分包单位进行严格的资质考核和施工人员的资格考核，其资质、资格必须符合相关法规的规定，与其分包的工程相适应。

（3）材料构配件采购订货的控制。工程所需的原材料、半成品、构配件等都将成为工程的组成部分，其质量的好坏直接影响到建筑产品的质量，因此事先对其质量进行严格控制很有必要。其控制要点如下：

1）凡由施工单位负责采购的原材料、半成品或构配件，在采购订货前应向监理工程师申报；对于重要的材料，还应提交样品，供试验或鉴定使用，有些材料则要求供货单位提交理化试验单（如预应力钢筋的硫、磷含量等），经监理工程师审查认可后，方可进行订货采购。

2）对于半成品或构配件，应按经过审批认可的设计文件和图纸要求采购订货，质量应满足有关标准和设计的要求，交货期应满足施工及安装进度安排的需要。

3）供货厂家是制造材料、半成品、构配件的主体，所以通过考查优选合格的供货厂家，是保证采购、订货质量的前提。为此，大宗的器材或材料的采购应当实行招标采购的方式。

4）对于半成品和构配件的采购订货，监理工程师应提出明确的质量要求，质量检测项目及标准、出厂合格证或产品说明书等质量文件的要求，以及是否需要权威性的质量认证等。

5）某些材料，诸如瓷砖等装饰材料，订货时最好一次订齐和备足货源，以免由于分批而出现色泽不一的质量问题。

6）供货厂方应向需方提供质量文件，用以表明其提供的货物能够完全达到需方提出的质量要求。此外，质量文件也是施工单位（当施工单位负责采购时）将来在工程竣工时应提供的竣工文件的一个组成部分，用以证明工程项目所用的材料或构配件等的质量符合要求。

（4）施工机械配置的控制。施工机械设备是影响施工质量的重要因素，除应检测其技术性能、工作效率、工作质量、安全性能外，还应考虑其形式、型号、性能参数、数量等对施工质量的影响。例如，为保证混凝土连续浇筑，应配备有足够的搅拌机和运输设备；在一些城市建筑施工中，为防止噪声污染，必须采用静力压桩等。此外，要注意设备型式应与施工对象的特点及施工质量要求相适应。例如，对于黏性土的压实，可以采用羊足碾进行分层碾压；但对于砂性土的压实则宜采用振动压实机等类型的机械。在选择机械性能参数方面，也要与施工对象特点及质量要求相适应。例如选择起重机械进行吊装施工时，其起重量、起重高度及起重半径均应满足吊装要求。

1）审查所需的施工机械设备是否按已批准的计划备妥；审查施工现场主要设备的规格、型号是否符合施工组织设计或施工计划的要求；审查所准备的施工机械设备是否都处于完好的可用状态等。对于与批准的计划中所列施工机械不一致，或机械设备的类型、规格、性能不能保证施工质量者，以及维护修理不良，不能保证良好的可用状态者，都不准使用。

2）审查施工机械设备的数量是否足够。例如在大规模的混凝土灌筑时，是否有备用的混凝土搅拌机和振捣设备，以防止由于机械发生故障，使混凝土浇筑工作中断等。

3）对需要定期检定的设备应检查施工单位提供的检定证明。例如测量仪器、检测仪器、磅秤等应按规定进行定期检定。

（5）工艺方案的质量控制。施工工艺的先进合理是直接影响工程质量、工程进度及工程造价的关键因素，施工工艺的合理可靠也直接影响到工程施工安全。因此在工程项目质量控制系统中，制定和采用技术先进、经济合理、安全可靠的施工技术工艺方案，是工程质量控制的重要环节。对施工工艺方案的质量控制主要包括以下内容：

1）深入地分析工程特征、技术关键及环境条件等资料，明确质量目标、验收标准、控制的重点和难点。

2）制定合理有效的有针对性的施工技术方案和组织方案，前者包括施工工艺、施工方法，后者包括施工区段划分、施工流向及劳动组织等。

3）合理选用施工机械设备和施工临时设施，合理布置施工总平面图和各阶段施工平面图。

4）选用和设计保证质量和安全的模具、脚手架等施工设备。

5）编制工程所采用的新材料、新技术、新工艺的专项技术方案和质量管理方案。

6）针对工程具体情况，分析气象、地质等环境因素对施工的影响，制定应对措施。

（6）施工环境因素的控制。环境的因素主要包括施工现场自然环境因素、施工质量管理环境因素和施工作业环境因素。环境因素对工程质量的影响，具有复杂多变和不确定性的特点。要消除其对施工质量的不利影响，主要是采取预测预防的控制方法。

1）对施工现场自然环境因素的控制。对地质、水文等方面影响因素，应根据设计要求，分析工程岩土地质资料，预测不利因素，并会同设计等方面制定相应的措施，采取如基坑降水、排水、加固围护等技术控制方案。

对天气气象方面的影响因素，应在施工方案中制定专项预案，明确在不利条件下的施工措施，落实人员、器材等方面的准备以紧急应对，从而控制其对施工质量的不利影响。

2）对施工质量管理环境因素的控制。施工质量管理环境因素主要指施工单位质量保证体系、质量管理制度和各参建施工单位之间的协调等因素。要根据工程承发包的合同结构，理顺管理关系，建立统一的现场施工组织系统和质量管理的综合运行机制，确保质量保证体系处于良好的状态，创造良好的质量管理环境和氛围，使施工顺利进行，保证施工质量。

3）对施工作业环境因素的控制。施工作业环境因素主要是指施工现场的给水排水条件，各种能源介质供应，施工照明、通风、安全防护设施，施工场地空间条件和通道，以及交通运输和道路条件等因素。要认真实施经过审批的施工组织设计和施工方案，落实保证措施，严格执行相关管理制度和施工纪律，保证上述环境条件良好，使施工顺利进行以及施工质量得到保证。

（7）测量标桩检查审核。工程测量控制是施工施工准备阶段的一项重要内容。施工单位对建设单位提供的原始基准点、基准线和标高等测量控制点要进行复核，并将复测结果报监理工程师审核，经批准后施工单位才能据以进行准确的测量放线，建立施工测量控制网，并应对其正确性负责，同时做好基桩的保护。施工定位放线成果经监理验收，认可签字后，方可进行下一步施工。

4. 审查开工申请

即审查现场开工条件，签发开工报告。监理工程师应审查施工单位报送的工程开工报审表及相关资料，具备开工条件时，由总监理工程师签发，并报建设单位。同时，在总监理工程师向施工单位发出开工通知书时，建设单位应及时按计划保质保量地提供施工单位所需的场地和施工通道以及水、电供应等条件，以保证及时开工，防止承担补偿工期和费用损失的责任。为此，监理工程师应事先检查工程施工所需的场地征用以及道路和水、电是否开通，否则，应督促建设单位努力实现。现场开工应具备的条件包括以下内容：

（1）施工许可证已获政府主管部门批准。

（2）征地拆迁工作能满足工程进度的需要。

（3）施工组织设计已获总监理工程师批准。

（4）施工单位现场管理人员已到位，机具、施工人员已进场，主要工程材料已落实。

（5）进场道路及水、电、通信已满足开工条件。

总监理工程师对于与拟开工工程有关的现场各项施工准备工作进行检查并认为合格后，方可发布书面的开工指令。

（二）施工过程质量控制

1. 施工过程质量控制内容

施工过程质量控制内容包括：作业技术交底，工序质量控制，中间产品质量控制，检验批、分项、分部工程质量验收以及工程变更的审查等。

（1）作业技术交底。施工单位做好技术交底，是取得好的施工质量的条件之一。为此，每一分项工程开始实施前均要进行交底。作业技术交底是对施工组织设计或施工方案的具体化，是更细致、明确、更加具体的技术实施方案，是工序施工或分项工程施工的具体指导文件。为做好技术交底，项目经理部必须由主管技术人员编制技术交底书，并经项目总工程师批准。技术交底的内容包括施工方法、质量要求和验收标准，施工过程中需注意的问题，可能出现意外的措施及应急方案。技术交底要紧紧围绕和具体施工有关的操作者、机械设备、使用的材料、构配件、工艺、方法、施工环境、具体管理措施等方面进行，交底中要明确做什么、谁来做、如何做、作业标准和要求、什么时间完成等。

（2）工序质量控制。工程实体质量是在施工过程中形成的，而不是最后检验出来的，此外，施工过程中影响质量的因素众多，变化最复杂，质量控制的任务与难度也最大。因此，施工过程的质量控制是施工阶段质量控制的重点。

施工过程是由一系列相互联系与制约的工序所构成，因此，施工过程的质量控制必须以工序质量控制为基础和核心。工序质量控制主要包括工序施工条件质量控制和工序施工效果质量控制。

1）工序施工条件质量控制。所谓工序活动条件控制主要是指对于影响工序质量的各种因素进行控制，换言之，就是要使各工序能在良好的条件下进行，以确保工序的质量。工序活动条件控制的内容主要包括：人的因素，如施工操作者和有关人员是否符合上岗要求；材料因素，如材料质量是否符合标准以及能否使用；施工机械设备因素，诸如其规格、性能、数量能否满足要求，质量有无保障；方法因素，如拟采用的施工方法及工艺是否恰当；环境因素，如施工的环境条件是否良好等。笼统地说，这些因素应当符合规定的要求或保持良好状态。

2）工序施工效果控制。工序施工效果的控制主要反映在对工序产品质量性能的特征指标的控制上。主要是指对工序施工的产品采取一定的检测手段进行检验，然后根据检验的结果分析、判断该工序施工的质量（效果）从而实现对工序质量的控制。其控制步骤如下：

a. 实测。即采用必要的检测手段，对抽取的样品进行检验，测定其质量特性指标（例如混凝土的抗拉强度）。

b. 分析。对检验所得的数据通过直方图法、排列图法或管理图法等进行分析，了解这些数据所遵循的规律。

c. 判断。根据数据分布规律分析的结果，如数据是否符合正态分布曲线；是否在上下控制线之间；是否在公差（质量标准）规定的范围内；是属正常状态或异常状态；是偶然性因素引起的质量变异，还是系统性因素引起的质量变异等。对整个工序的质量予以判断，从而确定该道工序是否达到质量标准。

d. 纠正或认可。如发现质量不符合规定标准，应寻找原因并采取措施纠正；如果质量符合要求则予以确认。

步骤 a 涉及抽样的基本理论，步骤 b、c 涉及质量分析的工具和方法，具体内容详见本章第四节相关部分。

（3）检验批、分项、分部工程质量验收。

1）质量验收要求。

a. 工程质量验收均应在施工单位自检合格的基础上进行。

b. 参加工程施工质量验收的各方人员应具备相应的资格。

c. 检验批的质量应按主控项目和一般项目验收。

d. 对涉及结构安全、节能、环境保护和主要使用功能的试块、试件及材料，应在进场时或施工中按规定进行见证检验。

e. 隐蔽工程在隐蔽前应由施工单位通知监理单位进行验收，并应形成验收文件，验收合格后方可继续施工。

f. 对涉及结构安全、节能、环境保护和使用功能的重要分部工程应在验收前按规定进行抽样检验。

g. 工程的观感质量应由验收人员现场检查，并应共同确认。

2）质量验收合格规定。

a. 检验批质量验收。检验批指按同一的生产条件或按规定的方式汇总起来供检验用的，由一定数量样本组成的检验体。检验批是工程验收的最小单位，是整个建筑工程质量验收的基础。检验批质量验收合格应符合下列规定：①主控项目和一般项目的质量经抽样检验合格；②具有完整的施工操作依据、质量检查记录。

主控项目是保证工程安全和使用功能的重要检验项目，是对安全、卫生、环境保护和公众利益起决定性作用的检验项目，它决定该检验批的主要性能。例如，混凝土、砂浆的强度，钢结构的焊缝强度等。一般项目指除主控项目以外的检验项目。一般项目虽不像主控项目那样重要，但它对项目的使用功能、建筑美观等仍然有较大影响。

检验批的质量合格与否主要取决于对主控项目和一般项目的检验结果，但主控项目的检验结果具有否决权。检验批质量验收记录应按表 5-4 的格式填写。检验批应由专业监理工程师组织施工单位项目专业质量检查员、专业工长等进行验收。

b. 分项工程质量验收。分项工程由一个或若干个检验批组成。分项工程的质量验收在检验批质量验收的基础上进行。分项工程质量验收合格应符合下列规定：①分项工程所含的检验批均应符合合格质量规定；②分项工程所含的检验批的质量验收记录应完整。

分项工程质量应由专业监理工程师组织施工单位项目专业技术负责人等进行验收，并按表5-5记录。

表5-4 检验批质量验收记录

单位（子单位）工程名称		分部（子分部）工程名称		分项工程名称	
施工单位		项目负责人		检验批容量	
分包单位		分包单位项目负责人		检验批部位	
施工依据			验收依据		

		验收项目	设计要求及规范规定	最小/实际抽样数量	检查记录	检查结果
主控项目	1					
	2					
	3					
	4					
	5					
	6					
	7					
	8					
	9					
	10					
一般项目	1					
	2					
	3					
	4					
	5					
施工单位检查结果			专业工长： 项目专业质量检查员： 年 月 日			
监理单位验收结论			专业监理工程师： 年 月 日			

表 5-5 分项工程质量验收记录

单位（子单位）工程名称		分部（子分部）工程名称			
分项工程数量		检验批数量			
施工单位		项目负责人		项目技术负责人	
分包单位		分包单位项目负责人		分包内容	

序号	检验批名称	检验批容量	部位/区段	施工单位检查结果	监理单位验收结论
1					
2					
3					
4					
5					
6					
7					
8					
9					
10					
11					
12					
13					
14					
15					

说明：

施工单位检查结果	项目专业技术负责人： 年 月 日
监理单位验收结论	专业监理工程师： 年 月 日

c. 分部工程质量验收。分部工程质量验收是在其所含分项工程质量验收的基础上进行。分项工程质量验收合格应符合下列规定：①所含分项工程的质量均应验收合格；②质

量控制资料应完整；③有关安全、节能、环境保护和主要使用功能的抽样检验结果应符合相应规定；④观感质量应符合要求。

所谓观感质量指通过观察和必要的测试所反映的工程外在质量和功能状态。观感质量验收由个人凭主观印象作出判断，评价的结论为"好""一般"和"差"三种。

涉及安全和使用功能的地基基础、主体结构、有关安全及重要使用功能的安装分部工程，应进行有关见证取样送样试验或抽样检测。

分部工程应由总监理工程师组织施工单位项目负责人和项目技术负责人等进行验收并按表5-6记录。

表5-6　　　　　　　　　　　分部工程质量验收记录

单位（子单位）工程名称		子分部工程数量		分项工程数量	
施工单位		项目负责人		技术（质量）负责人	
分包单位		分包单位负责人		分包内容	
序号	子分部工程名称	分项工程名称	检验批数量	施工单位检查结果	监理单位验收结论
1					
2					
3					
4					
5					
6					
质量控制资料					
安全和功能检验结果					
观感质量检验结果					
综合验收结论					

施工单位	勘察单位	设计单位	监理单位
项目负责人： 　　　年　月　日	项目负责人： 　　　年　月　日	项目负责人： 　　　年　月　日	总监理工程师： 　　　年　月　日

（4）工程变更的审查。施工过程中，由于前期勘察设计的原因，或由于外界自然条件的变化，未探明的地下障碍物、管线、文物、地质条件，以及施工工艺方面的限制、建设

单位要求的改变等，均会涉及工程变更。做好工程变更的控制工作，也是施工过程质量控制的一项重要内容。

工程变更的要求可能来自建设单位、设计单位或施工单位。为确保工程质量，不同情况下，工程变更的实施、设计图纸的澄清、修改，具有不同的工作程序。

1）施工单位的要求及处理。在施工过程中施工单位提出的工程变更要求可能是：①要求作某些技术修改；②要求作设计变更。

a. 对技术修改要求的处理。所谓技术修改，这里是指施工单位根据施工现场具体条件和自身的技术、经验和施工设备等条件，在不改变原设计图纸和技术文件的原则前提下，提出的对设计图纸和技术文件的某些技术上的修改要求，例如，对某种规格的钢筋采用替代规格的钢筋、对基坑开挖边坡的修改等。

施工单位提出技术修改的要求时，应向项目监理机构提交《工程变更单》，在该表中应说明要求修改的内容及原因或理由，并附图和有关文件。

技术修改问题一般可以由专业监理工程师组织施工单位和现场设计代表参加，经各方同意后签字并形成纪要，作为工程变更单附件，经总监批准后实施。

b. 工程变更的要求。这种变更是指施工期间，对于设计单位在设计图纸和设计文件中所表达的设计标准状态的改变和修改。

首先，施工单位应就要求变更的问题填写《工程变更单》，送交项目监理机构。总监理工程师根据施工单位的申请，经与设计、建设、施工单位研究并作出变更的决定后，签发《工程变更单》，并应附有设计单位提出的变更设计图纸。施工单位签收后按变更后的图纸施工。

总监理工程师在签发《工程变更单》之前，应就工程变更引起的工期改变及费用的增减分别与建设单位和施工单位进行协商，力求达成双方均能满意的结果。

这种变更，一般均会涉及设计单位重新出图的问题。

如果变更涉及结构主体及安全，该工程变更还要按有关规定报送施工图原审查单位进行审批，否则变更不能实施。

2）设计单位提出变更的处理。

a. 设计单位首先将《设计变更通知》及有关附件报送建设单位。

b. 建设单位会同监理、施工单位对设计单位提交的《设计变更通知》进行研究，必要时设计单位尚需提供进一步的资料，以便对变更作出决定。

c. 总监理工程师签发《工程变更单》，并将设计单位发出的《设计变更通知》作为该《工程变更单》的附件，施工单位按新的变更图实施。

3）建设单位（监理工程师）要求变更的处理。

a. 建设单位（监理工程师）将变更的要求通知设计单位，如果在要求中包括有相应的方案或建议，则应一并报送设计单位，否则，变更要求由设计单位研究解决。在提供审查的变更要求中，应列出所有受该变更影响的图纸、文件清单。

b. 设计单位对《工程变更单》进行研究。如果在"变更要求"中附有建议或解决方案时，设计单位应对建议或解决方案的所有技术方面进行审查，并确定它们是否符合设计要求和实际情况，然后书面通知建设单位，说明设计单位对该解决方案的意见，并将与该修改变更有关的图纸、文件清单返回给建设单位，说明自己的意见。

如果该《工程变更单》未附有建议的解决方案，则设计单位应对该要求进行详细的研究，并准备出自己对该变更的建议方案，提交建设单位。

c. 根据建设单位的授权监理工程师研究设计单位所提交的建议设计变更方案或其对变更要求所附方案的意见，必要时会同有关的施工单位和设计单位一起进行研究，也可进一步提供材料，以便对变更做出决定。

d. 建设单位作出变更的决定后由总监理工程师签发《工程变更单》，指示施工单位按变更的决定组织施工。

应当指出的是，监理工程师对于无论哪一方提出的现场工程变更要求，都应持十分谨慎的态度。除非是原设计不能保证质量要求，或确有错误，以及无法施工或非改不可之外，一般情况下即使变更要求可能在技术经济上是合理的，也应全面考虑，将变更以后所产生的效益（质量、工期、造价）与现场变更往往会引起施工单位的索赔等所产生的损失加以比较，权衡轻重后再作出决定，况且这种变更往往并不一定能达到预期的愿望和效果。

需注意的是在工程施工过程中，无论是建设单位或者施工及设计单位提出的工程变更或图纸修改，都应通过监理工程师审查并经有关方面研究，确认其必要性后，由总监理工程师发布变更指令方能生效予以实施。

2. 施工过程质量控制手段

现场质量检查是施工作业质量控制的主要手段。

（1）现场质量检查的内容。

1）开工前的检查。主要检查是否具备开工条件，开工后是否能够保持连续正常施工，能否保证工程质量。

2）工序交接检查。对于重要的工序或对工程质量有重大影响的工序，应严格执行"三检"制度（即自检、互检、专检），未经监理工程师（或建设单位技术负责人）检查认可，不得进行下道工序施工。

3）隐蔽工程的检查。施工中凡是隐蔽工程必须检查认证后方可进行隐蔽掩盖。

4）停工后复工的检查。因客观因素停工或处理质量事故等停工复工时，经检查认可后方能复工。

5）分项、分部工程完工后的检查。应经检查认可，并签署验收记录后，才能进行下一分项、分部工程的施工。

6）成品保护的检查。检查成品有无保护措施以及保护措施是否有效可靠。

（2）现场质量检查的方法。

1）目测法。即凭借感官进行检查，也称观感质量检验，其手段可概括为"看、摸、敲、照"四个字。

2）实测法。就是通过实测数据与施工规范、质量标准的要求及允许偏差值进行对照，以此判断质量是否符合要求，其手段可概括为"靠、量、吊、套"四个字。

3）试验法。是指通过必要的试验手段对质量进行判断的检查方法，主要包括如下内容：

　　a. 理化试验。工程中常用的理化试验包括物理力学性能方面的检验和化学成分及化学性能的测定等两个方面。物理力学性能的检验，包括各种力学指标的测定，如抗拉强度、抗压强度等，以及各种物理性能方面的测定，如密度、含水量等。化学成分及化学性质的测定，如钢筋中的磷、硫含量等。此外，根据规定有时还需进行现场试验，例如，对桩或地基的静载试验、下水管道的通水试验、压力管道的耐压试验、防水层的蓄水或淋水试验等。

　　b. 无损检测。利用专门的仪器仪表从表面探测结构物、材料、设备的内部组织结构或损伤情况。常用的无损检测方法有超声波探伤、X射线探伤、γ射线探伤等。

　　（三）竣工验收质量控制

　　1. 单位工程质量验收

　　单位工程完工后，施工单位应组织有关人员进行自检。总监理工程师应组织各专业监理工程师对工程质量进行竣工预验收。存在施工质量问题时，应由施工单位整改。整改完毕后，由施工单位向建设单位提交工程竣工报告，申请工程竣工验收。

　　建设单位收到工程竣工报告后，应由建设单位项目负责人组织监理、施工、设计、勘察等单位项目负责人进行单位工程验收并按表5-7记录。

表5-7　　　　　　　　　　　　单位工程质量竣工验收记录

工程名称		结构类型		层数/建筑面积	
施工单位		技术负责人		开工日期	
项目负责人		项目技术负责人		完工日期	
序号	项目	验收记录		验收结论	
1	分部工程验收	共分部，经查符合设计及标准规定分部			
2	质量控制资料核查	共项，经核查符合规定项			
3	安全和使用功能核查及抽查结果	共核查项，符合规定项，共抽查项，符合规定项，经返工处理符合规定项			
4	观感质量验收	共抽查项，达到"好"和"一般"的项，经返修处理符合要求的项			
综合验收结论					

参加验收单位	建设单位	监理单位	施工单位	设计单位	勘察单位
	（公章） 项目负责人： 年 月 日	（公章） 总监理工程师： 年 月 日	（公章） 项目负责人： 年 月 日	（公章） 项目负责人： 年 月 日	（公章） 项目负责人： 年 月 日

单位工程质量验收合格应符合下列规定：

（1）所含分部工程的质量均应验收合格。

（2）质量控制资料应完整。

（3）所含分部工程中有关安全、节能、环境保护和主要使用功能的检验资料应完整。

（4）主要使用功能的抽查结果应符合相关专业验收规范的规定。

（5）观感质量应符合要求。

2. 验收不符合要求的处理

当建筑工程施工质量不符合要求时，应按下列规定进行处理：

（1）经返工或返修的检验批，应重新进行验收。

（2）经有资质的检测机构检测鉴定能够达到设计要求的检验批，应予以验收。

（3）经有资质的检测机构检测鉴定达不到设计要求、但经原设计单位核算认可能够满足安全和使用功能的检验批，可予以验收。

（4）经返修或加固处理的分项、分部工程，满足安全及使用功能要求时，可按技术处理方案和协商文件的要求予以验收。工程质量控制资料应齐全完整，当部分资料缺失时，应委托有资质的检测机构按有关标准进行相应的实体检验或抽样试验。

（5）经返修或加固处理仍不能满足安全或重要使用功能的分部工程及单位工程，严禁验收。

三、工程质量事故处理

按照住房和城乡建设部《关于做好房屋建筑和市政基础设施工程质量事故报告和调查处理工作的通知》（建质〔2010〕111号）的规定，工程质量事故是指由于建设、勘察、设计、施工、监理等单位违反工程质量有关法律法规和工程建设标准，使工程产生结构安全、重要使用功能等方面的质量缺陷，造成人身伤亡或者重大经济损失的事故。工程质量事故的分类有多种方法，不同专业工程类别对工程质量事故的等级划分也不尽相同。

（一）质量事故的等级划分

住房和城乡建设部《关于做好房屋建筑和市政基础设施工程质量事故报告和调查处理工作的通知》根据工程质量事故造成的人员伤亡或者直接经济损失，将工程质量事故分为4个等级：

（1）特别重大事故，是指造成30人以上死亡，或者100人以上重伤，或者1亿元以上直接经济损失的事故。

（2）重大事故，是指造成10人以上30人以下死亡，或者50人以上100人以下重伤，或者5000万元以上1亿元以下直接经济损失的事故。

（3）较大事故，是指造成3人以上10人以下死亡，或者10人以上50人以下重伤，或者1000万元以上5000万元以下直接经济损失的事故。

（4）一般事故，是指造成3人以下死亡，或者10人以下重伤，或者100万元以上1000万元以下直接经济损失的事故。

（二）施工质量事故的处理的程序

1. 事故报告

（1）工程质量事故发生后，事故现场有关人员应当立即向工程建设单位负责人报告；

工程建设单位负责人接到报告后,应于1h内向事故发生地县级以上人民政府住房和城乡建设主管部门及有关部门报告。情况紧急时,事故现场有关人员可直接向事故发生地县级以上人民政府住房和城乡建设主管部门报告。

(2)住房和城乡建设主管部门接到事故报告后,应当依照相关规定逐级上报事故情况,并同时通知公安、监察机关等有关部门,逐级上报事故情况时,每级上报时间不得超过2h。

(3)事故报告应包括下列内容:

1)事故发生的时间、地点、工程项目名称、工程各参建单位名称。

2)事故发生的简要经过、伤亡人数(包括下落不明的人数)和初步估计的直接经济损失。

3)事故的初步原因。

4)事故发生后采取的措施及事故控制情况。

5)事故报告单位、联系人及联系方式。

6)其他应当报告的情况。

(4)事故报告后出现新情况,以及事故发生之日起30d内伤亡人数发生变化的,应当及时补报。

2. 事故调查

(1)住房和城乡建设主管部门应当按照有关人民政府的授权或委托,组织或参与事故调查组对事故进行调查,并履行下列职责:

1)核实事故基本情况,包括事故发生的经过、人员伤亡情况及直接经济损失。

2)核查事故项目基本情况,包括项目履行法定建设程序情况、工程各参建单位履行职责的情况。

3)依据国家有关法律法规和工程建设标准分析事故的直接原因和间接原因,必要时组织对事故项目进行检测鉴定和专家技术论证。

4)认定事故的性质和事故责任。

5)依照国家有关法律法规提出对事故责任单位和责任人员的处理建议。

6)总结事故教训,提出防范和整改措施。

7)提交事故调查报告。

(2)事故调查报告应当包括下列内容:

1)事故项目及各参建单位概况。

2)事故发生经过和事故救援情况。

3)事故造成的人员伤亡和直接经济损失。

4)事故项目有关质量检测报告和技术分析报告。

5)事故发生的原因和事故性质。

6)事故责任的认定和事故责任者的处理建议。

7)事故防范和整改措施。

事故调查报告应当附具有关证据材料。事故调查组成员应当在事故调查报告上签名。

3. 事故处理

（1）住房和城乡建设主管部门应当依据有关人民政府对事故调查报告的批复和有关法律法规的规定，对事故相关责任者实施行政处罚。处罚权限不属本级住房和城乡建设主管部门的，应当在收到事故调查报告批复后 15 个工作日内，将事故调查报告（附具有关证据材料）、结案批复、本级住房和城乡建设主管部门对有关责任者的处理建议等转送有权限的住房和城乡建设主管部门。

（2）住房和城乡建设主管部门应当依据有关法律法规的规定，对事故负有责任的建设、勘察、设计、施工、监理等单位和施工图审查、质量检测等有关单位分别给予罚款、停业整顿、降低资质等级、吊销资质证书其中一项或多项处罚，对事故负有责任的注册执业人员分别给予罚款、停止执业、吊销执业资格证书、终身不予注册其中一项或多项处罚。

（三）施工质量事故处理的方法

1. 修补处理

当工程的某些部分的质量虽未达到规定的规范、标准或设计的要求，存在一定的缺陷，但经过修补后可以达到要求的质量标准，又不影响使用功能或外观的要求时，可采取修补处理的方法。例如，某些混凝土结构表面出现蜂窝、麻面，经调查分析，该部位经修补处理后，不会影响其使用及外观，即可进行修补处理。

2. 加固处理

主要是针对危及承载力的质量缺陷的处理。通过对缺陷的加固处理，使建筑结构恢复或提高承载力，重新满足结构安全性与可靠性的要求，使结构能继续使用或改作其他用途。例如，对混凝土结构常用加固的方法主要有增大截面加固法、外包角钢加固法等。

3. 返工处理

当工程质量缺陷经过修补处理后仍不能满足规定的质量标准要求，或不具备补救可能性，则必须采取返工处理。例如，某防洪堤坝填筑压实后，其压实土的干密度未达到规定值，经核算将影响土体的稳定且不满足抗渗能力的要求，须挖除不合格土，重新填筑，进行返工处理。

4. 限制使用

在工程质量缺陷按修补方法处理后无法保证达到规定的使用要求和安全要求，而又无法返工处理的情况下，不得已时可作出诸如结构卸荷或减荷以及限制使用的决定。

5. 不作处理

某些工程质量问题虽然达不到规定的要求或标准，但其情况不严重，对工程或结构的使用及安全影响很小，经过分析、论证、法定检测单位鉴定和设计单位等认可后可不作专门处理。

6. 报废处理

出现质量事故的工程，通过分析或实践，采取上述处理方法后仍不能满足规定的质量要求或标准，则必须予以报废处理。

第四节　抽样检验及质量分析工具

一、抽样检验

（一）基本概念

1. 总体

总体也称母体，是所研究对象的全体，是若干个体的集合，其所含个体的数目通常用 N 表示。根据 N 的大小可将总体分为有限总体和无限总体。例如，当对一批产品质量进行检验时，该批产品是总体，其中的每件产品是个体，这时 N 是有限的数值，故称之为有限总体。当对生产过程中的产品进行检测时，由于生产过程具有连续性，因此，应该把生产过程中的产品视为总体，随着生产的持续进行，N 是无限的，故称之为无限总体。

2. 样本

样本也称子样，是从总体中随机抽取出来的一部分个体所构成的集合。被抽中的个体称为样品，样本中样品的数目称样本容量，一般用 n 表示。对于无限总体以及 N 值很大的有限总体，逐一检验其所含个体质量特性显然是不可能的，另外，对于 N 值不大的有限总体，若检验个体质量特性的方法是破坏性的，同样不能全数检验，此时，往往通过抽取总体中的一小部分个体对其进行质量检验，以此来推断总体的质量情况。

3. 抽样检验

抽样检验又称抽样检查，是从一批产品中随机抽取少量产品（样本）进行检验，据以判断该批产品是否合格的检验方法。它与全数检验不同之处在于后者需对整批产品逐个进行检验，而抽样检验则根据样本中的产品的检验结果来推断整批产品的质量。采用抽样检验可以显著地节省检验的工作量，另外，在破坏性试验（如检验产品的寿命）以及散装产品（如矿产品、粮食）和连续产品（如棉布、电线）等检验中，也都只能采用抽样检验。

4. 抽样检验方案

抽样检验方案是根据检验项目特性所确定的抽样数量、接受标准和方法。如在简单的计数值抽样检验方案中，主要是确定样本容量 n 和合格判定数 c（允许不合格品件数），记为方案 (n, c)。

5. 批不合格品率

批不合格品率是指检验批中不合格品数占整个批量的比重，它反映了该批的质量水平，其计算公式为：当由总体计算时，$p = D/N$；当由样本计算时，$p = d/n$。其中，D（或 d）为总体（或样本）中的不合格品件数。

6. 接受概率

接受概率又称批合格概率，是根据规定的抽样检验方案将检验批判为合格而接受的概率。一个既定抽样方案的接受概率是批不合格品率的函数，一般记为 $L(p)$。检验批的不合格品率 p 越小，接受概率 $L(p)$ 就越大。对方案 (n, c)，若实际检验中样本的不合格品数为 d，其接受概率计算公式为 $L(p) = p(d \leqslant c)$。

（二）抽样方法

总的来说，抽样方法分成两类：一是非随机抽样，即进行人为的、有意识的挑选取样，其特点是总体中每个个体被抽取的机会不相等；二是随机抽样，它排除了人的主观因素，使总体中的每一个个体都具有同等的机会被抽取到。常用的随机抽样方法主要有单纯随机抽样、分层抽样、系统抽样、整群抽样、多阶段抽样等。

1. 单纯随机抽样

单纯随机抽样又称简单随机抽样，其方法是对总体中的全部个体逐一编号，然后采用抽签、摇号、查随机数字表、计算机产生随机数等方法确定一个号码，并从总体中抽取出来，连续抽取 n 次，就得到一个容量为 n 的样本。

2. 系统抽样

系统抽样又称等距抽样。在系统抽样中，先将总体从 $1\sim N$ 相继编号，并计算抽样距离 $K=N/n$，然后在区间 $[1, K]$ 中抽一随机整数，记为 k_1，并从总体中抽取编号为 k_1 的个体作为样本的第一个样品，接着从总体中抽取编号为 $k_1+K, k_1+2K, \cdots, k_1+(n-1)K$ 的个体，最终得到一个容量为 n 的样本。例如：从 120 个人里抽 10 个人，先对总体从 1 号编到 120 号，然后从区间 $[1, 12]$ 中随机抽取一个整数，假如抽到 3 号，接着从总体中抽取 15、27、39、51、63、75、87、99、111 号，得到一个容量为 10 的样本。

3. 分层抽样

分层抽样法也叫类型抽样法。它是从一个可以分成不同子总体（或称为层）的总体中，按规定的比例从不同层中随机抽取样品的方法。例如：某校抽样调查初中学生读课外书的情况，全校共有学生 485 人，其中初一年级 180 人，初二年级 160 人，初三年级 145 人，如果从全校学生中抽取 120 人进行调查，那么不同年级可视为不同层次，从每一层中抽取的人数可由人数占比确定。三个年级学生人数占全校总人数的比例分别为 37%、33% 和 30%，则每年级抽取的人数分别为 44 人、40 人和 36 人，每个年级的学生可通过简单随机抽样方法抽取。

4. 整群抽样

整群抽样又称聚类抽样。它先将总体按照某种标准分成 m 个群，然后用简单随机抽样的方法从总体中抽取若干群，最后对抽中的样本群中的所有个体进行调查。例如，调查某校初三学生患近视眼的情况，全校初三年级共有 10 个班级，将其从 1 到 10 编号，然后采用随机的方法抽到 3 班，最后对 3 班的所有同学进行调查。

5. 多阶段抽样

多阶段抽样又称多级抽样。前四种抽样方法均为一次性直接从总体中抽出样本，称为单阶段抽样。多阶段抽样则是将抽样过程分为几个阶段，结合使用上述方法中的两种或数种。例如，先用整群抽样法从北京市某中等学校中抽出样本学校，再用整群抽样法从样本学校抽选样本班级，最后用系统或单纯随机抽样从样本班级的学生中抽出样本学生。

（三）抽样检验方案类型

1. 抽样检验方案的分类

抽样检验方案的分类如图 5-6 所示。

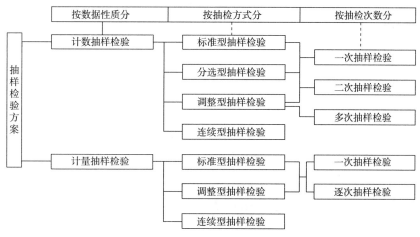

图 5-6 抽样检验方案分类

2. 常用的抽样检验方案

（1）标准型抽样检验方案。

1）计数值标准型一次抽样检验方案。计数值标准型一次抽样检验方案，记作 (n, c)，它规定在一定样本容量 n 时的最高允许的批合格判定数 c，并在一次抽检后给出判断检验批是否合格的结论。c 值一般为可接受的不合格品数。若实际抽检时，检出不合格品数为 d，则当 $d \leqslant c$ 时，判定为合格批，接受该检验批；$d > c$，判定为不合格批，拒绝该检验批，其抽样检验程序如图 5-7 所示。

2）计数值标准型二次抽样检验方案。计数值标准型二次抽样检验方案是规定两组参数，即第一次抽检的样本容量 n_1 时的合格判定数 c_1 和不合格判定数

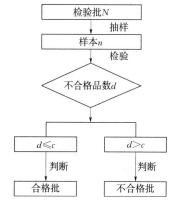

图 5-7 标准型一次抽样检验程序图

r_1（$c_1 < r_1$）；第二次抽检的样本容量 n_2 时的合格判定数 c_2。在最多两次抽检后就能给出判断检验批是否合格的结论。其检验程序是：第一次抽检 n_1 后，检出不合格品数为 d_1，则当 $d_1 \leqslant c_1$ 时，接受该检验批；当 $d_1 \geqslant r_1$ 时，拒绝该检验批；当 $c_1 < d_1 < r_1$ 时，抽检第二个样本。第二次抽检 n_2 后，检出不合格品数为 d_2，则当 $d_1 + d_2 \leqslant c_2$ 时，接受该检验批；当 $d_1 + d_2 > c_2$ 时，拒绝该检验批，其抽样检验程序如图 5-8 所示。

（2）分选型抽样检验方案。计数值分选型抽样检验方案基本与计数值标准型一次抽样检验方案相同，只是在抽检后给出检验批是否合格的判断结论和处理有所不同。即实际抽检时，检出不合格品数为 d，则当 $d < c$ 时，接受该检验批；$d > c$ 时，则对该检验批余下的个体产品全数检验。

（3）调整型抽样检验方案。计数值调整型抽样检验方案是在对正常抽样检验的结果进行分析后，根据产品质量的好坏以及过程是否稳定，按照一定的转换规则对下一次抽样检验判断的标准加严或放宽的检验。

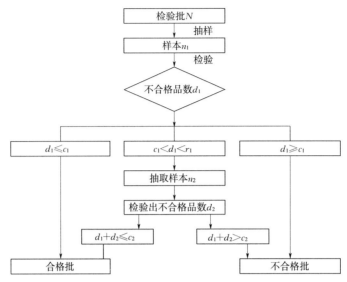

图 5-8　标准型二次抽样检验程序图

以上讨论的是计数抽样检验方案，计量抽样检验方案原理与此基本相同。

3. 抽样检验方案参数的确定

实际抽样检验方案中存在两类判断错误。即可能犯第一类错误，将合格批判为不合格批，错误地拒收；也可能犯第二类错误，将不合格批判为合格批，错误地接收。错误的判断将带来相应的风险，这种风险的大小可用概率来表示。如图 5-9 所示。

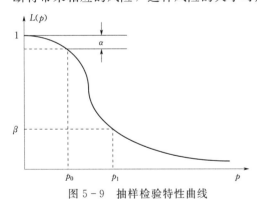

图 5-9　抽样检验特性曲线

第一类错误是当 $p=p_0$ 时，以概率 $1-\alpha$ 接受检验批，以 α 为拒收概率将合格批判为不合格。由于对合格品的错判将给生产者带来损失，所以概率 α 又称生产方风险。

第二类错误是当 $p=p_1$ 时，以概率 $1-\beta$ 拒绝检验批，以 β 为接收概率将不合格批判为合格。这种错判是将不合格品漏判从而给消费者带来损失，所以概率 β 又称消费方风险。

以下叙述均以计数值标准型一次抽样方案为例。

（1）确定 α 与 β。如前所述，α 是生产者要承担的风险，β 是使用者要承担的风险。生产者特别要防止质量合格的产品被错拒；反之，使用者则力求避免或减少接收质量不合格的产品，双方都希望尽量减小自己的损失。要绝对避免这两种错判是不可能的，片面强调某一方的利益也是不对的。一个合理有效的抽样检验方案应该是将两类风险都控制在一个适当小的范围内，尽量减少所带来的损失。

为了保护消费者和生产者的利益，关于 α 与 β 的值一般都有一定的规定和标准，也可以双方协商确定。《建筑工程施工质量验收统一标准》中的规定是：在抽样检验中，两类风险一般控制范围是 $\alpha=1\%\sim5\%$；$\beta=5\%\sim10\%$。对于主控项目，其 α、β 均不宜超过

5%；对于一般项目，α 不宜超过 5%，β 不宜超过 10%。

（2）确定 p_0 与 p_1。

1）应考虑的因素。p_0 是生产者比较重视的参数，p_1 是使用者比较重视的参数，它们是制定抽样检验方案的基础，因此要综合考虑各方面因素的影响慎重确定。其主要因素有：①确定 p_0、p_1 应以 α、β 为标准；②生产过程的质量水平，即过程平均批不合格品率的大小；③质量要求及不合格品对使用性能的影响程度；④制造成本和检查费用。

2）确定 p_0。一般由使用方和生产方协商确定；还可通过计算检验盈亏点 p_b 从而确定 p_0，计算公式为：检验盈亏点 $p_b=$ 检验一件产品的成本／一件不合格品造成的损失。p_b 值越小，表示产品质量问题越严重，造成损失越大。对于致命缺陷、严重缺陷，p_0 值应取得小些，一般为 0.1%、0.3% 或 0.5% 等；对于轻微缺陷，出于经济考虑，p_0 值可取得大些，一般为 3%、5% 或 10% 等。

3）确定 p_1。抽样检验方案中，p_1 与 p_0 的比例常用鉴别比 p_1/p_0 表示。鉴别比值过小，如（p_1/p_0）$\leqslant 3$ 时，会因增加抽检数量 n 而使检验费用增加；鉴别比值过大，如（p_1/p_0）>20 时，又会放松对质量的要求，对用户不利。通常是以 $\alpha=5\%$、$\beta=10\%$ 为准，取 $p_1=(4\sim10)p_0$。

（3）确定抽样检验方案（n，c）。根据 α、β 与 p_0、p_1 可通过查表得到 n、c 数值。至此，抽样检验方案即已确定。例 $\alpha=0.05$，$\beta=0.10$，$p_0=0.30$，$p_1=3.00$，查不合格品百分数的计数标准型一次抽样检验程序及抽样表（GB/T 13262—2008）得：$n=125$，$c=1$。

二、质量数据的统计规律

1. 质量数据的分类

按质量数据的本身特征分类，可以将质量数据分为计量值数据和计数值数据两种。

（1）计量值数据。计量值数据是指可以连续取值的数据，或者说可以用测量工具具体测量出小数点以下数值的数据，如重量 1.25kg、长度 10.35cm、抗压强度 12.78MPa 等。

（2）计数值数据。计数值数据是指只能计数、不能连续取值的数据。如废品的个数、合格的分项工程数、出勤的人数等。计数值数据又可分为计件值数据和计点值数据。计件值数据用来表示具有某一质量标准的产品个数，如总体中合格品数，而计点值数据往往表示个体上的缺陷数、质量问题点数等，如布匹上的疵点数、铸件上的砂眼数等。

2. 质量数据的特征值

样本数据特征值是由样本数据计算的描述样本质量数据波动规律的指标，常用的有描述数据分布集中趋势的算术平均数、中位数和描述数据分布离散趋势的极差、标准偏差、变异系数等。

（1）样本算术平均数。样本算术平均数又称样本均值，一般用 $\bar{x}$ 表示，其计算公式为

$$\bar{x}=\frac{1}{n}(x_1+x_2+\cdots+x_n)$$

式中：n 为样本容量；x_i 为样本中第 i 个样品的质量特性值。

（2）样本中位数。样本中位数是将样本数据按数值大小顺序排列后，位置居中的数值，用 $\tilde{x}$ 表示。当样本数 n 为奇数时，位置居中的一位数即为中位数；当样本数 n 为偶数

时，取居中两个数的平均值作为中位数。

（3）极差。极差是一组数据中最大值 x_{max} 与最小值 x_{min} 的差值，用 R 表示。其计算公式如下：

$$R = x_{max} - x_{min}$$

极差 R 反映了这组数据分布的离散程度。

（4）样本标准偏差。样本标准偏差用来衡量数据偏离算术平均值的程度。标准偏差越小，说明这些数据偏离平均值就越少，反之亦然。样本标准差用 S 表示。其计算公式为

$$S = \sqrt{\frac{1}{n-1} \sum_{i=1}^{n} (x_i - \overline{x})^2}$$

在样本容量较大（$n \geq 50$）时，上式中的分母 $n-1$ 可简化为 n。样本的标准偏差 S 是总体标准差的无偏估计。

（5）变异系数。变异系数又称离散系数，是用标准差除以算术平均数得到的相对数，用 C_v 表示。它表示数据的相对离散波动程度。变异系数小，说明数据分布集中程度高，离散程度小。其计算公式为

$$C_v = \frac{S}{\overline{x}} \times 100\%$$

3. 质量数据的分布规律

任何质量数据都具有分散性。但在正常条件下，质量数据的分布却具有一定的规律性。数理统计证明，在正常情况下，产品质量特性的分布，一般符合正态分布规律，正态分布曲线如图 5 - 10 所示。

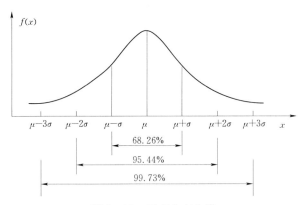

图 5 - 10 正态分布曲线

从图形中可以看出：

（1）产品质量数据偏离平均值（μ）在 1 倍标准偏差（σ）以上的概率为 $1 - 0.6826 = 0.3174 = 31.74\%$。

（2）产品质量数据偏离平均值（μ）在 2 倍标准偏差（σ）以上的概率为 $1 - 0.9544 = 0.0456 = 4.56\%$。

（3）产品质量数据偏离平均值（μ）在 3 倍标准偏差（σ）以上的概率为 $1 - 0.9973 = 0.0027 = 0.27\%$。

这就是说，在测试 1000 件产品质量特性值时，就可能有 997 件以上的产品质量特性值落在区间（$\mu-3\sigma$，$\mu+3\sigma$）之内，而出现在这个区间以外的只有不足 3 件。这在质量控制中称为"千分之三"原则或者"3σ 原则"。这个原则是在统计管理中作任何控制时的理论根据，也是国际上公认的统计原则。实践证明，用 $\mu\pm3\sigma$ 作为控制界限，既能保证产品的质量，又合乎经济原则。

三、常用的质量控制工具

（一）直方图

直方图法即频数分布直方图法，它是将收集到的质量数据进行分组并统计其频数，然后绘制成频数分布直方图，用图形来描述质量分布状态的一种分析方法，所以又称质量分布图法。

通过观察与分析直方图的形状，可了解产品质量的波动情况，掌握质量特性的分布规律，以便对质量状况进行分析判断，同时可通过质量数据特征值的计算，估算生产过程的不合格品率，并评价生产过程的生产能力等。

1. 直方图的绘制方法

直方图由一个纵坐标、一个横坐标和若干个长方形组成。横坐标为质量特性，纵坐标是频数时，直方图为频数直方图；纵坐标是频率时，直方图为频率直方图。

（1）收集整理数据。用随机抽样的方法抽取数据，一般要求数据在 50 个以上。下面结合实例介绍直方图的绘制方法。

【例 5-1】　某建筑工程浇筑 C30 混凝土，为对其抗压强度进行质量分析，先后收集了 60 份抗压强度试验报告单，经整理如表 5-8 所列。

表 5-8　　　　　　　　　　　　混凝土抗压强度　　　　　　　　　　单位：MPa

序号	抗压强度（x）						最大值	最小值
1	26.9	22.5	33.4	35.1	28.5	33.8	35.1	22.5
2	33.2	27.4	20.2	38.0	25.3	28.9	38.0	20.2
3	31.9	28.6	33.7	33.5	29.5	36.8	36.8	28.6
4	37.1	25.5	28.3	37.1	26.8	28.3	37.1	25.5
5	30.4	21.5	28.7	26.7	38.1	20.0	38.1	20.0
6	39.2	39.5	32.9	26.9	19.2	26.0	39.5	19.2
7	28.1	21.6	18.6	32.1	22.8	27.2	32.1	18.6
8	32.0	37.1	25.4	30.2	29.6	25.5	37.1	25.4
9	20.4	34.9	18.1	25.9	30.8	40.5	40.5	18.1
10	30.4	30.1	27.1	35.3	28.0	31.1	35.3	27.1

（2）计算极差 R。极差 R 是数据中最大值和最小值之差，本例中：

$$x_{\max}=40.5，\ x_{\min}=18.1，\ R=x_{\max}-x_{\min}=22.4$$

（3）确定组数 k。数据组数应根据数据多少来确定。组数过少，会掩盖数据的分布规律；组数过多，使数据过于零乱分散，也不能显示出质量分布状况。确定组数的原则是分组的结果能正确地反映数据的分布规律。迄今为止，尚无准确的计算公式用来确定 k 值，一般可参考表 5-9 的经验数值确定。本例中取 $k=8$。

表 5-9　　　　　　　　　　　　　　分组数与数据个数的关系

数据数 n	<50	$50\sim100$	$100\sim250$	>250
分组数 k	$5\sim7$	$6\sim10$	$7\sim12$	$10\sim20$

（4）确定组距 h。分组数 k 确定后，组距 h 也就随之确定。

$$h=\frac{R}{k}=\frac{x_{\max}-x_{\min}}{k}$$

组数、组距的确定应结合极差综合考虑，使分组结果能包括全部变量值，同时也便于计算分析。

本例中，$h=\dfrac{22.4}{8}\approx2.8$。

（5）确定组的边界值。组的边界值是指组的上界值和下界值的统称。为了避免数据的最小值落在第一组的下界值上，第一组的下界值应比 $x_{\min}$ 小；同理，最后一组的上界值应比 $x_{\max}$ 大。此外，为保证所有数据都落在相应的组内，各组的分界值应当是连续的，而且分界值要比原数据的精度提高一级。各组上、下界值的计算如下：

第一组下界值：$x_{下}^{(1)}=x_{\min}-\dfrac{1}{2}h$。

第一组上界值：$x_{上}^{(1)}=x_{\min}+\dfrac{1}{2}h=x_{下}^{(1)}+h$。

第二组下界值：$x_{下}^{(2)}=x_{上}^{(1)}$。

第二组上界值：$x_{上}^{(2)}=x_{下}^{(2)}+h$。

依次类推，即可得到各组的边界值。本例各组的边界值见表 5-10。

（6）编制数据频数统计表。按上述分组范围，统计数据落入各组的频数并计算相应的频率，填入表内。本例频数统计结果见表 5-10。

表 5-10　　　　　　　　　　　　　　　频 数 分 布 表

组号	组界	频数	频率/%
1	$16.71\sim19.51$	3	5.0
2	$19.51\sim22.31$	5	8.3
3	$22.31\sim25.11$	6	10.0
4	$25.11\sim27.91$	9	15.0
5	$27.91\sim30.71$	13	21.7
6	$30.71\sim33.51$	9	15.0
7	$33.51\sim36.31$	7	11.7
8	$36.31\sim39.11$	5	8.3
9	$39.11\sim41.91$	3	5.0
合计		60	100

（7）绘制频数分布直方图。根据频数分布表中的统计数据可作出直方图，图 5-11 是本例的频数直方图。

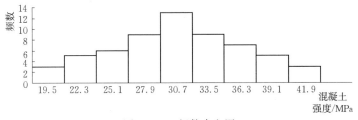

图 5-11 频数直方图

2. 直方图的观察与分析

（1）观察直方图的形状、判断质量分布状态。绘完直方图后，要认真观察直方图的总体形状，看其是否属于正常型直方图。正常型直方图呈现中间高，两侧低，左右近似对称的特点，如图 5-12（a）所示。正常型直方图说明生产过程处于稳定状态。

异常型直方图表明生产过程或收集数据作图有问题，这就要求进一步分析判断，找出原因，从而采取措施加以纠正。异常型直方图一般有五种类型，如图 5-12（b）～（g）所示，其产生原因如下：

锯齿型，由于作图时数据分组太多，测量仪器误差过大或观测数据不准确等造成的。

缓坡型，由于生产过程中某种缓慢的倾向在起作用，如工具的磨损、操作者的疲劳等。

孤岛型，由于原材料发生变化，或者他人临时顶班作业造成的。

双峰型，这是由于观测值来自两个总体，不同分布的数据混合在一起造成的。

绝壁型，当用剔除了不合格品的产品数据作频数直方图时容易产生这种陡壁型。

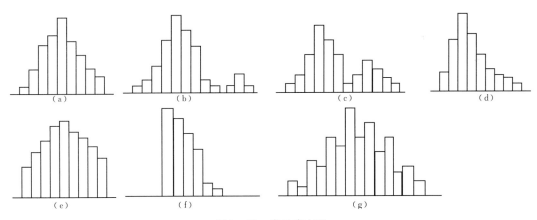

图 5-12 常见直方图

（a）正常型；（b）孤岛型；（c）双峰型；（d）偏向型；（e）平顶型；（f）陡壁型；（g）锯齿型

（2）将直方图与质量标准比较，判断实际生产过程能力。正常型的直方图，并不意味质量分布就完全合理，还必须与规定的质量标准比较，从而判断实际生产过程能力。其主要是分析直方图的平均值 $\bar{x}$ 与质量标准中心 M 的重合程度以及分析直方图的分布范围 B 同公差范围 T 的关系。正常型直方图与质量标准相比较，一般有如图 5-13 所示 5 种情况。

理想型，如图 5-13（a）所示。B 在 T 中间，实际质量分布中心 $\bar{x}$ 与质量标准中心 M 重合，实际数据分布与质量标准相比较两边还有一定余地。这样的生产过程质量是很理想的，说明生产过程处于正常的稳定状态。在这种情况下生产出来的产品可认为全都是合格品。

偏向型，如图5-13（b）所示。B虽然落在T内，但实际质量分布中心$\bar{x}$与质量标准中心M不重合而偏向一边。如果生产状态一旦发生变化，实际产品的质量特性值就可能超出质量标准下限而出现不合格品。出现这种情况时应迅速采取措施，使直方图移到中间来。

无富余型，如图5-13（c）所示。B在T中间，且B的范围接近T的范围，没有余地，生产过程一旦发生小的变化，实际产品的质量特性值就可能超出质量标准。出现这种情况时，必须立即采取措施，以缩小实际质量数据分布范围。

富余型，如图5-13（d）所示。B在T中间，但两边余地太大，说明加工过于精细，不经济。在这种情况，可以对原材料、设备、工艺、操作等控制要求适当放宽些，有目的地使B扩大，从而有利于降低成本。

能力不足型，如图5-13（e）所示。质量分布范围B已超出标准下限之外，说明已出现不合格品。此时必须采取措施进行调整，使质量分布位于标准之内。

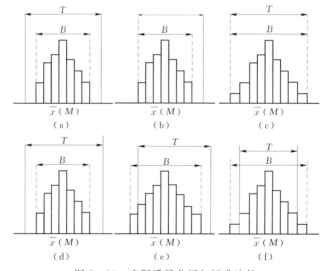

图5-13 实际质量分析与标准比较

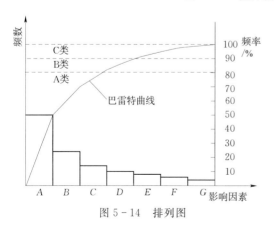

图5-14 排列图

（二）排列图

排列图法，又称主次因素分析法、帕累托图法，它是找出影响产品质量主要因素的一种简单而有效的图表方法。排列图是由一个横坐标，两个纵坐标，若干个矩形和一条折线组成，见图5-14。图中横坐标表示影响调查对象质量的各种因素，按出现的次数从多至少、从左到右排列；左边纵坐标表示频数，即影响质量的因素重复发生或出现的次数（或件数、个数、点数）；右边的纵坐标表示频率；矩形的高度表示该因素频数的高低；折线表示各因素依次的累计频率，也称为巴雷特曲线。

1. 排列图的绘制方法和步骤

（1）确定要进行质量分析的对象，可以是不良品、损失金额等。

（2）根据调查的数据，列出影响对象质量的各种因素。

（3）统计各种因素的频数，计算频率和累计频率。

（4）画排列图。

下面结合实例具体介绍排列图的绘制方法。

【例 5－2】　某混凝土预制构件厂在某一时期对其生产的 138 件不合格产品进行了详细调查。其调查结果经整理见表 5－11，试用排列图分析影响质量问题的主要因素。

表 5－11　　　　　　　　　　　预制构件检测结果调查表

序号	不合格项目	不合格构件/件	不合格率/%	累计不合格率/%
1	构件强度不足	78	56.5	56.5
2	表面有麻面	30	21.7	78.2
3	局部有露筋	15	10.9	89.1
4	振捣不密实	10	7.2	96.3
5	养护不良早期脱水	5	3.7	100
合计		138	100.0	

解：（1）建立坐标。右边的频率坐标从 0 到 100% 划分刻度；左边的频数坐标从 0 到 138 划分刻度，总频数刻度必须与频率坐标上的 100% 刻度成水平线；横坐标按影响因素划分刻度，并按照影响因素频数的大小依次排列。

（2）画直方图形。根据各因素的频数，依照频数坐标画出矩形。

（3）画巴雷特曲线。根据各因素的累计频率，按照频率坐标上刻度描点，连接各点即为巴雷特曲线。如图 5－15 所示。

2. 排列图的分析

按巴雷特曲线对各因素进行分类，一般分为 A、B、C 三类。

（1）累计频率在 0～80% 为 A 类因素，是影响质量的主要因素。

（2）累计频率在 80%～90% 为 B 类因素，是影响质量的次要因素。

（3）累计频率在 90%～100% 为 C 类因素，是影响质量的一般因素。

本例中，A 类因素有两个，B 类因素有 1 个，C 类因素有 2 个。强度不足与表面麻面是影响这批产品质量的主要因素，局部露筋为次要因素，振捣不实与早期脱

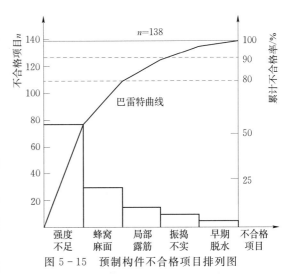

图 5－15　预制构件不合格项目排列图

水为一般因素。

（三）控制图

控制图又叫管理图，是对生产过程质量特性进行测定、记录、评估，从而判断生产过程是否处于控制状态的一种图形。图上有三条平行于横轴的直线：中心线（Central Line，CL）、上控制线（Upper Control Line，UCL）和下控制线（Lower Control Line，LCL），并有按时间顺序抽取的样本统计量数值的描点折线。中心线是样本统计量的平均值；上下控制界限与中心线相距数倍标准差，通常设定在正负 3 倍标准差的位置（±3σ）。若控制图中的描点落在 UCL 与 LCL 之外或描点在 UCL 和 LCL 之间的排列不随机，则表明生产过程异常。如图 5-16 所示。

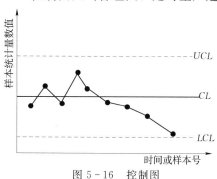

图 5-16　控制图

控制图有多种类型，按用途不同分类，可以分为分析用管理图和控制用管理图；按控制对象不同分类，可以分为计量值管理图和计数值管理图。不同类型的控制图，其控制界限值的计算公式也不同。下面结合实例，重点介绍平均值—极差控制图的绘制方法与步骤及其应用。

1. 平均值—极差控制图的绘制

【例 5-3】　某工程浇筑混凝土时拟采用平均值与极差（$\bar{x}$—R）管理图进行分析和管理，试绘制管理图。

（1）收集数据。绘制 $\bar{x}$—R 管理图时，原则上要收集 50~100 个数据。本例共收集到100 个实测数据，见表 5-12。

表 5-12　　　　　　　　　　混凝土强度 $\bar{x}$—R 管理图计算表

组号	混凝土抗压强度数据/MPa					$\bar{x}$	R
	x_1	x_2	x_3	x_4	x_5		
1	29.4	27.3	28.2	27.1	28.3	28.06	2.3
2	28.5	28.9	28.3	29.9	28.0	28.72	1.9
3	28.9	27.9	28.1	28.3	28.9	28.42	1.0
4	28.3	27.8	27.5	28.4	27.9	27.98	0.9
5	28.8	27.1	27.1	27.9	28.0	27.78	1.6
6	28.5	28.6	28.3	28.9	28.8	28.62	0.6
7	28.5	29.1	28.4	29.0	28.6	28.72	0.7
8	28.9	27.9	27.8	28.6	28.4	28.32	1.0
9	28.5	29.2	29.0	29.1	28.0	28.76	1.2
10	28.5	28.9	27.7	27.9	27.7	28.14	1.3
11	29.1	29.0	28.7	27.6	28.3	28.54	1.5

续表

组号	混凝土抗压强度数据/MPa					$\bar{x}$	R
	x_1	x_2	x_3	x_4	x_5		
12	28.3	28.6	28.0	28.3	28.5	28.34	0.6
13	28.5	28.7	28.3	28.3	28.7	28.50	0.4
14	28.3	29.1	28.5	27.7	29.3	28.58	1.6
15	28.8	28.3	27.8	28.1	28.4	28.28	1.0
16	28.9	28.1	27.3	27.5	28.4	28.04	1.6
17	28.4	29.0	28.9	28.3	28.6	28.64	0.7
18	27.7	28.7	27.7	29.0	29.4	28.50	1.7
19	29.3	28.1	29.7	28.5	28.9	28.90	1.6
20	27.0	28.8	28.1	29.4	27.9	28.64	1.5

（2）数据分组。把所有数据按时间顺序分组排列，按每组 4～5 个数据分组。本例将 100 个数据分为 20 组，每组 5 个数据，把全部数据逐次填入表 5-12 中。

（3）计算每组的平均值 $\bar{x}$ 和极差 R。根据 $\bar{x}$ 和 R 的计算公式，分别计算出各组的 $\bar{x}$ 和 R，并要求计算精度比测定数据精度高一级，计算结果见表 5-12。

（4）计算各组平均值的平均值 $\bar{\bar{x}}$ 和各组极差的平均值 $\bar{R}$。

本例中，$\bar{\bar{x}} = \dfrac{1}{20} \sum_{i=1}^{20} \bar{x_1} = \dfrac{568.48}{20} = 28.42$

$\bar{R} = \dfrac{1}{20} \sum_{i=1}^{20} R_i = \dfrac{24.6}{20} = 1.23$

（5）计算中心线和控制界限。

对于 $\bar{x}$ 图，$CL = \bar{\bar{x}}$；$UCL = \bar{\bar{x}} + A_2 \bar{R}$；$LCL = \bar{\bar{x}} - A_2 \bar{R}$。

对于 R 图，$CL = \bar{R}$；$UCL = D_4 \bar{R}$；$LCL = D_3 \bar{R}$（$n \leqslant 6$ 时可不考虑）。

上述公式中的系数 A_2、D_4 和 D_3 可参考表 5-13 取值。

表 5-13 　　　　　　　　　　　　A_2、D_3、D_4 参考取值表

组内数据个数	2	3	4	5	6	7	8	9	10
A_2	1.88	1.02	0.73	0.58	0.48	0.42	0.37	0.34	0.31
D_3	—	—	—	—	—	—	0.08	0.14	0.18
D_4	3.27	2.57	2.28	2.12	2.00	1.92	1.86	1.82	1.78

本例中，对于 $\bar{x}$ 图，$CL = 28.42$，$UCL = 30.23$，$LCL = 26.61$；对于 R 图，$CL = 1.23$，$UCL = 2.60$。

（6）绘制管理图。通常把 $\bar{x}$ 图和 R 图画在同一个坐标系上，以便于观察对比。一般横坐标表子样组号或时间，$\bar{x}$ 和 R 图共用；$\bar{x}$ 和 R 共用一根纵轴，但各自标上自己的单位。

一般 $\bar{x}$ 图在上，R 图在下。根据表 5-12 的数据和控制线的计算结果，绘制控制图，见图 5-17。

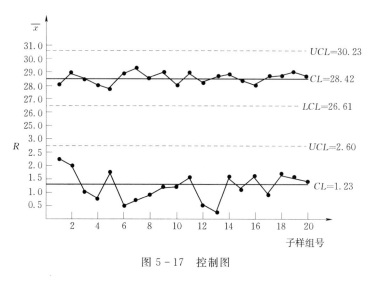

图 5-17　控制图

2. 控制图的观察和分析

用控制图识别生产过程的状态，主要是根据样本数据形成的样本点位置以及变化趋势进行分析和判断。处于稳定状态的管理图，主要有以下两条判断标准：

（1）样本点没有超出上、下界限。

（2）样本点是按随机分布的。

处于非稳定状态的管理图，情况复杂多样，一般有以下特征：

（1）样本点超出上、下界限，说明工序发生了异常变化，应及时查明原因，采取有效措施，改变工序生产的异常状况。

（2）样本点在控制界限内，但排列异常。排列异常主要指出现以下几种情况。

1）连续 7 个以上的样本点全部偏离中心线上方或下方，见图 5-18。

2）连续 3 个样本点中的两个点进入警戒区域（指离中心线 $2\sigma \sim 3\sigma$ 之间的区域），见图 5-19。

3）有连续 7 个以上样本点子呈上升或下降趋势，见图 5-20。

4）样本点的排列状态呈周期性变化，见图 5-21。

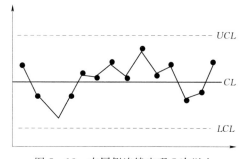

图 5-18　在同侧连续出现 7 次以上

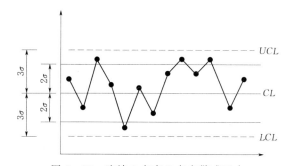

图 5-19　连续 3 点有 2 点在警戒区内

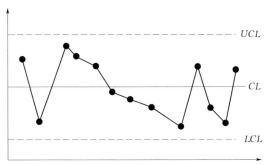

图 5-20　连续 7 个以上点呈上升或下降趋势

图 5-21　点子呈周期变化

（四）工序能力分析

工序能力是指处于稳定状态下的工序的实际加工能力，一般用工序能力指数 C_p 来反映工序能力大小。工序能力指数是指某工序加工成果的精度（即工序能力）满足公差要求的程度，它是判定和控制工序质量的重要指标。

1. 工序能力指数的计算

（1）双向公差的情况。

1）当 $\mu = M$ 时（μ 为总体均值；M 为指公差中心），上述情况如图 5-22 所示，工序能力指数按式（5-1）计算。

$$C_p = \frac{T}{6\sigma} = \frac{T_\mu - T_l}{6\sigma} \qquad (5-1)$$

式中：T_μ 为质量标准上限；T_l 为质量标准下限。σ 可以用样本的标准偏差 s 来估计。

2）当 $\mu \neq M$ 时，上述情况如图 5-23 所示，工序能力指数按式（5-2）计算。

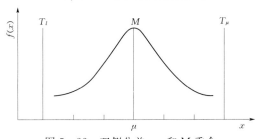

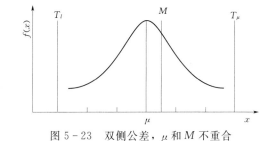

图 5-22　双侧公差，μ 和 M 重合

图 5-23　双侧公差，μ 和 M 不重合

$$C_{pk} = C_p (1 - k) \qquad (5-2)$$

其中

$$k = \frac{\left| \frac{1}{2}(T_\mu + T_l) - \mu \right|}{\frac{1}{2}(T_\mu - T_l)}$$

【例 5-4】　某零件内径尺寸公差为 $\phi 20^{+0.025}_{-0.010}$，随机抽取 100 个样品做检查，经过计算得到 $\bar{x} = 20.0075$，$S = 0.005$，试计算工序能力指数。

解：$M = \dfrac{T_\mu + T_l}{2} = \dfrac{20.025 + 19.990}{2} = 20.0075$，因为 $\mu = \bar{x} = 20.0075 = M$，所以 $C_p = \dfrac{T_\mu - T_l}{6s} = \dfrac{20.025 - 19.990}{6 \times 0.005} = 1.17$。

【**例 5 - 5**】　假定上例中的公差不变，但 $\bar{x}=20.011$，$s=0.005$，试计算工序能力指数。

解： $M=\dfrac{T_\mu+T_l}{2}=20.0075$，因为 $\mu=\bar{x}=20.011\neq M$，所以 $C_{pk}=(1-k)C_p=$

$\left(1-\dfrac{0.0035}{0.0175}\right)C_p=0.8\times1.17=0.936$。

（2）单向公差的情况。

1）只规定上限标准时。上述情况如图 5-24 所示，工序能力指数按式（5-3）计算。

$$C_p=\frac{T_\mu-\mu}{3\sigma}\approx\frac{T_\mu-\bar{x}}{3s} \tag{5-3}$$

2）只规定下限标准时。上述情况如图 5-25 所示，工序能力指数按式（5-4）计算。

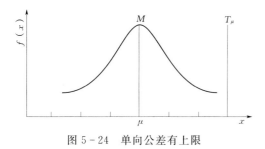

图 5-24　单向公差有上限

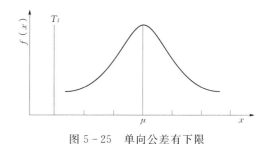

图 5-25　单向公差有下限

$$C_p=\frac{\mu-T_l}{3\sigma}\approx\frac{\bar{x}-T_l}{3s} \tag{5-4}$$

【**例 5 - 6**】　某工程项目设计混凝土抗压强度下限为 30MPa，样本标准差为 0.65MPa，样本的均值为 32MPa，求工序能力指数。

解：
$$C_p=\frac{\mu-T_l}{3\sigma}\approx\frac{\bar{x}-T_l}{3s}=\frac{2}{3\times0.65}=1.03$$

2. 工序能力评价

由工序能力指数的定义可知，当公差范围一定时，标准差越小，工序能力指数就越大。工序能力指数是否越大越好？并非如此。因为，工序能力指数越大，尽管对项目质量的保证越高，但在经济上并非合理。因此，这就需要有一个标准。较为理想的工序能力指数是 1.33。

工序能力指数与工序能力的对应关系见表 5-14。

表 5-14　　　　　　　　　　　　　工序能力分级及对策表

级别	C_p 值的范围	工序能力的参考评价
I	$C_p\geqslant1.67$	能力过剩，可放宽限制
II	$1.67>C_p\geqslant1.33$	能力充足，应继续维持
III	$1.33>C_p\geqslant1.0$	能力尚可，需严密观察
IV	$1.0>C_p\geqslant0.67$	能力不足，采取改进措施
V	$0.67>C_p$	能力严重不足，必要时可停工整顿

复习思考题

1. 简述影响质量的主要因素。

2. 简述工程质量管理制度。

3. 简述质量与成本的关系，如何确定最优质量水平？

4. 简述工程质量事故的处理程序。

5. 抽样检验的方法有哪几种？如何确定抽样检验方案？

6. 有一批产品，批量 $N=100$，$p=10\%$，如果按照（10，0）方案进行验收。问题：

（1）求接受概率。

（2）根据上述接受概率计算结果，试判断方案（10，0）是否基本符合要求。（已知 $\alpha=5\%$，$\beta=10\%$，$p_0=2\%$，$p_1=9\%$）。

（3）假设利用此方案进行检验，产品被接收，犯的是哪一类错误？为什么？

7. 某工程在施工过程中，为了控制混凝土的质量，监理人对承包人上报的数据及时进行了分析。第一次总共取了 16 组数据，数据汇总如表 5-15 所示：

表 5-15　　　　　　　　　　　　　　复习思考题 7 表

组号	1	2	3	4	5	6	7	8
强度平均值	28.6	27.8	27.9	29.5	30.1	29.9	28.9	26.3
组号	9	10	11	12	13	14	15	16
强度平均值	29.4	27.8	28.0	28.2	28.6	29.0	25.7	29.1

经过计算，控制上限为 31.6MPa，控制下限为 25.2MPa，中心线为 28.4MPa。试绘制出控制图，并判断生产过程是否正常。

8. 某工程在进行质量检查时，对检查出来的质量问题汇总见表 5-16。

表 5-16　　　　　　　　　　　　　　复习思考题 8 表

序号	缺陷原因	缺陷数	频率/%	累计频率
1	操作问题	75	50	
2	材料质量问题	45	30	
3	图纸差错	15	10	
4	机具故障	9	6	
5	环境因素影响	6	4	
合计		150	100	

问题：

（1）在上表累计频率列中填上正确的数，并且画出排列图。

（2）找出引起质量问题主要因素和一般因素。

第六章　工程项目安全计划与控制

安全生产是国家的一项重大政策，也是企业管理的重要原则之一。做好安全生产工作，对于保证劳动者在生产中的安全健康，搞好企业的经营管理，促进经济发展和维护社会稳定具有十分重要的意义。

第一节　概　　述

一、相关定义

1. 危险

危险是指可能带来人员伤亡或疾病、系统或设备损坏、社会财产损失和环境破坏的任何真实的或者潜在的条件。可对人造成伤亡、影响人的身体健康甚至导致疾病的因素称为危险和有害因素。国家标准《生产过程危险和有害因素分类与代码》（GB/T 13861—2009）将生产过程中的危险和有害因素分为4大类、15中类、89小类。4大类分别指人的因素、物的因素、环境因素和管理因素。人的因素分为心理、生理性危险和有害因素以及行为性危险和有害因素。例如，情绪异常、过度紧张、违章指挥、违章作业等。物的因素分为物理性危险和有害因素、化学性危险和有害因素、生物性危险和有害因素。例如，设施强度不够、易燃液体、病毒等。环境因素分为室内作业场所环境不良、室外作业场地环境不良、地下（含水下）作业环境不良、其他作业环境不良。例如，室内作业场所狭窄、作业场地光照不良、隧道/矿井顶面缺陷等。管理因素包括职业安全卫生组织机构不健全、职业安全卫生责任制未落实、职业安全卫生管理规章制度不完善、职业安全卫生投入不足、职业健康管理不完善、其他管理因素缺陷。

2. 事故

事故是指人们不希望发生的，导致人员伤亡或疾病、系统或设备损坏、社会财产损失和环境破坏的意外事件。广义地讲，人们在实现其目标的行动过程中，突然发生的、违反人们意志的、迫使行动暂时或永久停止的一切意外事件，都称之为事故。事故有生产事故和企业职工伤亡事故之分。《企业职工伤亡事故分类标准》（GB 6441—86）将伤亡事故分为物体打击、车辆伤害、机械伤害、起重伤害、触电、淹溺、灼烫、火灾、高处坠落、坍塌、冒顶片帮、透水、放炮、火药爆炸、瓦斯爆炸、锅炉爆炸、容器爆炸、其他爆炸、中毒和窒息、其他伤害共20类。《生产安全事故报告和调查处理条例》（国务院令第493号）根据生产安全事故造成的人员伤亡或者直接经济损失将生产安全事故分为一般、较大、重大和特大事故。

3. 安全

直观地讲，安全就是没有危险，不发生事故、灾难，不造成损失、伤害。按照系统安全工程观点，安全是指生产系统中人员免遭不可承受危险伤害的一种状态。安全具有相对性的特征。世界上只有相对安全，没有绝对安全；只有暂时安全，没有永恒的安全。任何装置（事物）都存在着某些危险性或者潜在的危险性因素，而且人的认识能力、判断能力和控制能力也总是有限的。因此，那种理想化的、绝对安全的状态，在客观实际中是不存在的。

二、事故模式理论

随着时间的推移，人们对事故发生的原因、演变规律和事故发生模式的认识也在不断深入。截至目前，世界上先后出现了十几种具有代表性的事故模式理论和事故模型。限于篇幅，本节仅对其中的部分事故模式理论和事故模型做简要介绍，读者想要更为详细的论述，可查阅相关文献。

1. 多米诺骨牌理论

美国著名安全工程师海因里希（W. H. Heinrich）在其《工业事故预防》一书中，最早提出了事故因果链锁理论（也称为多米诺骨牌理论），用以阐明导致伤害事故的各种因素之间以及这些因素与事故之间的关系。该理论的核心思想是：伤害事故的发生并不是一个孤立的事件，而是由一系列互为因果的原因事件相继发生所导致的结果。根据海因里希的理论，伤害事故的因果链锁过程主要包括以下五种因素：

（1）遗传及社会环境（M）。遗传因素可能使人具有鲁莽、固执、粗心等不良性格；社会环境可能妨碍人的安全素质培养，助长不良性格的发展。该因素是事故因果链上最基本的因素，是造成人的缺点的原因。

（2）人的缺点（P）。人的缺点既包括诸如鲁莽、固执、易过激、神经质、轻率等性格上的先天缺陷，也包括诸如缺乏安全生产知识和技能的后天不足。人的缺点是使人产生不安全行为或造成物的不安全状态的原因。

（3）人的不安全行为和物的不安全状态（H）。这二者是造成事故的直接原因。其中人的不安全行为是出于人的缺点而产生的，是造成事故的主要原因。

（4）事故（D）。事故是一种由于物体、物质和放射线等对人体发生作用，使人身受到或可能受到伤害的、出乎意料的、失去控制的事件。

（5）人员的伤害（A）。是指直接由事故产生的人身伤害。

上述事故因果链上的五个因素，可以用5块多米诺骨牌来形象地描述，如图6-1所示。如果第一块骨牌倒下，即第一个原因出现，则会发生连锁反应，后面的骨牌会相继被碰倒。如果该链条中的一块骨牌被移去，则连锁反应会中断，不会引起后面骨牌倒下，也即事故过程不能连续进行。海因里希认为，企业安全工作的中心就是移去中间的骨牌H，防止人的不安全行为和物的不安全状态的出现，从而中断事故连锁进程，避免伤害发生。

然而事实上，各骨牌（因素）之间的联系并不是单一的，具有随机性、复杂性的特

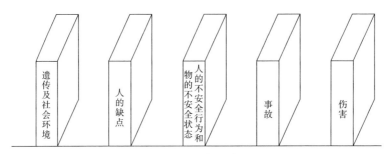

图 6-1　多米诺事故致因理论

征。海因里希事故因果链锁理论的不足之处就在于把事故因果链描述得过于绝对化和简单化，而且过多地考虑了人的因素。尽管如此，该理论模型由于其形象化和在事故致因理论研究中的先导作用，因而有着重要的历史地位。

2. 能量转移理论

人类在生产生活中经常遇到各种形式的能量，如机械能、热能、电能、化学能、电离及非电离辐射、声能、生物能等，如果由于某种原因，导致上述各种能量失去控制而发生意外释放，就有可能导致事故。例如，处于高处的人体具有的势能意外释放时，发生坠落或跌落事故；处在高处的物体具有的势能意外释放时，发生物体打击事故；岩体或结构的一部分具有的势能意外释放时，会发生冒顶、坍塌等事故。运动中的车辆、设备或机械的运动部件以及被抛掷的物体等具有较大的动能，意外释放的动能作用于人体或物体，则可能发生车辆伤害、机械伤害、物体打击等事故。

从能量的观点出发，美国安全专家哈登（Haddon）等人把事故的本质定义为：事故是能量的不正常转移。如果意外释放的能量作用于人体，并超过了人体的承受能力，则人体将受到伤害；如果意外释放的能量作用于设备或建筑物，并且超过了它们的抵抗能力，则将造成设备或建筑物的损坏。

与其他事故模式理论相比，能量转移理论的优点在于：一是把伤亡事故的直接原因归结于各种能量对人体的伤害，从而决定了将对能量源及能量传送装置的控制作为防止或减少伤害事故发生的最佳手段这一原则；二是依据该理论建立的伤亡事故统计分类方法，可以对伤亡事故的类型和性质等作出全面、系统地概括和阐述。

防止能量或危险物质意外释放、防止人员伤害或财产损失的工程技术措施有以下几种：①用安全能源代替不安全能源；②限制能量；③缓慢地释放能量；④采取防护措施；⑤在时间和空间上把人与能量隔离。

3. 轨迹交叉理论

斯奇巴（Skiba）提出，生产操作人员与机械设备两种因素都对事故的发生有影响，并且机械设备的危险状态对事故的发生作用更大些，只有当两种因素同时出现，才能发生事故，如图 6-2 所示。上述理论被称为轨迹交叉理论，该理论主要观点是，在事故发展进程中，人的因素运动轨迹与物的因素运动轨迹的交点就是事故发生的时间和空间，即人的不安全行为和物的不安全状态发生于同一时间、同一空间或者说人的不安全行为与物的不安全状态相通，则将在此时间、此空间发生事故。

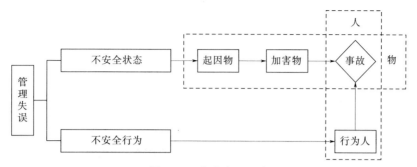

图 6－2　轨迹交叉理论

轨迹交叉理论作为一种事故致因理论，强调人的因素和物的因素在事故致因中占有同样重要的地位。按照该理论，可以通过避免人与物两种因素运动轨迹交叉，即避免人的不安全行为和物的不安全状态同时、同地出现，来预防事故的发生。

4. 人机环理论

研究者在海因里希事故致因原理的基础上，综合考虑了其他因素，提出了在人—机—环系统中，事故发生的因果关系，如图 6－3 所示。该理论指出，在人机协调作业的建设工程施工过程中，人与机器在一定的管理和环境条件下，为完成一定的任务既各自发挥自己的作用，又必须相互联系，相互配合。这一系统的安全性和可靠性不仅取决于人的行为，还取决于物的状态。一般说来，大部分安全事故发生在人和机械的交互界面上，人的不安全行为和机械的不安全状态是导致意外伤害事故的直接原因。因此，建设工程中存在的风险不仅取决于物的可靠性，还取决于人的"可靠性"，根据统计数据，由于人的不安全状态导致的事故大约占事故总数的 88%～90%。预防和避免事故发生的关键是从建立该生产系统的伊始，就应用安全人机工程学的原理和方法，通过正确的管理，努力消除各种不安全因素，建立一个人、机、环境协调工作、操作可靠的生产系统。

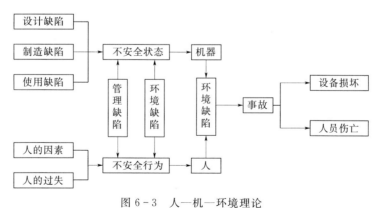

图 6－3　人—机—环境理论

三、安全生产的方针及工作格局

1. 我国安全生产的方针

安全生产方针是指政府对安全生产工作总的要求，它是安全生产工作的方向。我国的安全生产方针大体经历了三次变化，从"生产必须安全、安全为了生产"到"安全第一，预防为主"再到"安全第一，预防为主，综合治理"。现有方针反映了国家对安全生产规律的新认识，对于指导安全生产工作具有重大而深远的意义。

"安全第一"，是指在一切生产活动中，要把安全工作放在首要位置，应优先考虑。安全与生产相比较，安全更重要，因此，要先安全后生产。当安全工作与其他生产活动发生冲突与矛盾时，其他生产活动要服从安全，绝不能以牺牲人的生命、健康、财产损失为代价换取发展和效益。

"预防为主"，是指安全工作的重点应放在预防事故的发生。凡事预则立，不预则废。在从事生产活动之前，应充分认识、分析和评价系统中可能存在的危险性，事先采取一切必要的措施来排除事故隐患。

"综合治理"，就是要运用好经济手段、法律手段，从发展规划、行业管理、安全投入、科技进步、经济政策、教育培训、安全文化以及责任追究等方面着手，建立安全生产长效机制。

"安全第一，预防为主，综合治理"是完整的统一体。坚持安全第一，就必须以预防为主；实施综合治理，才能有效防范事故发生，才能把"安全第一"落到实处，才能保障平安。

2. 我国安全生产的工作格局

国务院 2004 年 1 月 9 日颁发了《国务院关于进一步加强安全生产工作的决定》（国发 [2004] 2 号），明确指出：要构建政府统一领导、部门依法监管、企业全面负责、群众参与监督、全社会广泛支持的安全生产工作格局。

（1）政府统一领导。政府统一领导是指国务院和地方各级人民政府对安全生产进行的综合和专业管理。主要是监督有关国家法律、法规和方针政策的执行情况，预防和纠正违反法律、法规和方针政策的行为。

（2）部门依法监管。部门依法监管是指负有安全监管职责的各级行政主管部门组织贯彻国家的法律、法规和方针政策，依法制定本行业的规章制度和规范标准，对本行业的安全生产工作进行计划、组织、监督检查和考核评价，指导企业搞好安全生产工作。

（3）企业全面负责。企业全面负责是指作为安全生产责任主体的企业必须遵守有关安全生产的法律、法规，加强安全生产管理，建立、健全安全生产责任制度，完善安全生产条件，确保安全生产。

（4）群众参与监督。群众参与监督是一种自下而上的监督，它强调应把安全生产经营建设等各项活动置于人民群众的广泛监督之下。加强安全生产群众监督是我国安全生产工作格局的重要组成部分，是强化安全生产工作的重要举措，是维护人民群众安全健康权益的重要途径。

（5）全社会广泛支持。安全生产管理状况的改变，必须有政府与社会各界的广泛参与，必须有政策、法律、环境等多个方面的支持。通过全社会的共同努力，提高群众的安全意识，增强防范能力，大幅度减少事故，为经济社会的全面、协调、可持续发展奠定坚实的基础。

四、建设工程安全生产管理的制度

由于建设工程规模大、周期长、参与人数多、环境复杂多变，安全生产的难度很大。为了规范政府部门、有关企业及相关人员的建设工程安全生产和管理行为，国家建立了一系列建设工程安全生产管理制度。现阶段正在执行的主要安全生产管理制度包括安全生产责任制度、安全生产许可制度、政府安全生产监督检查制度、安全生产教育培训制度、安全措施计划制度、特种作业人员持证上岗制度、生产安全事故报告和调查处理制度等。

1. 安全生产责任制度

安全生产责任制度是最基本的安全管理制度，是所有安全生产管理制度的核心。安全生产责任制是按照安全生产管理方针和"管生产的同时必须管安全"的原则，将企业中各级领导、各个部门、各类人员在安全生产方面应承担的责任予以明确的一种制度。

2. 安全生产许可证制度

国家对建筑施工企业实行安全生产许可制度。建筑施工企业未取得安全生产许可证的，不得从事生产活动。建筑施工企业申请领取安全生产许可证，需具备规定的安全生产条件。国务院建设主管部门负责中央管理的建筑施工企业安全生产许可证的颁发和管理；省、自治区、直辖市人民政府建设主管部门负责前述规定以外的建筑施工企业安全生产许可证的颁发和管理，并接受国务院建设主管部门的指导和监督。

3. 政府安全生产监督检查制度

县级以上人民政府负有建设工程安全生产监督管理职责的部门应在各自的职责范围内履行安全监督检查职责，其有权纠正施工中违反安全生产要求的行为，责令立即排除检查中发现的安全事故隐患，对重大隐患可以责令暂时停止施工。

4. 安全生产教育培训制度

安全生产教育培训制度是指对从业人员进行安全生产的教育和安全生产技能的培训，并将这种教育和培训制度化、规范化，以提高全体人员的安全意识和安全生产的管理水平，减少、防止生产安全事故的发生。企业安全生产教育培训一般包括对管理人员、特种作业人员和企业员工的安全教育。

5. 三类人员考核任职制度

三类人员是指施工单位的主要负责人、项目负责人、专职安全生产管理人员，三类人员应经建设行政主管部门考核合格后方可任职，考核内容主要是安全生产知识和安全管理能力。对不具备安全生产知识和安全管理能力的管理者取消其任职资格。

6. 特种作业人员持证上岗制度

垂直运输机械作业人员、起重机械安装拆卸工、爆破作业人员、起重信号工、登高架设作业人员等特种作业人员，必须按照国家有关规定经过专门的安全作业业务培训，并取得特种作业操作资格证书后，方可上岗作业。

7. 施工起重机械使用登记制度

施工单位应当自施工起重机械和整体提升脚手架、模板等自升式架设设施验收合格之日起 30d 内，向建设行政主管部门或者其他有关部门登记。

8. 危及施工安全的工艺、设备、材料淘汰制度

国家对严重危及施工安全的工艺、设备、材料实行淘汰制度。该项制度既保障了安全生产，又能促进生产经营单位及时进行设备更新，提高工艺水平。

9. 安全措施计划制度

安全措施计划制度是指企业进行生产活动时，必须编制安全措施计划，它是企业有计划地改善劳动条件和安全卫生设施，防止工伤事故和职业病的重要措施之一，对企业加强劳动保护，改善劳动条件，保障职工的安全和健康，促进企业生产经营的发展都起着积极作用。

10. 安全生产事故报告制度

施工单位发生生产安全事故，要及时、如实向当地安全生产监督部门和建设行政管理部门报告。实行总承包的由总承包单位负责上报。

11. 意外伤害保险制度

意外伤害保险是法定的强制性保险，由施工单位作为投保人与保险公司订立保险合同，支付保险费，以本单位从事危险作业的人员作为被保险人。当被保险人在施工作业中发生意外伤害事故时，由保险公司依照合同约定向被保险人或者受益人支付保险金。

第二节　安　全　生　产　计　划

项目管理者必须针对工程的特点、难点进行由浅入深、由表及里的剖析，准确识别出工程的重大危险源和重大不利环境因素，按照安全生产预防为主的原则，依靠新工艺、新技术，制订出针对重大危险源和重大不利环境因素的管理控制方案。安全计划应在项目开始前制定，在项目实施中不断加以调整。安全计划是进行安全控制的指南，是考核安全控制效果的依据。

一、安全生产计划的编制内容

安全生产计划的内容应符合并覆盖施工现场安全生产保证体系规范要求。安全生产计划可以包括但不局限于下列内容。

1. 工程概况

2. 危险源与不利环境因素分析

3. 安全管理目标

（1）工程项目的安全管理目标，应由工程项目部制定，形成文件，并由该项目安全生产的第一责任人批准并跟踪执行情况。

（2）安全管理目标是工程项目部安全管理的努力方向，应体现"安全第一、预防为主、综合治理"的方针，是项目管理目标的重要组成部分，并与企业的总目标相一致。

（3）安全管理目标通常应包括，但不限于以下情况：①杜绝重大伤亡、设备、管线、火灾事故；②安全标准化工地创建目标；③文明工地创建目标；④遵循与安全生产和文明

施工有关的法律、法规和规章以及对业主和社会要求的承诺；⑤其他需满足的目标。

（4）安全管理目标自上而下层层分解，明确到各部门、各岗位，确保施工现场每个员工正确理解并明确目标要求，自觉关心安全生产、文明施工，做好本部门、本岗位的工作，以确保工程项目部安全管理目标落到实处。

4. 安全管理组织及职责与权限

安全计划应明确施工现场组织机构的形式，明确项目经理、项目副经理、项目技术负责人、专职安全管理人员、工长、班组长以及分包单位负责人等在安全方面的职责和权限。

5. 安全教育和培训

（1）负责安全教育和培训的领导和部门或岗位的职责权限。

（2）对全体员工进行安全教育和培训的内容。

（3）对项目内管理人员安全培训的要求。

6. 安全生产管理制度

（1）安全生产值班制度。施工现场必须保证每班有领导值班，专职安全员在现场，值班领导应认真做好安全值班记录。

（2）周、月安全生产例会制度。项目负责人应亲自主持安全生产例会并定期进行各项专业安全监督检查。协调并解决生产与安全之间的矛盾和冲突，解决处理施工过程中的各种安全问题。

（3）安全生产检查和验收制度。

（4）整顿改进及奖罚制度等。

7. 安全技术措施与安全管理措施

（1）根据对工程现场危险源辨识与评价结果，制定防止工伤事故和职业病危害的技术措施。

（2）针对工种特点及环境条件，拟采取的劳动组织、作业方法、施工机械、供电设施等确保安全施工的管理措施。

（3）配置符合安全施工和职业健康的机械设备。

（4）对危险性较大的分部分项工程，应制定专项施工方案。

（5）监督指导各项安全技术操作规程的落实与执行。

（6）及时消除安全隐患，限时整改并制定消除安全隐患措施。

8. 应急救援预案与组织计划

（1）制定施工现场生产安全事故应急救援预案。实行施工总承包的由总承包单位统一组织编制建设工程生产安全事故应急预案。

（2）工程总承包单位和分包单位按照应急预案，各自建立应急救援组织，落实应急救援人员、器材、设备，并定期进行演练。

（3）发生事故及突发事件组织救援和抢险。

二、危险源识别和控制

危险源识别是安全管理的基础工作，主要目的是要找出与每项工作活动有关的所有危险源，并考虑这些危险源可能会对什么人造成什么样的伤害，或导致什么设备设施损坏等。

（一）危险源分类

危险源是安全管理的主要对象，在实际生活和生产过程中的危险源是以多种多样的形式存在的。虽然危险源的表现形式不同，但从本质上说，能够造成危害后果的（如伤亡事故、人身健康受损害、物体受破坏和环境污染等），均可归结为能量的意外释放或约束、限制能量和危险物质措施失控的结果。

在系统安全研究中，根据危险源在事故发生发展中的作用，把危险源分为两大类，即第一类危险源和第二类危险源。

1. 第一类危险源

能量和危险物质的存在是危害产生的最根本原因，通常把可能发生意外释放的能量（能源或能量载体）或危险物质称作第一类危险源。第一类危险源是事故发生的物理本质，危险性主要表现为导致事故而造成后果的严重程度方面。第一类危险源危险性的大小主要取决于以下几方面情况：①能量或危险物质的量；②能量或危险物质意外释放的强度；③意外释放的能量或危险物质的影响范围。

2. 第二类危险源

造成约束、限制能量和危险物质措施失控的各种不安全因素称作第二类危险源。第二类危险源主要体现在设备故障或缺陷（物的不安全状态）、人为失误（人的不安全行为）和管理缺陷等几个方面。这是导致事故的必要条件，决定事故发生的可能性。

事故的发生是两类危险源共同作用的结果，第一类危险源是事故发生的前提，第二类危险源的出现是第一类危险源导致事故的必要条件。在事故的发生和发展过程中，两类危险源相互依存，相辅相成。第一类危险源是事故的主体，决定事故的严重程度；第二类危险源出现的难易，决定事故发生的可能性大小。

（二）危险源辨识方法

危险源识别的方法有询问交谈、现场观察、查阅有关记录、获取外部信息、工作任务分析、过程分析方法、安全检查表、危险与操作性研究、事件树分析、故障树分析等方法。这些方法各有特点和局限性，往往采用两种或两种以上的方法识别危险源。以下简单介绍常用的四种方法。

1. 专家调查法

专家调查法是通过向有经验的专家咨询、调查，识别、分析和评价危险源的一类方法，其优点是简便、易行，其缺点是受专家的知识、经验和占有资料的限制，可能出现遗漏。常用的有头脑风暴法和德尔菲法。

2. 安全检查表法

安全检查表实际上就是实施安全检查和诊断项目的明细表。运用已编制好的安全检查表，进行系统的安全检查，识别工程项目存在的危险源。检查表的内容一般包括检查时间、检查单位、检查部位、检查内容及要求、检查以后处理意见等，见表6-1。安全检查表法的优点是：简单易懂、容易掌握，可以事先组织专家编制检查项目，使安全、检查做到系统化、完整化。缺点是只能作出定性评价。

表 6 - 1　　　　　　　　　　　　　施工现场用电安全检查表

检查单位			
检查部位		结果表示	合格√；无此项—；不合格×

项目		检查内容	结果
一、人员管理	1	电工应经考试合格持证上岗	
	2	正确穿戴工作服、绝缘鞋等防护用品和使用防护用品	
	3	非电工不得从事电气作业	
	4	安全规章制度健全	
	5	定期检验防护用品、用具，不准使用不合格的防护用品、用具	
二、电气设备	6	及时维护保养，保持绝缘良好	
	7	按规定接零接地	
	8	电焊机等电气设备的裸露带电部位应有防护罩	
	9	高压电缆绝缘良好，不得有破损	
	10	有相应的触电保护器	
⋮	⋮	⋮	
评定结果	安全　基本安全　危险　立即停工	应整改项目	
检查人		负责人	检查时间

3. 事件树分析法

事件树分析法（Event Tree Analysis，ETA）是安全系统工程中常用的一种演绎推理分析方法，起源于决策树分析（简称 DTA），它是一种按事故发展的时间顺序由初始事件开始推论可能的后果，从而进行危险源辨识的方法。这种方法将系统可能发生的某种事故与导致事故发生的各种原因之间的逻辑关系用一种称为事件树的树形图表示出来，见图 6-4，通过对事件树的定性与定量分析，找出事故发生的主要原因，为确定安全对策提供可靠依据，以达到预测与预防事故发生的目的。目前，事件树分析法的应用已从宇航、核产业拓展到电力、化工、机械、交通等领域。

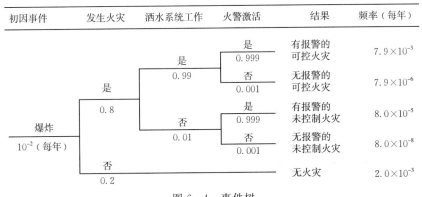

图 6 - 4　事件树

4. 故障树分析法

故障树分析法（Fault Tree analysis，FTA）是用来识别并分析造成特定不良事件（称作顶事件）因素的技术。因果因素可通过归纳法进行识别，也可以按合乎逻辑的方式进行编排并用树形图表示，如图6-5所示。树形图描述了原因因素及其与重大事件的逻辑关系。故障树可以用来对故障（顶事件）的潜在原因及途径进行定性分析，也可以在掌握因果事项可能性的知识之后，定量计算重大事件的发生概率。

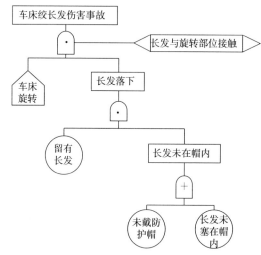

图6-5 车床绞长发伤害事故的事故树

（1）常用符号。故障树分析借鉴了图论中"树"的概念，在事故树中，常用的一些符号主要有以下几种。

1）事件符号。常用的事件符号包括矩形、圆形、屋形和菱形四种符号，见表6-2。

表6-2   常用事件符号及说明

事件符号	说明
▭	表示顶上事件或中间事件
◯	表示基本（原因）事件。基本事件可以是人的差错，也可以是设备、机械故障、环境因素等
⌂	表示正常事件。正常事件是系统在正常状态下所发生的一些正常事件
◇	表示省略事件。省略事件是指事前不能分析，或者没有必要再分析下去的一类事件

2）逻辑门符号。逻辑门符号，指用来连接各个事件，并表示特定逻辑关系的符号。其中常用的包括如下几种：

a. 与门。如图 6-6（a）所示，表示只有当输入事件 B_1 和 B_2 同时都发生时，事件 A 才能发生。

b. 或门。如图 6-6（b）所示，表示当输入事件 B_1 或 B_2 中任何一个事件的发生，都可以导致事件 A 的发生。

c. 条件与门。如图 6-6（c）所示，表示只有当输入事件 B_1 和 B_2 同时都发生，并且还必须满足条件时，事件 A 才能发生，相当于三个输入事件的与门。

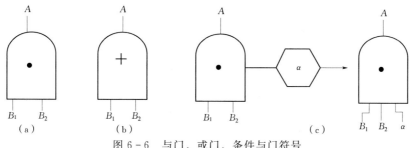

图 6-6　与门、或门、条件与门符号

d. 条件或门。如图 6-7（a）所示，表示当输入事件 B_1 或 B_2 中任何一个事件发生，并且同时满足条件时，都可以导致事件 A 的发生。相当于两个输入事件的或门，再和条件的与门。

e. 限制门。如图 6-7（b）所示，表示在输入事件 B 发生且同时满足条件时，事件 A 才能发生。

f. 表决门。如图 6-7（c）所示，表示 n 个输入事件 B_1，B_2，…，B_n 中，至少有 r 个事件发生时，事件 A 才能发生。

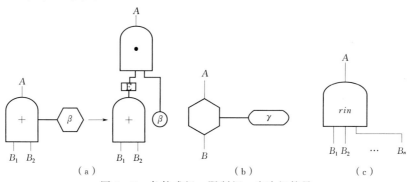

图 6-7　条件或门、限制门、表决门符号

3）转移符号。当事故树的规模很大时，往往需要将某些部分画在别的纸上。这时，就需要用到转出和转入符号，如图 6-8 所示。

（2）编制事故树的程序。有了上述一些基本符号之后，就可以进行事故树的编制工作了。编制事故树的一般程序如下：

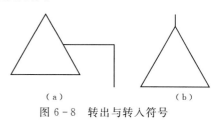

图 6-8　转出与转入符号

1）确定顶上事件。顶上事件通常就是我们所要分析的对象事故。选取顶上事件，一定要在详细占有有关系统情况、事故的发生情况、事故发生的可能性以及事故的严重程度等资

料的情况下进行，而且事先需要仔细查找造成事故的各种直接和间接原因。然后，根据事故的发生概率和严重程度来确定所要分析的顶上事件，将其简明扼要地填写入矩形框内。

2）调查或分析造成顶上事件的各种原因事件。确定顶上事件之后，接下来就需要通过实地调查、召开有关人员座谈会等方式，或者根据一些经验进行分析，将造成顶上事件的所有直接原因事件都找出来，并且尽可能地不要漏掉。直接原因事件可以是机械故障、人的原因或者环境的原因等。

3）绘制事故树。在确定顶上事件并找出造成顶上事件的各种原因之后，就可以用相应的事件符号和适当的逻辑门符号把它们从上到下分层次地连接起来，直到最基本的原因事件，这样就构成了事故树。

4）认真审定事故树。在编制事故树的过程中，一般要经过反复推敲和修改。除局部更改外，有的甚至可能要推倒重来，有时还可能需要重复进行数次，直至与实际情况比较相符为止。

【例 6 - 1】 以水利水电工程施工中边坡落石伤人事故为例进行分析。顶上事件为边坡落石伤人事故，造成该顶上事件发生的原因事件主要有三个，即石头滚落、防护缺陷和石头落下时坡下有人，且三个事件同时发生时，顶上事件才会发生。对于造成石头滚落的原因，主要有两个，或者是自然滚落，或者是边坡作业时碰落。对于自然滚落事件，或者是边坡塌方引起，或者是碎石自然滚落引起，或者是雨雪霜使岩石松动而滚落。依此类推，根据上述编制程序，即可得到相应的事故树，如图 6 - 9 所示。

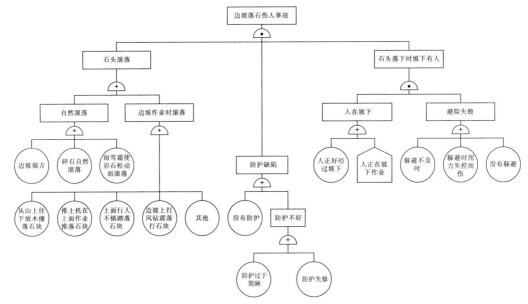

图 6 - 9 边坡落石伤人事故树分析图

（三）危险源的评价

危险源评价是指根据危险源辨识的结果，评估危险源造成事故的可能性和大小，并对危险源进行分级。

1. 危险源评价的依据

（1）相关法律、法规及行业标准的要求。

（2）危险、危害影响的程度和规模（如人员伤亡、设施破坏、财产损失等）。

（3）危险、危害因素发生的频次。

2. 危险源评价的方法

关于危险源评价的方法没有统一的规定，目前已开发出数十种评价方法。危险源评价具有鲜明的行业特点，不同行业各不相同。有的行业只需定性或简单的定量评价就可以了，而有的行业可能需要复杂的定量分析。究竟选用何种评价方法，组织者应根据其需要和工作场所的具体情况而定。常用的评价方法包括专家评估法、安全检查表、作业条件危险性评价法、矩阵法、预先危害分析、风险概率评价法、危险可操作性研究、事件树分析、故障树分析、头脑风暴法等。限于篇幅，仅介绍两种常用的评价方法。

（1）作业条件危险性评价法。作业条件危险性评价法是对具有潜在危险的环境中作业的危险性进行定性评价的一种方法。针对具有危险的作业环境，事故发生的概率既与该作业环境本身发生事故的概率大小有关，还与作业人员暴露于该环境中的具体状况有关。因此，影响危险作业条件的因素可以认为由以下三个方面来确定：

1）危险作业条件与环境发生事故或危险事件的可能性（L）。

2）作业人员暴露于危险作业条件与环境的频率（E）。

3）事故一旦发生可能产生的后果（C）。

如果作业危险性评价的结果用 D 表示，则作业危险性评价的公式为

$$D = LEC \tag{6-1}$$

式中：D 为作业条件的危险性；L 为事故或危险事件发生的可能性；E 为暴露于危险环境的频率；C 为发生事故或危险事件的可能结果。

事故或危险事件发生的可能性可参考表 6-3 所示的分级标准，由专家打分确定。

表 6-3　　　　　　　　　　　事故发生的可能性分数值表

分数值	事故发生的可能性 L	分数值	事故发生的可能性 L
10	完全会被预料到	0.5	可以设想
6	相当可能	0.2	极不可能
3	可能、但不经常	0.1	实际不可能
1	完全意外、很少可能		

作业人员暴露于危险作业条件与环境的频率可根据实际情况并结合表 6-4 所示的分级标准，由专家打分确定。

表 6-4　　　　　　　　　　暴露于危险条件或环境的频率分数值表

分数值	暴露于危险环境中的频率 E	分数值	暴露于危险环境中的频率 E
10	连续暴露	2	每月暴露一次
6	每天工作时间暴露	1	每年几次暴露
3	每周一次或偶然暴露	0.5	非常罕见的暴露

发生事故或危险事件的可能结果可根据实际情况并结合表 6-5 所示的分级标准，由专家打分确定。

表 6 - 5　　　　　　　　　　　　　　事故造成的后果分数值表

分数值	事故造成的可能后果 C	分数值	事故造成的可能后果 C
100	十人以上死亡	7	严重伤残
40	数人死亡	3	有伤残
15	一人死亡	1	轻伤需救护

确定了上述 3 个因素的分数值之后，按式（6-1）进行计算，即可得到作业条件危险性的分数值 D。据此，可按照表 6-6 所示标准对其危险性程度进行评定。

表 6 - 6　　　　　　　　　　　　　　危险性等级划分标准

作业条件的危险性分数值 D	危险程度	作业条件的危险性分数值 D	危险程度
≥320	极度危险	≥20～70	可能危险
≥160～320	高度危险	<20	稍有危险
≥70～160	显著危险		

【例 6 - 2】　某高墩大跨桥梁采取专家调查表进行危险源辨识调查，采用作业条件危险性评价法进行危险性程度分析。其结果见表 6-7。

表 6 - 7　　　　　　　　　　　　　　某桥危险源评价结果表

类别	工作活动或内容	L	E	C	D	风险等级	是否为重大危险源
施工作业活动	基坑开挖	6	6	2	72	3	是
	模板工程	6	6	1	36	2	否
	混凝土浇筑	6	6	15	540	5	是
	预应力张拉	6	3	1	18	1	否
	搭脚手架	6	6	1	36	2	否
	焊　割	6	6	1	36	2	否
	高处作业	6	6	3	108	3	是
	移动模架、挂篮	6	6	3	108	3	是
	施工现场便道	6	6	1	36	2	否
大型设备	起重机械	6	6	3	108	3	是
设施场所	用　电	6	6	1	36	2	否
	易燃易爆管理	6	6	3	108	3	是

从表 6-7 可知，该工程的重大危险源涉及基坑开挖、混凝土浇筑、高处作业、移动模架、挂篮、起重机械运作、易燃易爆品管理等，潜在的事故后果有坍塌、重物打击、高处坠落、脚手架、钢架倒塌、模板倾覆、起重伤害、触电和爆炸火灾等。

（2）危险性预先分析。危险性预先分析（Preliminary Hazard Analysis，PHA），又称为预先危险性分析，是一种用于对系统内存在的危险因素及其危险程度进行定性分析和评价的方法。对于建设项目来说，就是在其实施前，对项目存在的危险性类型、出现条件、导致事故的后果以及有关对策措施等，作出概略性的分析，目的在于防止操作人员直接接触对人体有害的原材料、半成品、成品和生产废弃物，防止使用具有危险性的生产工艺、装置、工具和采用不安全的技术路线。如果必须使用时，也应从工艺上或设备上采取相应的安全措施，以保证这些危险因素不至于发展成为事故。

通过危险性预先分析，力求达到以下四项基本的目标：

1）大体识别与系统有关的一切主要危险性因素。在初始识别中暂不考虑事故发生的概率。

2）鉴别产生危险性的原因。

3）假设危险性确实出现，估计和鉴别其对系统的影响。

4）将系统中已经识别的危险性进行等级划分。在确定系统的危险性之后，应对其划分等级，以便根据危险性的先后次序和重点分别进行处理。危险性的等级划分标准见表6-8。

表6-8　　　　　　　　　　　　危险性的等级划分标准

危险性等级	说　明
Ⅰ	可忽略的，不至于造成人员伤害和系统损害
Ⅱ	临界的，不会造成人员伤害和主要系统的损坏，并且可能排除和控制
Ⅲ	危险的，会造成人员伤害和主要系统的损坏，需立即采取措施
Ⅳ	灾难性的，会造成人员死亡或众多伤残、重伤及系统报废等灾难性事故

运用危险性预先分析方法进行安全分析和评价时，一般是先利用安全检查表、经验和技术初步查明系统中危险因素的大概存在方位，然后识别促使危险因素演变成为事故的触发因素和必要条件，对可能出现的事故后果进行分析，并采取相应的对策措施。其分析内容主要包括以下各项：

（1）识别危险的设备、零部件，并分析其发生的可能性条件。

（2）分析系统中各子系统、各元件的交接面及其相互关系与影响。

（3）分析原材料、产品、特别是有害物质的性能与贮运。

（4）分析工艺过程及其工艺参数或状态参数。

（5）人、机关系（操作、维修等）。

（6）环境条件。

（7）用于保证安全的设备、防护装置等。

危险性预先分析的结果，通常以危险性预先分析表的形式来体现，见表6-9。

表6-9　　　　　　　　　　　　燃气热水器的危险性预先分析表

危险识别	触发事件	现象	形成事故的原因事件	事故情况	结果	危险等级	措施
水压高	煤气连续燃烧	有气泡产生	安全阀不动作	热水器爆炸	伤亡、损失	3	定期检查安全阀
水温高	煤气连续燃烧	有气泡产生	安全阀不动作	水过热	烫伤	2	定期检查安全阀
燃烧不完全	排气口关闭	一氧化碳充满	人在室内	煤气中毒	伤亡	2	一氧化碳监测器，报警器，通风
⋮	⋮	⋮	⋮	⋮	⋮	⋮	⋮
排气口高温	排气口关闭	排气口附近着火	火嘴连续燃烧	火灾	伤亡、损失	3	装连锁装置，附近应为耐火构造

（四）危险源的控制

1. 危险源控制策划

危险源评价后，应分别列出所找出的所有危险源和重大危险源清单，对已经评价出的不容许的和重大风险（重大危险源）进行优先排序，由工程技术主管部门的相关人员进行风险控制策划，制定危险源控制措施计划或管理方案。对于一般危险源可以通过日常管理程序来实施控制。

危险源控制策划可以按照以下顺序和原则进行考虑：

（1）尽可能完全消除有不可接受风险的危险源，如用安全品取代危险品。

（2）如果是不可能消除有重大危险的危险源，应努力采取降低风险的措施，如使用低压电器等。

（3）在条件允许时，应使工作适合于人，如考虑降低人的精神压力和体能消耗。

（4）应尽可能利用技术进步来改善安全控制措施。

（5）应考虑保护每个工作人员的措施。

（6）将技术管理与程序控制结合起来。

（7）应考虑引入诸如机械安全防护装置的维护计划的要求。

（8）在各种措施还不能绝对保证安全的情况下，作为最终手段，还应考虑使用个人防护用品。

（9）应有可行、有效的应急方案。

（10）预防性测定指标是否符合控制措施计划的要求。

2. 危险源控制措施计划

不同的组织，不同的工程项目需要根据不同的条件和风险量来选择适合的控制策略和管理方案。笼统地说，危险源控制措施主要有消除、预防、减弱、隔离和设置连锁措施等。

（1）消除措施。通过合理的设计和科学的管理，尽可能从根本上消除危险源，如改进工艺，实现自动化作业，采用遥控技术等。

（2）预防措施。消除事故中的危险源有困难时，可采用预防性技术措施，预防危险、危害因素的发生，如使用安全阀、安全屏护、漏电保护装置等。

（3）减弱措施。在无法消除危险源和难以预防的情况下，可采取减少危险、危害的措施，如局部排风排毒、降温、减震、使用消除噪声装置等。

（4）隔离措施。在无法消除、预防、减弱的情况下，应将人员与危险源隔开，如遥控作业、使用防护屏，隔离操作室，保持一定的安全距离等。

（5）设置连锁措施。当操作者失误或设备运行一旦出现危险状态时，应通过连锁装置终止危险、危害的发生。

表6-10是针对不同风险水平的风险控制措施计划表。在实际应用中，风险管理人员应该根据风险评价所得出的不同风险源和风险量大小（风险水平），选择不同的控制策略。

表 6 - 10　　　　　　　　　　针对不同风险水平的风险控制措施计划表

风险	措　　施
可忽略的	不采取措施且不必保留文件记录
可容许的	不需要另外的控制措施，应考虑投资效果更佳的解决方案或不增加额外成本的改进措施，需要监视来确保控制措施得以维持
中度的	应努力降低风险，但应仔细测定并限定预防成本，并在规定的时间期限内实施降低风险的措施，在中度风险与严重伤害后果相关的场合，必须进一步的评价，以更准确地确定伤害的可能性，以确定是否需要改进控制措施
重大的	直至风险降低后才能开始工作，为降低风险有时必须配置大量的资源，当风险涉及正在进行中的工作时，就应采取应急措施
不容许的	只有当风险已经降低时，才能开始或继续工作，如果无限的资源投入也不能降低风险，就必须禁止工作

3. 危险源控制方法

（1）第一类危险源控制方法。可以采取消除危险源、限制能量和隔离危险物质、个体防护、应急救援等方法。建设工程可能遇到不可预测的各种自然灾害引发的风险，只能采取预测、预防、应急计划和应急救援等措施，以尽量消除或减少人员伤亡和财产损失。

（2）第二类危险源控制方法。提高各类设施的可靠性以消除或减少故障、增加安全系数、设置安全监控系统、改善作业环境等。最重要的是加强员工的安全意识培训和教育，克服不良的操作习惯，严格按章办事，并帮助其在生产过程中保持良好的生理和心理状态。

三、安全生产技术措施

安全生产技术措施，即"技术的安全措施"，是保证施工现场和作业安全，防止事故和职业病危害，从技术上采取的措施，也可以说是为项目施工全过程的安全而采取的技术措施，是施工组织设计（施工方案）的重要组成部分，在建筑工程安全生产过程中具有重要的意义。

1. 编制依据

工程项目施工组织设计或施工方案中必须有针对性的安全技术措施，特殊和危险性大的工程必须单独编制安全施工方案或安全技术措施。安全技术措施或安全施工方案的编制依据有：

（1）国家和政府有关安全生产的法律、法规和有关规定。

（2）建筑安装工程安全技术操作规程，技术规范、标准、规章制度。

（3）企业的安全管理规章制度。

2. 编制要求

（1）及时性。

1）安全技术措施在施工前必须编制好，并且经过审核批准后正式下达施工单位以指导施工。

2）在施工过程中，设计发生变更时，安全技术措施必须及时变更或作补充，否则不能施工。

3）施工条件发生变化时，必须变更安全技术措施内容，并及时经原编制、审批人员办理变更手续，不得擅自变更。

（2）针对性。

1）针对不同工程的结构特点，凡在施工生产中可能出现的危险因素，必须从技术上采取措施，消除危险，保证施工安全。

2）针对不同的施工方法和施工工艺，如立体交叉作业、滑模、网架整体提升吊装、大模板施工等，可能给施工带来不安全因素，从技术上采取措施，保证安全施工。

3）针对使用的各种机械设备、用电设备可能给施工人员带来的危险因素，从安全保险装置、限位装置等方面采取安全技术措施。

4）针对施工中有毒、有害、易燃、易爆等作业可能给施工人员造成的危害，从技术上制定相应的防范措施。

5）针对施工现场及周围环境中可能给施工人员及周围居民带来危险的因素，以及材料、设备运输的困难和不安全因素，制定相应的安全技术措施，给予保护。

（3）具体性。

1）安全技术措施必须贯彻于全部施工工序之中，力求细致、全面、具体，能指导施工。

2）安全技术措施中必须有施工总平面图，在图中必须对危险的油库、易燃材料库、变电设备以及材料、构件的堆放位置，塔式起重机、井字架或龙门架、搅拌台的位置等按照施工需要和安全堆积的要求明确定位，并提出具体要求。

3．编制内容

（1）进入施工现场的安全规定。

（2）地面及深槽作业的防护。

（3）高处及立体交叉作业的防护。

（4）施工用电安全。

（5）施工机械设备的安全使用。

（6）在采取"四新"技术时，有针对性的专门安全技术措施。

（7）有针对自然灾害预防的安全措施。

（8）预防有毒、有害、易燃、易爆等作业造成危害的安全技术措施。

（9）现场消防措施。

（10）其他。

【例6-3】　土方开挖作业安全技术措施。

1．一般规定

（1）挖土中发现管道、电缆及其他埋设物应及时报告，不得擅自处理。

（2）挖土时要注意土壁的稳定性，发现有裂缝及倾塌可能时，人员应立即离开并及时处理。

（3）人工挖土，前后操作人员间距离不应小于2m，禁止面对面进行挖掘作业。堆土要在1m以外，并且高度不得超过1.5m。用十字镐挖土时，禁止戴手套，以免工具脱手伤人。

（4）每日或雨后必须检查土壁及支撑稳定情况，在确保安全的情况下继续工作，并且不得将土和其他对象堆在支撑上，不得在支撑下行走或站立。

（5）机械挖土，启动前应检查离合器、钢丝绳等，经空车试运转正常后再开始作业。机械操作中进铲不应过深，提升不应过猛。挖土机械不得在施工中碰撞支撑，以免引起支撑破坏或拉损。

（6）机械不得在输电线路下工作，应在输电线路一侧工作，不论在任何情况下，机械的任何部位与架空输电线路的最近距离应符合安全操作规程要求。

（7）机械应停在坚实的地基上，如基础过差，应采取走道板等加固措施，不得将掘机履带与挖空的基坑平行 2m 停、驶。运土汽车不宜靠近基坑平行行驶，防止塌方翻车。

（8）电缆两侧 1m 范围内应采用人工挖掘。

（9）配合拉铲的清坡、清底工人，不准在机械回转半径下工作。

（10）向汽车上卸土应在汽车停稳定后进行，禁止铲斗从汽车驾驶室上空越过。

（11）场内道路应及时整修，确保车辆安全畅通，各种车辆应有专人负责指挥引导。车辆进出门口的人行道下，如有地下管线（道），必须铺设厚钢板，或浇捣混凝土加固。

（12）基坑开挖前，必须摸清基坑下的管线排列和地质开采资料，以利考虑开挖过程中的意外应急措施（流沙等特殊情况）。

（13）在开挖基坑时，必须设有切实可行的排水措施，以免基坑积水，影响基坑土壤结构。基坑四周必须设置 1.5m 高的护栏，要设置一定数量的临时上下施工楼梯。

（14）清坡清底人员必须根据设计标高作好清底工作，不得超挖。如果超挖，不得将松土回填，以免影响基础的质量。

（15）开挖出的土方，要严格按照组织设计堆放，不得堆于基坑外侧，以免引起地面堆载超荷引起土体位移、板桩位移或支撑破坏。

2. 斜坡挖方安全措施

（1）使用时间较长的临时性挖方，土坡坡度要根据工程地质和土坡高度，结合当地同类土体的稳定坡度值确定。

（2）土方开挖宜从上到下分层分段依次进行，并随时作成一定的坡势以利泄水，且不应在影响边坡稳定的范围内积水。

（3）在斜坡上方弃土时，应保证挖方边坡的稳定。弃土堆应连续设置，其顶面应向外倾斜，以防山坡水流入挖方场地。但坡度陡于 1/5 或在软土地区，禁止在挖方上侧弃土。在挖方下方弃土时，要将弃土堆表面整平，并向外倾斜，弃土表面要低于挖方场地的设计标高，或在弃土堆与挖方场地间设置排水沟，防止地面水流入挖方场地。

（4）履带挖掘机在很陡的斜坡上工作相当危险，尤其要避免在 10°以上的斜坡上工作（一般的履带式挖掘机的发动机的极限爬坡角度是 35°）。所以，要先构造出一个水平面再继续作业。

（5）在斜坡上不要做挖臂回转的动作，防止重心改变导致机身失稳倾翻。尤其是在铲斗满载的时候，切忌挖斗离开斜坡表面。如果有条件，可以先在斜坡上做好机身的固定工作。

（6）作业人员应系好安全带，斜面挖掘夹有石块的土方时，必须先清除较大石块。在清除危石前应先设置拦截危石的措施，作业时坡下严禁车辆行人通行。

四、安全生产事故应急预案

生产经营单位安全生产事故应急预案是国家安全生产应急预案体系的重要组成部分。制订生产经营单位安全生产事故应急预案是贯彻落实"安全第一、预防为主、综合治理"方针，规范生产经营单位应急管理工作，提高应对风险和防范事故的能力，保证职工安全健康和公众生命安全，最大限度地减少财产损失、环境损害和社会影响的重要措施。生产经营单位在建设项目施工前和投产试运行前应完成相应应急预案编制工作。建设项目的施工单位、工程监理单位及其他与建设项目安全生产有关的单位的应急预案应纳入建设单位的应急预案体系。

（一）应急预案的编制

1. 编制准备

编制应急预案应做好以下准备工作：

（1）全面分析本单位危险因素、可能发生的事故类型及事故的危害程度。

（2）排查事故隐患的种类、数量和分布情况，并在隐患治理的基础上，预测可能发生的事故类型及其危害程度。

（3）确定事故危险源，进行风险评估。

（4）针对事故危险源和存在的问题，确定相应的防范措施。

（5）客观评价本单位应急能力。

（6）充分借鉴国内外同行业事故教训及应急工作经验。

2. 编制程序

（1）应急预案编制工作组结合本单位部门职能分工，成立以单位主要负责人为领导的应急预案编制工作组，明确编制任务、职责分工，制定工作计划。

（2）资料收集。收集应急预案编制所需的各种资料（相关法律法规、应急预案、技术标准、国内外同行业事故案例分析、本单位技术资料等）。

（3）危险源与风险分析。在危险因素分析及事故隐患排查、治理的基础上，确定本单位的危险源、可能发生事故的类型和后果，进行事故风险分析，并指出事故可能产生的次生、衍生事故，形成分析报告，分析结果作为应急预案的编制依据。

（4）应急能力评估。对本单位应急装备、应急队伍等应急能力进行评估，并结合本单位实际，加强应急能力建设。

（5）应急预案编制。针对可能发生的事故，按照有关规定和要求编制应急预案。应急预案编制过程中，应注重全体人员的参与和培训，使所有与事故有关人员均掌握危险源的危险性、应急处置方案和技能。应急预案应充分利用社会应急资源，与地方政府预案、上级主管单位以及相关部门的预案相衔接。

（6）应急预案评审与发布。应急预案编制完成后，应进行评审。评审由本单位主要负责人组织有关部门和人员进行。外部评审由上级主管部门或地方政府负责安全管理的部门组织审查。评审后，按规定报有关部门备案，并经生产经营单位主要负责人签署发布。

3. 应急预案体系的构成

（1）综合应急预案。综合应急预案是从总体上阐述处理事故的应急方针、政策，应急组织结构及相关应急职责，应急行动、措施和保障等基本要求和程序，是应对各类事故的综合性文件。

（2）专项应急预案。专项应急预案是针对具体的事故类别（如煤矿瓦斯爆炸、危险化学品泄漏等事故）、危险源和应急保障而制定的计划或方案，是综合应急预案的组成部分，应按照综合应急预案的程序和要求组织制定，并作为综合应急预案的附件。专项应急预案应制定明确的救援程序和具体的应急救援措施。

（3）现场处置方案。现场处置方案是针对具体的装置、场所或设施、岗位所制定的应急处置措施。现场处置方案应具体、简单、针对性强。现场处置方案应根据风险评估及危险性控制措施逐一编制，做到事故相关人员应知应会，熟练掌握，并通过应急演练，做到迅速反应、正确处置。

4. 综合应急预案的主要内容

（1）总则。

1）编制目的。

2）编制依据。

3）适用范围。

4）应急预案体系。

5）应急工作原则。

（2）生产经营单位的危险性分析。

1）生产经营单位概况。

2）危险源与风险分析。主要阐述本单位存在的危险源及风险分析结果。

（3）组织机构及职责。

1）应急组织体系。明确应急组织形式，构成单位或人员，并尽可能以结构图的形式表示出来。

2）指挥机构及职责。明确应急救援指挥机构总指挥、副总指挥、各成员单位及其相应职责。应急救援指挥机构根据事故类型和应急工作需要，可以设置相应的应急救援工作小组，并明确各小组的工作任务及职责。

（4）预防与预警。

1）危险源监控。明确本单位对危险源监测监控的方式、方法，以及采取的预防措施。

2）预警行动。明确事故预警的条件、方式、方法和信息的发布程序。

3）信息报告与处置。按照有关规定，明确事故及未遂伤亡事故信息报告与处置办法。

（5）应急响应。

1）响应分级。针对事故危害程度、影响范围和单位控制事态的能力，将事故分为不同的等级。按照分级负责的原则，明确应急响应级别。

2）响应程序。根据事故的大小和发展态势，明确应急指挥、应急行动、资源调配、应急避险、扩大应急等响应程序。

3）应急结束。明确应急终止的条件。事故现场得以控制，环境符合有关标准，导致次生、衍生事故隐患消除后，经事故现场应急指挥机构批准后，现场应急结束。

（6）信息发布。明确事故信息发布的部门，发布原则。事故信息应由事故现场指挥部及时准确向新闻媒体通报事故信息。

（7）后期处置。主要包括污染物处理、事故后果影响消除、生产秩序恢复、善后赔偿、抢险过程和应急救援能力评估及应急预案的修订等内容。

（8）保障措施。

1）通信与信息保障。明确与应急工作相关联的单位或人员通信联系方式和方法，并提供备用方案。建立信息通信系统及维护方案，确保应急期间信息通畅。

2）应急队伍保障。明确各类应急响应的人力资源，包括专业应急队伍、兼职应急队伍的组织与保障方案。

3）应急物资装备保障。明确应急救援需要使用的应急物资和装备的类型、数量、性能、存放位置、管理责任人及其联系方式等内容。

4）经费保障。明确应急专项经费来源、使用范围、数量和监督管理措施，保障应急状态时生产经营单位应急经费的及时到位。

5）其他保障。根据本单位应急工作需求而确定的其他相关保障措施（如：交通运输保障、治安保障、技术保障、医疗保障、后勤保障等）。

（9）培训与演练。

1）培训。明确对本单位人员并展的应急培训计划、方式和要求。如果预案涉及社区和居民，要做好宣传教育和告知等工作。

2）演练。明确应急演练的规模、方式、频次、范围、内容、组织、评估、总结等内容。

（10）奖惩。明确事故应急救援工作中奖励和处罚的条件和内容。

（11）附则。

（二）应急预案的评审及备案

（1）生产经营单位应当组织人员对本单位编制的应急预案进行评审，评审应当形成书面评审意见并附有评审人员签字名单。

（2）煤矿、非煤矿山、冶金、建筑施工单位和易燃易爆物品、危险化学品、放射性物品等危险物品的生产、经营、储存、使用单位和中型规模以上的其他生产经营单位的应急预案评审应当邀请具有相应专业应急救援经验的人员参加。同时，邀请包括应急预案涉及的政府部门工作人员和有关安全生产及应急管理方面的专家参加。评审人员与生产经营单位有利害关系的，应当回避。

（3）应急预案的评审应重点从应急预案的实用性、基本要素的完整性、预防措施的针对性、组织体系的科学性、响应程序的操作性、应急保障措施的可行性、应急预案的衔接性等方面进行评审。

（4）生产经营单位的应急预案经评审通过后，由生产经营单位主要负责人签署公布。

（5）地方各级安全生产监管监察部门应急预案、生产经营单位应急预案应当自发布之日起30个工作日内按照本办法规定进行备案。

第三节　工程项目安全控制

安全控制是安全管理的一项重要职能，在项目实施过程中，通过采用技术、组织和管理等手段，控制人的不安全行为和物的不安全状态，达到减少和消除生产过程中的事故，保证人员健康安全和财产免受损失以及改善生产环境和保护自然环境的目标。项目实施过程中安全控制的重点包括：建立项目安全组织系统、进行安全教育和培训、采取安全技术和应急措施消除不安全因素、安全检查和评价、安全生产预测以及事故处理等。

一、安全生产教育

安全教育是安全管理工作的重要环节。安全教育的目的，是提高全员的安全意识、安全管理水平和防止事故，实现安全生产。

（一）安全教育培训对象

安全教育应根据教育对象的不同特点有针对性的组织进行安全生产教育和培训，保证从业人员具备必要的安全生产知识，熟悉有关的安全生产规章制度和安全操作规程，掌握本岗位的安全操作技能。未经安全生产教育和培训不合格的从业人员，不得上岗作业。

施工项目安全教育培训的对象包括以下五类人员：

（1）工程项目经理、项目执行经理、项目技术负责人。必须经过当地政府或上级主管部门组织的安全生产专项培训，经考核合格后持证上岗。

（2）工程项目基层管理人员。每年必须接受公司安全生产年审，经考试合格后，持证上岗。

（3）分包负责人、分包队伍管理人员。必须接受政府主管部门或总包单位的安全培训，经考试合格后持证上岗。

（4）特种作业人员。必须经过专门的安全理论培训和安全技术实际训练，经理论和实际操作双项考核的合格者，持《特种作业操作证》上岗作业。

（5）操作工人。新入场工人必须经过三级安全教育（公司、项目、作业班组），考试合格后持"上岗证"上岗作业。对于新转入施工现场的工人必须针对该施工现场的具体情况，进行具有针对性的转场安全教育。凡改变工种或调换工作岗位的工人必须进行变换工种安全教育，教育考核合格后方准上岗。

（二）安全教育的内容

安全教育主要包括安全生产思想、安全知识、安全技能和法制教育四个方面的内容。

1. 安全生产思想教育

安全思想教育的目的是为安全生产奠定思想基础。通常从加强思想认识、方针政策和劳动纪律教育等方面进行。

（1）思想认识和方针政策教育。一是提高各级管理人员和广大职工群众对安全生产重要意义的认识。从思想上、理论上认识搞好安全生产的重要意义，以增强关心人、保护人的责任感，树立牢固的群众观点。二是通过安全生产方针、政策教育，提高各级技术、管理人员和广大职工的政策水平，使他们正确全面地理解国家的安全生产方针、政策，严肃认真地执行安全生产方针、政策和法规。

（2）劳动纪律教育。主要是使广大职工懂得严格执行劳动纪律对实现安全生产的重要性，企业的劳动纪律是劳动者进行共同劳动时必须遵守的法则和秩序。反对违章指挥，反对违章作业，严格执行安全操作规程，遵守劳动纪律是贯彻安全生产方针、减少伤害事故、实现安全生产的重要保证。

2. 安全知识教育

企业所有职工必须具备安全基本知识。因此，全体职工都必须接受安全知识教育和每年按规定学时进行安全培训。安全基本知识教育的主要内容是：企业的基本生产概况；施工（生产）流程、方法；企业施工（生产）危险区域及其安全防护的基本知识和注意事项；机械设备、厂（场）内运输的有关安全知识；有关电气设备（动力照明）的基本安全知识；高处作业安全知识；生产（施工）中使用的有毒、有害物质的安全防护基本知识；消防制度及灭火器材应用的基本知识；个人防护用品的正确使用知识等。

3. 安全技能教育

安全技能教育就是结合本工种专业特点，实现安全操作、安全防护所必须具备的基本技术知识要求。每个职工都要熟悉本工种、本岗位专业安全技术知识。安全技能知识是比较专门、细致和深入的知识。它包括安全技术、劳动卫生和安全操作规程。国家规定建筑登高架设、起重、焊接、电气、爆破、压力容器、锅炉等特种作业人员必须进行专门的安全技术培训。宣传先进经验，既是教育职工找差距的过程，又是学、赶先进的过程；事故教育，可以从事故教训中吸取有益的东西，防止今后类似事故的重复发生。

4. 法制教育

法制教育就是要采取各种有效形式，对全体职工进行安全生产法规和法制教育，提高职工遵纪、守法的自觉性，以达到安全生产的目的。

二、安全生产检查与评价

工程项目安全检查的目的是为了清除隐患、防止事故、改善劳动条件及提高员工安全生产意识，是安全控制工作的一项重要内容。通过安全检查可以发现工程中的危险因素，以便有计划地采取措施，保证安全生产。施工项目的安全检查应由项目经理组织，定期进行。

（一）安全生产检查的类型

1. 全面安全检查

全面检查应包括职业健康安全管理方针、管理组织机构及其安全管理的职责、安全设施、操作环境、防护用品、卫生条件、运输管理、危险品管理、火灾预防、安全教育和安全检查制度等项内容。对全面检查的结果必须进行汇总分析，详细探讨所出现的问题及相应对策。

2. 经常性安全检查

工程项目和班组应开展经常性安全检查，及时排除事故隐患。工作人员必须在工作前，对所用的机械设备和工具进行仔细的检查，发现问题立即上报。下班前，还必须进行班后检查，做好设备的维修保养和清整场地等工作，保证交接安全。

3. 专业或专职安全管理人员的专业安全检查

由于操作人员在进行设备的检查时，往往是根据其自身的安全知识和经验进行主观判断，因而有很大的局限性，不能反映出客观情况，流于形式。而专业或专职安全管理人员则有较丰富的安全知识和经验，通过其认真检查就能够得到较为理想的效果。专业或专职安全管理人员在进行安全检查时，必须不徇私情，按章检查，发现违章操作情况要立即纠正，发现隐患及时指出并提出相应防护措施，并及时上报检查结果。

4. 季节性安全检查

要对防风防沙、防涝抗旱、防雷电、防暑防害等工作进行季节性的检查，根据各个季节自然灾害的发生规律，及时采取相应的防护措施。

5. 节假日检查

在节假日，坚持上班的人员较少，往往放松思想警惕，容易发生意外，而且一旦发生意外事故，也难以进行有效的救援和控制。因此，节假日必须安排专业安全管理人员进行安全检查，对重点部位要进行巡视。同时配备一定数量的安全保卫人员，搞好安全保卫工作，绝不能麻痹大意。

6. 要害部门重点安全检查

对于企业要害部门和重要设备必须进行重点检查。由于其重要性和特殊性，一旦发生意外，会造成大的伤害，给企业的经济效益和社会效益带来不良的影响。为了确保安全，对设备的运转和零件的状况要定时进行检查，发现损伤立刻更换，绝不能"带病"作业；一过有效年限即使没有故障，也应该予以更新，不能因小失大。

（二）安全生产检查的内容

1. 查思想

检查企业领导和员工对安全生产方针的认识程度，对建立健全安全生产管理和安全生产规章制度的重视程度，对安全检查中发现的安全问题或安全隐患的处理态度等。

2. 查制度

为了实施安全生产管理制度，工程承包企业应结合本身的实际情况，建立健全一整套本企业的安全生产规章制度，并落实到具体的工程项目施工任务中。在安全检查时，应对企业的施工安全生产规章制度进行检查。施工安全生产规章制度一般应包括以下内容：

（1）安全生产责任制度。

（2）安全生产许可证制度。

（3）安全生产教育培训制度。

（4）安全措施计划制度。

（5）特种作业人员持证上岗制度。

（6）专项施工方案专家论证制度。

（7）危及施工安全工艺、设备、材料淘汰制度。

（8）施工起重机械使用登记制度。

（9）生产安全事故报告和调查处理制度。

（10）各种安全技术操作规程。

（11）危险作业管理审批制度。

（12）易燃、易爆、剧毒、放射性、腐蚀性等危险物品生产、储运、使用的安全管理制度。

（13）防护物品的发放和使用制度。

（14）安全用电制度。

（15）危险场所动火作业审批制度。

（16）防火、防爆、防雷、防静电制度。

（17）危险岗位巡回检查制度。

（18）安全标志管理制度。

3. 查管理

主要检查安全生产管理是否有效，安全生产管理和规章制度是否真正得到落实。

4. 查隐患

主要检查生产作业现场是否符合安全生产要求，检查人员应深入作业现场，检查工人的劳动条件、卫生设施、安全通道，零部件的存放，防护设施状况，电气设备、压力容器、化学用品的储存，粉尘及有毒有害作业部位点的达标情况，车间内的通风照明设施，个人劳动防护用品的使用是否符合规定等。要特别注意对一些要害部位和设备加强检查，如锅炉房、变电所、各种剧毒、易燃、易爆等场所。

5. 查整改

主要检查对过去提出的安全问题和发生安全生产事故及安全隐患后是否采取了安全技术措施和安全管理措施，进行整改的效果如何。

6. 查事故处理

检查对伤亡事故是否及时报告，对责任人是否已经作出严肃处理。在安全检查中必须成立一个适应安全检查工作需要的检查组，配备适当的人力物力。检查结束后应编写安全检查报告，说明已达标项目、未达标项目、存在问题、原因分析，给出纠正和预防措施的建议。

（三）安全生产检查的方法

（1）看：主要查看管理记录、持证上岗、现场标示、交接验收资料、"三宝"（安全帽、安全带、安全网）使用情况、"洞口"、"临边"防护情况、设备防护装置等。

（2）量：主要是用尺子进行实测实量。例如，脚手架各种杆件间距、塔吊导轨距离、电器开关箱安装高度、在建工程邻近高压线距离等。

（3）测：用仪器、仪表实地进行测量。例如，用水平仪测量导轨纵、横向倾斜度，用地阻仪遥测地阻等。

（4）现场操作：由司机对各种限位装置进行实际动作，检验其灵敏度。例如，塔吊的力矩限制器、行走限位、龙门架的超高限位装置、翻斗车制动装置等。总之，能测量的数据或操作试验，不能用目测、步量或"差不多"等来代替，要尽量采用定量方法检查。

（四）安全生产检查的要求

（1）各种安全生产检查都应根据检查要求配备足够的资源，应明确检查负责人，选调专业人员，并明确分工、检查内容、标准等要求。

（2）每种安全生产检查都应有明确的检查目的、检查项目、内容及标准。特殊过程、关键部位应重点检查。检查时应尽量采用检测工具，用数据说话。要检查现场管理人员和操作人员是否有违章指挥和违章作业的行为，还应进行应知应会的抽查，以便了解管理人员及操作人员的安全素质。

（3）检查记录是安全评价的依据，要做到认真详细，真实可靠，特别是对隐患的检查记录要具体，包括隐患的部位、危险程度及处理意见等。采用安全检查评分表的，应记录每项扣分的原因。

（4）对安全生产检查记录要用定性定量的方法，认真进行系统分析，作出安全评价。例如，哪些方面需要进行改进的，哪些问题需要进行整改的，受检部门或班组应根据安全检查评价及时制定改进的对策和措施。

（5）整改是安全生产检查工作的重要组成部分，也是检查结果的归宿，但往往也是易被忽略的地方。安全生产检查是否完毕，应根据整改是否到位来决定。不能检查完毕，发一张整改通知书就算了事，而应对整改的执行情况进行跟踪检查并予以落实。

（五）建筑施工安全检查与评价

在我国，许多行业，包括建筑业，都编制并实施了适合行业特点的安全检查标准和检查评分表。企业在实施安全检查工作时，根据行业颁布的安全检查标准，可以结合本单位情况制定更具可操作性的检查评分表。

1. 检查评分表

《建筑施工安全检查标准》（JGJ 59—2011）将安全检查分为安全管理、文明施工、脚手架、基坑工程、模板支架、高处作业、施工用电、物料提升机与施工升降机、塔式起重机与起重吊装和施工机具 10 个项目，如图 6-10 所示。建筑施工安全检查采用表格形式，检查评分表包括一张评分汇总表和十九张分项检查评分表，其中的脚手架项目对应扣件式钢管脚手架、门式钢管脚手架、碗扣式钢管脚手架、承插型盘扣式钢管脚手架、满堂脚手架、悬挑式脚手架、附着式升降脚手架、高处作业吊篮八张分项检查评分表；物料提升机与施工升降机项目对应物料提升机、施工升降机二张分项检查评分表；塔式起重机与起重吊装项目对应塔式起重机、起重吊装二张分项检查评分表。评分汇总表形式见表 6-11，碗扣式钢管脚手架检查评分表见表 6-12。

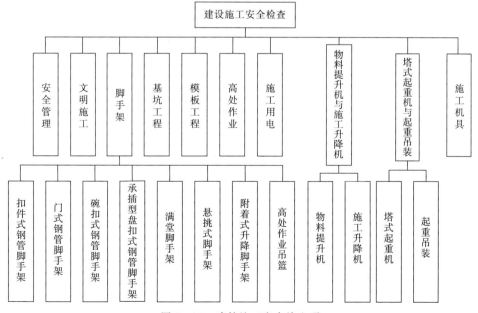

图 6-10　建筑施工安全检查项

表 6-11 建筑施工安全检查评分汇总表

单位工程名称	建筑面积/m²	机构类型	总计得分 满分100	项目名称及分值									
				安全管理 满分10	文明施工 满分15	脚手架 满分10	基坑工程 满分10	模板支架 满分10	施工用电 满分10	高处作业 满分10	物料提升与施工升降机 满分10	塔式起重机与施工升降机 满分10	施工机具 满分5
××													
××													
××													

评语：

检查单位		负责人		受检项目		项目经理	

2. 检查评分方法

（1）建筑施工安全检查评定中，保证项目应全数检查。

（2）建筑施工安全检查评定应符合本标准各检查评定项目的有关规定，并应按本标准附录的评分表进行评分。

（3）各评分表的评分应符合下列规定。

1）分项检查评分表和检查评分汇总表的满分分值均应为100分，评分表的实得分值应为各检查项目所得分值之和。

2）评分应采用扣减分值的方法，扣减分值总和不得超过该检查项目的应得分值。

3）当按分项检查评分表评分时，保证项目中有一项未得分或保证项目小计得分不足40分，此分项检查评分表不应得分。

4）检查评分汇总表中各分项项目实得分值应按下式计算：

$$A_1 = \frac{BC}{100} \qquad (6-2)$$

式中：A_1 为汇总表各分项项目实得分值；B 为汇总表中该项应得满分值；C 为该项检查评分表实得分值。

5）当评分遇有缺项时，分项检查评分表或检查评分汇总表的总得分值应按下式计算：

$$A_2 = \frac{D}{E} \times 100 \qquad (6-3)$$

式中：A_2 为遇有缺项时总得分值；D 为实查项目在该表的实得分值之和；E 为实查项目在该表的应得满分值之和。

6）脚手架、物料提升机与施工升降机、塔式起重机与起重吊装项目的实得分值，应为所对应专业的分项检查评分表实得分值的算术平均值。

表 6-12 碗扣式钢管脚手架检查评分表

序号	检查项目		扣分标准	应得分数	扣减分数	实得分数
1	保证项目	施工方案	未编制专项施工方案或未进行设计计算，扣10分 专项施工方案未按规定审核、审批，扣10分 架体搭设超过规范允许高度，专项施工方案未组织专家论证，扣10分	10		
2		架体基础	基础不平、不实、不符合专项施工方案要求，扣5～10分 架体底部未设置垫板或垫板的规格不符合要求，扣2～5分 架体底部未按规范要求设置底座，每处扣2分 架体底部未按规范要求设置扫地杆，扣5分 未采取排水措施，扣8分	10		
3		架体稳定	架体与建筑结构未按规范要求拉结，每处扣2分 架体底层第一步水平杆处未按规范要求设置连墙件或未采用其他可靠措施固定，每处扣2分 连墙件未采用刚性杆件，扣10分 未按规范要求设置竖向专用斜杆或八字形斜撑，扣5分 竖向专用斜杆两端未固定在纵、横向水平杆与立杆汇交的碗扣节点处，每处扣2分 竖向专用斜杆或八字形斜撑未沿脚手架高度连续设置或角度不符合要求，扣5分	10		
4		杆件锁件	立杆间距，水平杆步距超过设计或规范要求，每处扣2分 未按专项施工方案设计的步距在立杆连接碗扣节点处设置纵、横向水平杆，每处扣2分 架体搭设高度超过24m时，顶部24m一下的连墙件层未按规定设置水平斜杆，扣10分 架体组装不牢或上碗扣紧固不符合要求，每处扣2分	10		
5		脚手板	脚手板未满铺或铺设不牢、不稳，扣5～10分 脚手板规格或材质不符合要求，扣5～10分 采用挂扣式钢脚手板时挂钩未挂扣在横向水平杆上或挂钩未处于锁住状态，每处扣2分	10		
6		交底与验收	架体搭设前未进行交底或交底未有文字记录，扣5～10分 架体分段搭设、分段使用未进行分段验收，扣5分 架体搭设完毕未办理验收手续，扣10分 验收内容未进行量化，或未经责任人签字确认，扣5分	10		
		小计		60		

续表

序号	检查项目		扣分标准	应得分数	扣减分数	实得分数
7	一般项目	架体防护	架体外侧未采用密目式安全网封闭或网间连接不严，扣5~10分 作业层防护栏不符合规范要求，扣5~10分 作业层外侧未设置高度小于180mm的挡脚板，扣3分 作业层脚手板下为采用安全网兜底或作业层以外每隔10m未采用安全网封闭，扣5分	10		
8		构配件材质	杆件弯曲、变形、锈蚀严重，扣10分 钢管、构配件的规格、型号、材质或产品质量不符合规范要求，扣5~10分	10		
9		荷载	施工荷载超过设计规定，扣10分 荷载堆放不均匀，每处扣5分	10		
10		通道	未设置人员上下专用通道，扣10分 通道设置不符合要求，扣5分	10		
		小计		40		
检查项目合计				100		

3. 检查评定等级

（1）应按汇总表的总得分和分项检查评分表的得分，对建筑施工安全检查评定划分为优良、合格、不合格三个等级。

（2）建筑施工安全检查评定的等级划分应符合下列规定：①优良：分项检查评分表无零分，汇总表得分值应在80分及以上；②合格：分项检查评分表无零分，汇总表得分值应在80分以下，70分及以上；③不合格：当汇总表得分值不足70分时；当有一分项检查评分表得零分时。

（3）当建筑施工安全检查评定的等级为不合格时，必须限期整改达到合格。

（六）人工神经网络在建筑施工安全评价中的应用

1. BP神经网络模型介绍

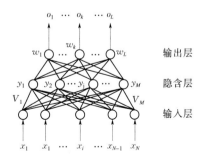

图6-11 三层BP神经网络结构

采用BP算法的多层感知器，简称BP神经网络，是迄今为止应用最广泛的神经网络之一，尤其以三层感知器应用最为普遍。三层BP神经网络的结构如图6-11所示。

上述三层感知器中，输入层输入向量为 $X = (x_1, x_2, \cdots, x_i, \cdots, x_N)^T$，隐含层输出向量为 $Y = (y_1, y_2, \cdots, y_j, \cdots, y_M)^T$，输出层输出向量为 $O = (o_1, o_2, \cdots, o_k, \cdots, o_L)^T$。输入层到隐含层的权值矩阵用 V

表示，$V = (v_1, v_2, \cdots, v_j, \cdots, v_M)^{\mathrm{T}}$，其中 v_j 表示输入层到隐含层中第 j 个神经元的权向量。隐含层到输出层的权值矩阵用 W 表示，$W = (w_1, w_2, \cdots, w_k, \cdots, w_L)$，其中 w_k 表示隐含层到输出层中第 k 个神经元的权向量。输出层期望输出向量用 $D = (d_1, d_2, \cdots, d_k, \cdots, d_L)^{\mathrm{T}}$ 来表示。

BP 神经网络的功能特性由输入层到隐含层以及隐含层到输出层的权值决定，即由权值矩阵 V 和 W 决定。BP 神经网络能够通过对样本的学习训练，不断改变神经网络的连接权值，以使神经网络的实际输出 O 不断地接近期望输出 D（两者之间的差值称为网络输出误差 E）。权值不断调整的过程，也就是神经网络的学习训练过程，此过程一直进行到网络输出误差减少到可接受的程度或进行到预先设定的学习次数为止。

（1）网络各层信号的数学关系。

1）对于输出层，有

$$o_k = f\left(\sum_{j=1}^{M} w_{jk} y_j\right) \quad k = 1, 2, \cdots, L \tag{6-4}$$

式中：w_{jk} 为隐含层的神经元 j 到输出层神经元 k 的连接权值。

2）对于隐含层，有

$$y_j = f\left(\sum_{i=1}^{N} v_{ij} x_i\right) \quad j = 1, 2, \cdots, M \tag{6-5}$$

式中：v_{ij} 为输入层的神经元 i 到隐含层神经元 j 的连接权值。以上两式中，变换函数 $f(\bullet)$ 均为单极性 Sigmoid 函数，即 $f(x) = \dfrac{1}{1 + \mathrm{e}^{-x}}$，$f(x)$ 具有连续可导的特点，且有 $f'(x) = f(x)[1 - f(x)]$。单极性 Sigmoid 函数图形如图 6-12 所示。有时也采用双极性 Sigmoid 函数，即 $f(x) = \dfrac{1 - \mathrm{e}^{-x}}{1 + \mathrm{e}^{-x}}$。双极性 Sigmoid 函数图形如图 6-13 所示。

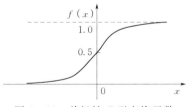 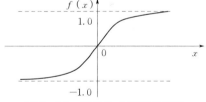

图 6-12　单极性 S 型变换函数　　　　图 6-13　双极性 S 型变换函数

（2）网络输出误差与权值调整。当神经网络实际输出与期望输出不等时，意味着存在网络输出误差 E，定义如下：

$$E = \frac{1}{2}(D - O)^2 = \frac{1}{2}\sum_{k=1}^{L}(d_k - o_k)^2 \tag{6-6}$$

将上式逐步展开至输入层，得

$$E = \frac{1}{2}\sum_{k=1}^{L}\left\{d_k - f\left[\sum_{j=1}^{M} w_{jk} f\left(\sum_{i=1}^{N} v_{ij} x_i\right)\right]\right\}^2 \tag{6-7}$$

由式（6-7）可以看出，网络输出误差 E 是各层权值 w_{jk} 和 v_{ij} 的函数，因此调整权值可改变网络输出误差 E 的大小。显然，调整权值的原则是使误差不断地减少。三层 BP 神经网络权值调整计算公式如下：

$$\Delta w_{jk} = \eta(d_k - o_k)o_k(1 - o_k)y_j \tag{6-8}$$

$$\Delta v_{ij} = \eta \sum_{k=1}^{L} \left[(d_k - o_k)o_k(1 - o_k)w_{jk}\right]y_j(1 - y_j)x_i \tag{6-9}$$

2. 人工神经网络进行建筑施工安全评价的流程

利用 BP 神经网络进行建筑施工安全评价，首先应收集历史信息，然后设计 BP 神经网络参数值，用历史信息样本不断训练初始神经网络，直至训练精度达到规定要求，最后将测试数据输入到已经成熟的 BP 神经网络中，经过计算得到预测值。其流程如图 6-14 所示。

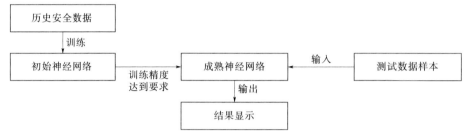

图 6-14 神经网络安全预测流程

3. 建筑施工安全评价指标和样本数据

将《建筑施工安全检查标准》（JGJ 59—2011）中的 10 个检查项目作为一级评价指标，如图 6-10 所示。收集同类项目建筑施工安全评价的历史打分数据，见表 6-13，其中前 15 个样本为训练样本，第 16 个样本为测试样本。安全等级分为两级：合格和不合格，分别用数字 1 和 0 表示。

表 6-13　　　　　　　　　　　　建筑施工安全检查样本

样本	X_1	X_2	X_3	X_4	X_5	X_6	X_7	X_8	X_9	X_{10}	安全等级
1	9	14	10	8	7	6	7	7	5	4	1
2	7	15	9	9	8	8	9	7	8	4	1
3	7	12	8	8	9	7	5	5	9	3	1
4	9	10	7	8	9	8	6	6	10	3	1
5	9	10	7	9	8	9	7	5	8	4	1
6	6	9	9	9	6	5	10	7	7	5	1
7	10	13	9	6	10	8	7	3	7	3	1
8	7	8	6	8	8	8	9	8	5	3	1
9	8	10	8	9	10	8	9	7	8	4	1
10	3	9	8	9	6	6	5	9	9	4	1
11	9	10	9	10	3	9	7	4	9	5	1
12	8	11	10	6	8	7	4	8	5	2	0
13	5	13	10	9	6	8	8	3	4	4	1

样本	X_1	X_2	X_3	X_4	X_5	X_6	X_7	X_8	X_9	X_{10}	安全等级
14	8	12	7	10	5	9	9	8	9	4	1
15	9	9	9	8	5	7	8	5	10	2	1
16	7	9	9	8	9	8	9	9	7	4	

4. 训练测试结果

采用三层 BP 神经网络结构。

（1）输入层：10 个神经元，代表 10 个一级指标。

（2）隐含层：根据输入层和输出层神经元个数，参照经验公式，并经反复测试，确定选用 8 个神经元。隐含层的激活函数采用双极性 Sigmoid 函数。

（3）输出层：1 个神经元，用来输出安全等级。输出层的激活函数也采用双极性 Sigmoid 函数。

（4）训练函数采用梯度下降函数 traingd。

（5）学习精度设为 $\varepsilon = 0.01$。

采用 Matlab 软件提供的 newff、tansig 等函数，编制计算程序，经过 264 次的学习，学习精度达到 0.01，满足预设的精度要求，其训练误差曲线如图 6-15 所示。

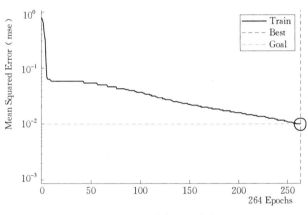

图 6-15 训练误差曲线

5. 对测试样本进行预测

根据训练成熟的 BP 神经网络，对测试样本进行预测，其输出值为 1，说明建筑施工安全等级为合格。

三、安全生产预测

（一）系统安全预测的基本原理

有关系统安全预测的基本原理，可概括为以下几个方面：

（1）可测性原理。从理论上说，世界上一切事物的运动、变化都是有规律的，因而是可预测的。人类不但可以认识预测对象的过去和现在，而且可以通过它的过去和现在推知其未来。

（2）连续性原理。预测对象的发展总是呈现出随时间的推移而变化的趋势，可以根据这一趋势预测事物下一阶段的变化规律，这就是预测的连续性原理。

（3）类推性原理。世界上的事物都有类似之处，可以根据已出现的某一事物的变化规律来预测即将出现的类似事物的变化规律。

（4）反馈性原理。预测某种事物的结果，是为了现在对其作出相应的决策，即预测未来的目的在于指导当前，预先调整关系，以利未来的行动。

（5）系统性原理。任何一个预测对象都处在社会大系统中，因而要强调预测对象内在与外在的系统性，缺乏系统观点的预测，必将导致顾此失彼的决策。

（二）系统安全的预测方法

系统安全的预测方法的方法较多，限于篇幅，仅介绍两种预测方法。

1. 一元线性回归法

一元线性回归法是比较典型的回归分析法之一。它根据自变量（x）与因变量（y）的相互关系，用自变量的变动来推测因变量变动的方向和程度，其基本方程式为

$$y = a + bx \tag{6-10}$$

式中：a 和 b 称为回归系数，其值可根据统计的事故数据，通过以下公式决定。

$$a = \frac{\sum\limits_{i=1}^{n} x_i \sum\limits_{i=1}^{n} x_i y_i - \sum\limits_{i=1}^{n} x_i^2 \sum\limits_{i=1}^{n} y_i}{\left(\sum\limits_{i=1}^{n} x_i\right)^2 - n\sum\limits_{i=1}^{n} x_i^2} \tag{6-11}$$

$$b = \frac{\sum\limits_{i=1}^{n} x_i \sum\limits_{i=1}^{n} y_i - n\sum\limits_{i=1}^{n} x_i y_i}{\left(\sum\limits_{i=1}^{n} x_i\right)^2 - n\sum\limits_{i=1}^{n} x_i^2} \tag{6-12}$$

式中：n 为数据的个数。

回归系数 a 和 b 确定之后，就可以在坐标系中画出回归直线。在回归分析中，为了解回归直线对实际数据变化趋势的符合程度，通常还应求出相关系数 r，其计算公式如下：

$$r = \frac{L_{xy}}{\sqrt{L_{xx} L_{yy}}} \tag{6-13}$$

其中

$$L_{xx} = \sum_{i=1}^{n} (x_i - \bar{x})^2 = \sum_{i=1}^{n} x_i^2 - \frac{1}{n}\left(\sum_{i=1}^{n} x_i\right)^2 \tag{6-14}$$

$$L_{yy} = \sum_{i=1}^{n} (y_i - \bar{y})^2 = \sum_{i=1}^{n} y_i^2 - \frac{1}{n}\left(\sum_{i=1}^{n} y_i\right)^2 \tag{6-15}$$

$$L_{xy} = \sum_{i=1}^{n} (x_i - \bar{x})(y_i - \bar{y}) = \sum_{i=1}^{n} x_i y_i - \frac{1}{n}\left(\sum_{i=1}^{n} x_i\right)\left(\sum_{i=1}^{n} y_i\right) \tag{6-16}$$

相关系数 r 取不同数值时，分别表示实际数据和回归直线之间的不同的符合情况：

（1）当 $|r| = 1$ 时，表明变量 x 和变量 y 之间完全线性相关，即回归直线与实际数据的变化趋势完全相符。

（2）当 $|r| = 0$ 时，表明变量 x 和变量 y 之间线性无关，即回归直线与实际数据的变化趋势完全不符。

（3）当 $0 < |r| < 1$ 时，需要判别变量 x 和变量 y 之间有无密切的线性相关关系。一般来说，r 越接近 1，说明变量 x 和变量 y 之间的线性关系越强，利用回归方程求得的预测值越可靠。

【例 6 - 4】 某企业在 2004—2011 年间工伤事故死亡人数的统计数据见表 6 - 14，现用一元线性回归方法预测事故的发展趋势。

表 6 - 14　　　　　　　　　某企业 2004—2011 年间工伤事故死亡人数统计表

年度	时间顺序 x	死亡人数 x	x^2	xy	y^2
2004	1	21	1	21	441
2005	2	19	4	38	361
2006	3	23	9	69	529
2007	4	7	16	28	49
2008	5	11	25	55	121
2009	6	16	36	96	256
2010	7	13	49	91	169
2011	8	6	64	48	36
合计	$\sum_{i=1}^{n} x_i = 36$	$\sum_{i=1}^{n} y_i = 116$	$\sum_{i=1}^{n} x_i^2 = 204$	$\sum_{i=1}^{n} x_i y_i = 446$	$\sum_{i=1}^{n} y_i^2 = 1962$

解：（1）将表中数据代入式（6 - 11）和式（6 - 12）便可求出 a 和 b 的值，即

$$a = \frac{\sum_{i=1}^{n} x_i \sum_{i=1}^{n} x_i y_i - \sum_{i=1}^{n} x_i^2 \sum_{i=1}^{n} y_i}{\left(\sum_{i=1}^{n} x_i\right)^2 - n \sum_{i=1}^{n} x_i^2} = \frac{36 \times 446 - 204 \times 116}{36^2 - 8 \times 204} = 22.64$$

$$b = \frac{\sum_{i=1}^{n} x_i \sum_{i=1}^{n} y_i - n \sum_{i=1}^{n} x_i y_i}{\left(\sum_{i=1}^{n} x_i\right)^2 - n \sum_{i=1}^{n} x_i^2} = \frac{36 \times 116 - 8 \times 446}{36^2 - 8 \times 204} = -1.81$$

则回归直线方程为

$$y = 22.64 - 1.81x$$

（2）在坐标系中画出回归直线，如图 6 - 16 所示。

（3）将表中相关数据代入式（6 - 14）～式（6 - 16），可得

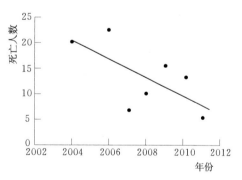

图 6 - 16　回归直线

$$L_{xx} = \sum_{i=1}^{n} (x_i - \bar{x})^2 = \sum_{i=1}^{n} x_i^2 - \frac{1}{n}\left(\sum_{i=1}^{n} x_i\right)^2 = 204 - \frac{1}{8} \times 36^2 = 42$$

$$L_{yy} = \sum_{i=1}^{n} (y_i - \bar{y})^2 = \sum_{i=1}^{n} y_i^2 - \frac{1}{n}\left(\sum_{i=1}^{n} y_i\right)^2 = 1962 - \frac{1}{8} \times 116^2 = 280$$

$$L_{xy} = \sum_{i=1}^{n} (x_i - \bar{x})(y_i - \bar{y}) = \sum_{i=1}^{n} x_i y_i - \frac{1}{n}\left(\sum_{i=1}^{n} x_i\right)\left(\sum_{i=1}^{n} y_i\right) = 446 - \frac{1}{8} \times 36 \times 116 = -76$$

（4）根据式（6-13），得

$$r = \frac{L_{xy}}{\sqrt{L_{xx}L_{yy}}} = \frac{-76}{\sqrt{42 \times 280}} = -0.7$$

$|r| = 0.7 > 0.6$，说明回归直线与实际数据的变化趋势相符合，达到了预测的要求。

2. 灰色预测法

1982 年，中国学者邓聚龙教授创立了灰色系统理论，它是一种研究少数据、贫信息不确定性问题的新方法。灰色系统理论以"部分信息已知，部分信息未知"的"小样本""贫信息"不确定性系统为研究对象，主要通过对"部分"已知信息的生成、开发，提取有价值的信息，实现对系统运行行为、演化规律的正确描述和有效监控；灰色系统模型对实验观测数据没有什么特殊的要求和限制，因此应用领域十分宽广。将灰色系统理论用于安全生产事故预测，一般选用 GM(1,1) 模型。

（1）GM(1,1) 模型的原始形式

设 $x^{(0)} = [x^{(0)}(1), x^{(0)}(2), \cdots, x^{(0)}(n)]$，$x^{(1)} = [x^{(1)}(1), x^{(1)}(2), \cdots, x^{(1)}(n)]$，则称 $x^{(0)}(k) + ax^{(1)}(k) = b$ 为 GM(1,1) 模型的原始形式。其中，$x^{(1)}(k) = \sum_{i=1}^{k} x^{(0)}(i)$，$k = 1, 2, \cdots, n$。

（2）GM(1,1) 模型的基本形式

设 $Z^{(1)} = [z^{(1)}(2), z^{(1)}(3), \cdots, z^{(1)}(n)]$，其中 $z^{(1)}(k) = \frac{1}{2}[x^{(1)}(k) + x^{(1)}(k-1)]$，$k = 2, 3, \cdots, n$。则称 $x^{(0)}(k) + az^{(1)}(k) = b$ 为 GM(1,1) 模型的基本形式。其中，模型中的 a 为发展系数，b 为灰色作用量。

（3）参数 a 和 b 的估计。

若 $\hat{a} = [a, b]^{\mathrm{T}}$ 为参数列，且 $Y = \begin{bmatrix} x^{(0)}(2) \\ x^{(0)}(3) \\ \vdots \\ x^{(0)}(n) \end{bmatrix}$　$B = \begin{bmatrix} -z^{(1)}(2) & 1 \\ -z^{(1)}(3) & 1 \\ \vdots & \vdots \\ -z^{(1)}(n) & 1 \end{bmatrix}$，则 GM(1,1) 模型

$x^{(0)}(k) + az^{(1)}(k) = b$ 的最小二乘估计参数列满足：$\hat{a} = (\boldsymbol{B}^{\mathrm{T}}\boldsymbol{B})^{-1}\boldsymbol{B}^{\mathrm{T}}\boldsymbol{Y}$。

（4）GM(1,1) 模型的白话方程。称 $\frac{\mathrm{d}x^{(1)}}{\mathrm{d}t} + ax^{(1)} = b$ 为 GM(1,1) 模型 $x^{(0)}(k) + az^{(1)}(k) = b$ 的白话方程，也称影子方程。白话方程的解（也称为时间响应函数）为 $x^{(1)}(t) = \left[x^{(1)}(1) - \frac{b}{a}\right]\mathrm{e}^{-at} + \frac{b}{a}$。

（5）GM(1,1) 模型的时间响应序列。GM(1,1) 模型 $x^{(0)}(k) + az^{(1)}(k) = b$ 的时间响应序列为 $\hat{x}^{(1)}(k+1) = \left[x^{(0)}(1) - \frac{b}{a}\right]\mathrm{e}^{-ak} + \frac{b}{a}$，$k = 1, 2, \cdots, n$。

（6）还原值。还原值为 $\hat{x}^{(0)}(k+1) = \hat{x}^{(1)}(k+1) - \hat{x}^{(1)}(k) = (1 - \mathrm{e}^a) \times \left[x^{(0)}(1) - \frac{b}{a}\right]\mathrm{e}^{-ak}$，$k = 1, 2, \cdots, n$。

【例 6-5】　某企业在某一年度的 3—7 月发生的轻伤事故情况，如表 6-15 所示。

请用 GM(1,1)模型预测 8 月的轻伤人数。

表 6 - 15 某企业轻伤事故人数

月份	3	4	5	6	7
轻伤人数	29	33	34	35	37

解：（1）由表 6 - 7 可得该企业安全事故的原始数列为

$$\boldsymbol{X}^{(0)} = \left[x^{(0)}(1), x^{(0)}(2), \cdots, x^{(0)}(n) \right] = (29, 33, 34, 35, 37)$$

将原始数列做一次累加，可得

$$\boldsymbol{X}^{(1)} = \left[x^{(1)}(1), x^{(1)}(2), \cdots, x^{(1)}(n) \right] = (29, 62, 96, 131, 168)$$

（2）对数列 $\boldsymbol{X}^{(1)}$ 做紧邻均值生成，得到数列 $Z^{(1)}$：

$$(Z)^{(1)} = \left[z^{(1)}(2), z^{(1)}(3), \cdots, z^{(1)}(n) \right] = (45.5, 79, 113.5, 149.5)$$

（3）构造矩阵 $\boldsymbol{B}$ 和 $\boldsymbol{Y}$。

$$\boldsymbol{Y} = \begin{bmatrix} x^{(0)}(2) \\ x^{(0)}(3) \\ x^{(0)}(4) \\ x^{(0)}(5) \end{bmatrix} = (33, 34, 35, 37)^{\mathrm{T}}, \boldsymbol{B} = \begin{bmatrix} -z^{(1)}(2) & 1 \\ -z^{(1)}(3) & 1 \\ -z^{(1)}(4) & 1 \\ -z^{(1)}(5) & 1 \end{bmatrix} = \begin{bmatrix} 45.5 & 1 \\ 79 & 1 \\ 113.5 & 1 \\ 149.5 & 1 \end{bmatrix}$$

（4）求解参数 a 和 b。

$$\hat{\boldsymbol{a}} = [a, b]^{\mathrm{T}} = (\boldsymbol{B}^T \boldsymbol{B})^{-1} \boldsymbol{B}^T \boldsymbol{Y} = (-0.0386, 31.0096)^{\mathrm{T}}$$

（5）求解时间响应数列。

$$\hat{x}^{(1)}(k+1) = \left[x^{(0)}(1) - \frac{b}{a} \right] \mathrm{e}^{-ak} + \frac{b}{a} = (29 + 803.3575) \mathrm{e}^{0.0386k} - 803.3575, k = 1, 2, 3, 4, 5$$

（6）求还原值。

$$\hat{x}^{(0)}(k+1) = \left[1 - \mathrm{e}^{(a)} \right] \left(x^{(0)}(1) - \frac{b}{a} \right) \mathrm{e}^{-ak} = 32.1289 \mathrm{e}^{-0.0386k}, k = 1, 2, 3, 4, 5$$

（7）检验误差。首先根据公式 $\mathrm{e}^{(0)}(i) = x^{(0)}(i) - \hat{x}^{(0)}(i)$ 计算残差，然后根据公式 $\Delta_k = \dfrac{\left| \mathrm{e}^{(0)}(i) \right|}{x^{(0)}(i)}$ 计算相对误差，误差检验表见表 6 - 16。

表 6 - 16 残差和相对误差

序号	原始值 $x^{(0)}$	预测值 $\hat{x}^{(6)}$	残差 $e^{(0)}(i)$	相对误差/%
1	29	29	0	0
2	33	32.74	0.26	0.79
3	34	34.04	-0.04	0.12
4	35	35.37	-0.37	1.05
5	37	36.76	0.24	0.65

（8）预测。采用前述式子，可以对 8 月份的轻伤事故进行预测。对于 8 月份，序号 $k = 5$。可得 $\hat{x}^{(0)}(6) = 38.22$。从预测结果可知，如果不能采取更有效的事故预防措施的话，下一月份的轻伤事故人数将达到 38 人。

四、建设工程安全事故管理

（一）事故的特征

事故如同其他事物一样，是具有自己的特性的。只有了解事故的特性，才能预防事故，减少事故损失。事故主要具有五个特性，即因果性、偶然性和必然性、潜伏性、规律性、复杂性。同一般事故一样，建筑事故也具有这样的基本特性。

（1）事故的因果性。事故的发生是有原因的，事故和导致事故发生的各种原因之间存在有一定的因果关系。导致事故发生的各种原因称为危险因素。危险因素是原因，事故是结果，事故的发生往往是由多种因素综合作用的结果。因此，在对事故进行调查处理的过程中，需要弄清楚导致事故发生的各种原因，然后针对根源寻找有效的对策和措施。

（2）事故的偶然性和必然性。事故是一种随机现象，其发生后果往往具有一定的偶然性和随机性。同样的危险因素，在某一条件下不会引发事故，而在另一条件下则会引发事故；同样类型的事故，在不同的场合会导致完全不同的后果，这是事故的偶然性的一面。同时，事故又表现出其必然性的一面，即从概率角度讲，危险因素的不断重复出现，必然会导致事故的发生。

（3）事故的潜伏性。事故尚未发生和造成损失之前，似乎一切处于"正常"和"平静"状态，但是并不是不会发生事故。相反，此时事故正处于孕育状态和生长状态，这就是事故的潜伏性。

（4）事故的规律性。事故虽然具有随机性，但事故的发生也具有一定的规律性，表现在事故的发生具有一定的统计规律以及事故的发生受客观自然规律的制约。承认事故的规律性是我们研究事故规律的前提，事故的规律性也使我们预测事故发生并通过采取措施预防和控制同类事故成为可能。

（5）事故的复杂性。事故的复杂性表现在导致事故的原因往往是错综复杂的；各种原因对事故发生的影响及在事故形成中的地位是复杂的；事故的形成过程及规律也是复杂的。事实上，现有的研究成果已表明事故本身就是一种复杂现象。

（二）生产安全事故的分类

根据生产安全事故（以下简称事故）造成的人员伤亡或者直接经济损失，事故一般分为以下等级：

（1）特别重大事故，是指造成30人以上死亡，或者100人以上重伤（包括急性工业中毒，下同），或者1亿元以上直接经济损失的事故。

（2）重大事故，是指造成10人以上30人以下死亡，或者50人以上100人以下重伤，或者5000万元以上1亿元以下直接经济损失的事故。

（3）较大事故，是指造成3人以上10人以下死亡，或者10人以上50人以下重伤，或者1000万元以上5000万元以下直接经济损失的事故。

（4）一般事故，是指造成3人以下死亡，或者10人以下重伤，或者1000万元以下直接经济损失的事故。

（三）生产安全事故的报告

1. 事故上报程序

事故发生后，事故现场有关人员应当立即向本单位负责人报告；单位负责人接到报告后，应当在规定时间内向事故发生地县级以上人民政府安全生产监督管理部门和负有安全生产监督管理职责的有关部门报告。情况紧急时，事故现场有关人员可以直接向事故发生地县级以上人民政府安全生产监督管理部门和负有安全生产监督管理职责的有关部门报告。

安全生产监督管理部门和负有安全生产监督管理职责的有关部门接到事故报告后，应当依照下列规定上报事故情况，并通知公安机关、劳动保障行政部门、工会和人民检察院：

（1）特别重大事故、重大事故逐级上报至国务院安全生产监督管理部门和负有安全生产监督管理职责的有关部门。

（2）较大事故逐级上报至省、自治区、直辖市人民政府安全生产监督管理部门和负有安全生产监督管理职责的有关部门。

（3）一般事故上报至设区的市级人民政府安全生产监督管理部门和负有安全生产监督管理职责的有关部门。

安全生产监督管理部门和负有安全生产监督管理职责的有关部门依照前款规定上报事故情况，应当同时报告本级人民政府。国务院安全生产监督管理部门和负有安全生产监督管理职责的有关部门以及省级人民政府接到发生特别重大事故、重大事故的报告后，应当立即报告国务院。必要时，安全生产监督管理部门和负有安全生产监督管理职责的有关部门可以越级上报事故情况。

2. 事故上报内容

报告事故应当包括下列内容：

（1）事故发生单位概况。

（2）事故发生的时间、地点以及事故现场情况。

（3）事故的简要经过。

（4）事故已经造成或者可能造成的伤亡人数（包括下落不明的人数）和初步估计的直接经济损失。

（5）已经采取的措施。

（6）其他应当报告的情况。

事故报告后出现新情况的，应当及时补报。

（四）事故的调查与处理

1. 事故的调查

特别重大事故由国务院或者国务院授权有关部门组织事故调查组进行调查。重大事故、较大事故、一般事故分别由事故发生地省级人民政府、设区的市级人民政府、县级人民政府负责调查。省级人民政府、设区的市级人民政府、县级人民政府可以直接组织事故调查组进行调查，也可以授权或者委托有关部门组织事故调查组进行调查。

根据事故的具体情况，事故调查组由有关人民政府、安全生产监督管理部门、负有安全生产监督管理职责的有关部门、监察机关、公安机关以及工会派人组成，并应当邀请人民检察院派人参加。事故调查组可以聘请有关专家参与调查。

事故调查组有权向有关单位和个人了解与事故有关的情况，并要求其提供相关文件、资料，有关单位和个人不得拒绝。事故调查组应当自事故发生之日起 60d 内提交事故调查报告；特殊情况下，经负责事故调查的人民政府批准，提交事故调查报告的期限可以适当延长，但延长的期限最长不超过 60d。

事故调查报告应当包括下列内容：

（1）事故发生单位概况。

（2）事故发生经过和事故救援情况。

（3）事故造成的人员伤亡和直接经济损失。

（4）事故发生的原因和事故性质。

（5）事故责任的认定以及对事故责任者的处理建议。

（6）事故防范和整改措施。

事故调查报告应当附具有关证据材料。事故调查组成员应当在事故调查报告上签名。事故调查报告报送负责事故调查的人民政府后，事故调查工作即告结束。事故调查的有关资料应当归档保存。

2. 事故处理

重大事故、较大事故、一般事故，负责事故调查的人民政府应当自收到事故调查报告之日起 15d 内做出批复；特别重大事故，30d 内作出批复，特殊情况下，批复时间可以适当延长，但延长的时间最长不超过 30d。

安全事故调查处理，要坚持"四不放过"的原则：①事故原因调查不清不放过；②事故责任者、群众没有受到教育不放过；③整改防范措施没有到位、落实不放过；④事故责任者没有受到处理不放过。

【例 6 - 6】 湖南省凤凰县"08.13"大桥坍塌事故。

1. 事故简介

2007 年 8 月 13 日，湖南省凤凰县堤溪沱江大桥在施工过程中发生坍塌事故，坍塌过程持续了大约 30s，造成 64 人死亡、4 人重伤、18 人轻伤，直接经济损失 3974.7 万元。

2. 原因分析

（1）直接原因。堤溪沱江大桥主拱圈砌筑材料不满足规范和设计要求，拱桥上部构造施工工序不合理，主拱圈砌筑质量差，降低了拱圈砌体的整体性和强度，随着拱上施工荷载的不断增加，造成 1 号孔主拱圈靠近 0 号桥台一侧拱脚区段砌体强度达到破坏极限而崩塌，受连拱效应影响最终导致整座桥坍塌。

（2）间接原因。

1）建设单位严重违反建设工程管理的有关规定，项目管理混乱。一是对发现的施工质量不符合规范、施工材料不符合要求等问题，未认真督促整改。二是未经设计单位同意，擅自与施工单位变更原主拱圈设计施工方案，且盲目倒排工期赶进度、越权指挥施工。三是未能加强对工程施工、监理、安全等环节的监督检查，对检查中发现的施工人员未经培训、监理人员资格不合要求等问题未督促整改。四是企业主管部门和主要领导不能正确履行职责，疏于监督管理，未能及时发现和督促整改工程存在的重大质量和安全隐患。

2）施工单位严重违反有关桥梁建设的法律法规及技术标准，施工质量控制不力，现场管理混乱。一是项目经理部未经设计单位同意，擅自与业主单位商议变更原主拱圈施工方案，并且未严格按照设计要求的主拱圈方式进行施工。二是项目经理部未配备专职质量监督员和安全员，未认真落实整改监理单位多次指出的严重工程质量和安全生产隐患。三是项目经理部为抢工期，连续施工主拱圈、横墙、腹拱、侧墙，在主拱圈未达到设计强度的情况下就开始落架施工作业，降低了砌体的整体性和强度。四是项目经理部技术力量薄弱，现场管理混乱。五是项目经理部直属上级单位未按规定履行质量和安全管理职责。六是施工单位对工程施工安全质量工作监管不力。

3）监理单位违反了有关规定，未能依法履行工程监理职责。一是现场监理对施工单位擅自变更原主拱圈施工方案，未予以坚决制止。在主拱圈施工关键阶段，监理人员投入不足，有关监理人员对发现施工质量问题督促整改不力，不仅未向有关主管部门报告，还在主拱圈砌筑完成但拱圈强度资料尚未测出的情况下，就在验收砌体质检表、检验申请批复单、施工过程质检记录表上签字验收合格。二是对现场监理管理不力。派驻现场的技术人员不足，半数监理人员不具备执业资格。对驻场监理人员频繁更换，不能保证大桥监理工作的连续性。

4）承担设计和勘察任务的设计院，工作不到位。一是违规将地质勘察项目分包给个人。二是前期地质勘察工作不细，设计深度不够。三是施工现场设计服务不到位，设计交底不够。

5）有关主管部门和监管部门对该工程的质量监管严重失职、指导不力。一是当地质量监督部门工作严重失职，未制订质量监督计划，未落实重点工程质量监督责任人。对施工方、监理方从业人员培训和上岗资格情况监督不力，对发现的重大质量和安全隐患，未依法责令停工整改，也未向有关主管部门报告。二是省质量监督部门对当地质量监督部门业务工作监督指导不力，对工程建设中存在的管理混乱、施工质量差、存在安全隐患等问题失察。

6）州、县两级政府和有关部门及省有关部门对工程建设立项审批、招投标、质量和安全生产等方面的工作监管不力，对下属单位要求不严，管理不到位。

（五）事故教训

（1）有法不依、监管不力。地方政府有关部门，建设、施工、监理、设计单位都没有严格按照《中华人民共和国建筑法》、《建设工程安全生产管理条例》等有关法规的要求进行建设施工。主要表现在施工单位管理混乱、建设单位抢工期、监理单位未履行监理职责、勘察设计单位技术服务不到位、政府主管部门安全和质量监管不力等。

（2）忽视安全、质量工作，玩忽职守。与工程建设相关的地方政府有关部门、建设、施工、监理、设计等单位的主要领导安全和质量法制意识淡薄，在安全和质量工作中严重失职，安全和质量责任不落实。

复 习 思 考 题

1. 为什么要进行安全管理？安全管理的对象有哪些？如何来实现？
2. 根据自己参与过的工程项目，找出该项目的危险、有害因素，并列表。

3. 我国的建设工程安全生产管理制度主要有哪些？

4. 施工现场安全检查是怎样评价的？

5. 建筑施工现场的安全事故主要有哪些？

6. 安全事故调查报告应当包括哪些内容？

7. 某企业 2002—2010 年历年事故伤亡人数分别为 62 人、78 人、74 人、49 人、58 人、50 人、32 人、34 人，试用灰色系统预测法预测该企业 2011 年和 2012 年的事故伤亡人数。

8. 什么是危险源，第一类危险源和第二类危险源各指什么？它们之间的关系如何？

9. 什么是安全生产责任制？谈谈你对安全生产责任制重要性的理解。

10. 为什么要开展经常性的安全检查？有哪几方面的内容？

第七章 Microsoft Project 软件介绍

第一节 概　　述

一、常用进度管理软件介绍

本书第二章详细介绍了进度计划与控制的基本概念以及相关的技术方法，但是，如果没有软件系统的支持，对于大型项目来说，这些技术和方法将很难实现。计算机和网络技术的发展为项目管理带来了新的机遇，利用计算机可以记录、分析、模拟演示项目管理的过程，协调项目的各个细节，利用网络则可以及时传递和共享信息。当前，常用的进度管理软件包括：CA - Super Project、Project Scheduler、Primavera Project Planner、Microsoft Project 等。

1. CA - Super Project

CA - Super Project 是 Computer Associates International 公司的产品，这个软件包能支持多达 160000 多个任务的大型项目。许多评论人员因为它在大型项目及小型项目两方面的优异表现而予以高度评价。CA - Super Project 能创建及合并多个项目文件，为网络工作者提供多层密码入口，可以进行计划评审法的概率分析，而且，这一软件还包含一个资源平衡算法，在必要时，可以保证重要工作的优先性。它的主要缺点是用户界面不如其他一些软件友好。

2. Project Scheduler

Scitor 公司的 Project Scheduler 软件是一个易于操作、基于 Windows 的项目管理软件包。Project Scheduler 具备传统项目管理软件的所有特征，图形用户界面非常友好，报表和图形制作功能强大。比如甘特图，能用各种颜色把关键任务、正或负的时差、已完成的任务以及正在进行的任务区别开来。任务之间建立图式连接极为方便，任务工时的修改也很容易；资源的优先设置及资源的平衡算法非常实用；与外部数据库的连接也很容易；对多个项目及大型项目的操作处理也比较简单。

3. Primavera Project Planner

Primavera Project Planner 是美国 Primavera 公司的一个工程项目计划管理软件。它是由从事工程计划管理的土木工程师开发的管理软件，该软件比较切合工程的实际，可操作内容多，功能完备。该软件得到了国外工程界的推崇并被广泛采用，是世行贷款项目推荐使用的项目管理软件之一。

Primavera 提供综合的项目组合管理解决方案，包括各种特定角色工具，以满足各个团队成员责任和技能需求。它采用标准 Windows 界面、客户端/服务器构架、网络支持技术以及独立的（SQL Server Express）或基于网络的（Oracle 和 Microsoft SQL 服务器）数据库。Primavera 提供以下软件组件：Project Management、Methodology Management、Primavera Web 应用程序、Primavera Integration API 等。其中，Project Management 是其核心组件，对于需要在某个部门内或整个组织内，同时管理多个项目和支持多用户访问的组织来说，是理想的选择。

Project Management 支持企业项目结构，该结构具有无限数量的项目、作业、资源、工作分解结构、组织分解结构、自定义分类码等。该模块还提供集中式资源管理，包括资源工时单批准，以及与使用 Timesheets 模块的项目资源部门进行沟通的能力。此外，该模块还提供集成风险管理、问题跟踪和临界值管理。用户可通过跟踪功能执行动态的跨项目费用、进度和赢得值汇总。可以将项目工作产品和文档分配至作业，并进行集中管理。

4. Microsoft Project

Project 是由 Microsoft 公司开发的、在国际上享有盛誉的通用的项目管理软件之一，凝结了许多成熟的项目管理现代理论和方法，可以帮助项目管理者轻易实现时间、资源、成本的计划与控制。Microsoft Project 的主要优点是它与微软其他产品（Access、Excel、PowerPoint、Word）很相似，菜单栏几乎一样，用户的工具栏如出一辙，另外，用户可以在应用文件之间轻易地来回移动信息资料。

针对不同的用户群，Microsoft 公司提供了不同的软件版本。Microsoft Project 有三个版本：Project Standard（标准版）、Project Professional（专业版）和 Project Server（服务器版）。本章的后续内容都将针对 Project Professional 2010（以下简称 Project）而展开。

二、Project 的基本功能

Project 作为一个功能强大，使用灵活的项目管理软件，可以帮助用户有效地计划、设计和管理一个项目。它主要具有以下功能。

1. 项目范围管理

利用 Project 的项目分解功能，可以方便地对项目进行分解，并可以在任何层次上进行信息汇总。

2. 项目进度管理

Project 提供了多种进度管理的方法，如甘特图、日历图、网络图等，利用这些方法，用户可以方便地在分解的工作任务之间建立相关性，使用关键路径法计算任务和项目开工和完成时间，自动生成关键路径，方便用户对项目进行更有效的管理。

3. 项目资源管理

在费用资源管理中，Project 采用了自下而上的估算技术，并结合其他技术，使费用估算更为准确。

在人力资源管理中，Project 提供了资源平衡、责任矩阵、资源需求直方图等手段，能对资源进行更合理的分配，同时还能统计资源的工作量、成本、工时信息等内容。

4. 信息沟通管理

Project 使用丰富的视图、报表，为项目中不同类别的人员提供了所需的信息。项目管理者还可以利用电子邮件和 Project Central 直接分配任务，更新任务信息，跟踪控制任务完成情况。

5. 项目综合管理

Project 包含了项目管理中多方面的重要技术和方法，可以对整个项目的计划、进度、资源进行综合管理协调，改善项目管理的过程，提高管理水平，最终实现项目的目标。

三、Project 操作界面

Project 作为 Microsoft Office 家族的成员之一，界面美观漂亮，并且与 Office 软件界面的风格统一。Project 引入了一些能够显著改进查看和使用项目的方式，这与过去通过使用多级菜单和复杂对话框大不相同。

1. 功能区

Project 用"功能区"取代了传统的菜单栏和工具栏模式，用户从中可以快速找到完成操作所需的按钮和命令。这些按钮和命令按逻辑分组，并集中在各个选项卡中。共包括"文件"、"任务"、"资源"、"项目"、"视图"和"格式"六个选项卡，如图 7-1 所示。在打开项目时，功能区默认显示"任务"选项卡，不过，对于 Project 来说，所有选项卡和组都是可完全自定义的。

图 7-1 Project 的功能区

2. 项目窗口

项目窗口（工作区）是 Project 用来显示和查看项目的窗口，默认显示项目的"甘特图"视图，如图 7-2 所示。其分成左右两个部分，左边的是任务工作表，右边的是条形图。随着视图的不同，窗口中显示的内容和布局也会不同。

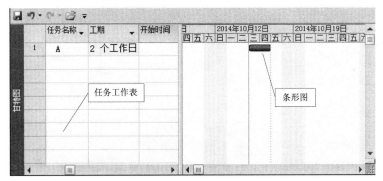

图 7-2 Project 的工作区

235

3. 视图

因为单个视图难以显示出项目的全部信息，即很难把任务工期、任务之间的链接关系、资源配置情况、项目进度情况等方面的信息全部在一个视图中显示出来，所以 Project 提供了多种视图，以有效地显示项目的不同侧重点，以便从多个角度跟踪控制项目的进度、成本等信息。

在 Project 中，视图分成两种：任务视图和资源视图。任务视图包括甘特图、跟踪甘特图、任务分配状况、网络图、日历、任务工作表、任务窗体等视图；资源视图包括工作组规划器、资源使用状况、资源工作表、资源窗体等视图。网络图视图如图 7－3 所示，甘特图视图如图 7－4 所示。

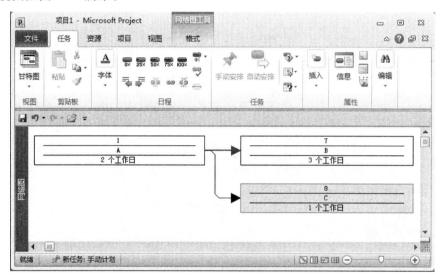

图 7－3　网络图视图

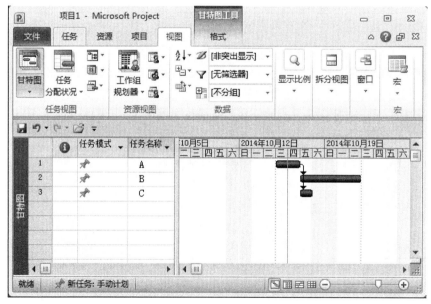

图 7－4　甘特图视图

甘特图采用两种方式显示基本的任务信息：视图的左边采用工作表的形式来显示信息，右边则采用图表的形式来显示信息。使用甘特图可以很方便地查看任务的工期、开始和结束时间，以及资源的信息；使用甘特图可以创建初始计划，查看日程和调整计划。因此，Project 在启动后首先出现的就是甘特图。

第二节　Project 基本操作指南

在 Project 中创建和管理项目，可分为制订计划、跟踪项目和完成项目三个阶段。限于篇幅，本章只介绍制定项目计划的基本操作。

一、制定项目计划的基本流程

不管项目类型和大小，其在 Project 中的输入和输出流程基本一样，常用的项目计划编制过程如图 7 - 5 所示。

图 7 - 5　项目计划制定流程

二、创建新项目并排定项目日程

创建新项目时，可以选择从开始日期或完成日期来排定项目日程，也可以定义一些文件属性来帮助组织或查找项目。

（1）单击"文件"选项卡，然后单击"新建"。

（2）确保选定"空白项目"，然后单击右侧窗格上的"创建"。如图7-6所示。

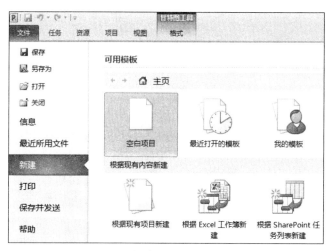

图7-6　新建"空白项目"窗口

（3）在"项目"选项卡上的"属性"组中，单击"项目信息"。然后出现如图7-7所示的对话框。

（4）在"项目信息"对话框中排定项目日程。若要从开始日期排定日程，请单击"日程排定方法"框中的"项目开始日期"，然后在"开始日期"框中选择开始日期。若要从完成日期排定日程，请单击"日程排定方法"框中的"项目完成日期"，然后在"完成日期"框中选择完成日期。

如果项目的计划发生更改，则可以在"项目信息"对话框中随时更改此初始项目信息。

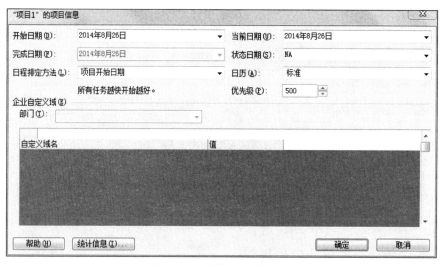

图7-7　项目信息对话框

三、为项目设置工作时间、休假和假日

1. 项目日历概述

Project 使用若干种日历来确定资源可用性以及安排任务日程的方式。日历指确定资源和任务工作时间的日程排定机制。Project 使用四种类型的日历：基准日历、项目日历、资源日历和任务日历。

（1）项目日历。用于为项目中的所有任务指定默认工作日程的日历。

（2）资源日历。对于所输入的每个资源，Project 根据标准日历中的设置分别创建其资源日历。可以通过单击"资源信息"对话框中"常规"选项卡上的"更改工作时间"修改这些日历。也可以为各资源或资源组创建和分配资源日历以指示特定的工作时间。

（3）任务日历。根据项目日历中的工作时间排定任务日程。但如果任务需要在不同的时间完成（尤其是独立于资源的任务），则可以在任务日历中对项目日历内的工作时间进行自定义。

（4）基准日历。基准日历用作项目日历、资源日历和任务日历所基于的模板。Project 提供三种基准日历：

1）标准。工作日的上午 8 点至下午 5 点，除去 1h 午餐时间。

2）24h。没有非工作时间。

3）夜班。夜晚轮班安排，周一晚到周六晨，时间从晚上 11 点到早上 8 点，中间有 1h 休息时间。

2. 为项目上的资源或任务设置工作时间

下面的过程适用于更改项目中的任何日历，包括默认的标准项目日历、特定的资源日历或任务日历。

（1）单击"项目"选项卡，然后在"属性"组中单击"更改工作时间"。然后出现如图 7 - 8 所示的对话框。

（2）在"对于日历"列表中，单击要更改的日历。当前项目的项目日历后跟"（项目日历）"字样。默认设置为"标准（项目日历）"。还可以选择"24h"或"夜班"。

如果要创建一个新日历而不是更改默认日历，请单击"新建日历"，键入该日历的名称，然后选择是要创建新的基准日历还是基于其他日历的副本创建日历。可以使用此功能来自定义项目日历以满足组织的需要（例如，通过创建一个包括周末在内的工作周）。

（3）若要更改项目日历、资源日历或新创建的日历的默认工作周，请单击"工作周"选项卡。

（4）在"工作周"选项卡上，可以为不同于默认工作日的某一日期范围选择或创建附加工作周日程（例如，用于公路施工的夏季日程或包括周末的工作周）。在"工作时间"表的"名称"列中为新工作周日程键入一个描述性名称（如"公路施工"），然后输入将发生附加日程的时间段的开始时间和结束时间。

（5）单击"详细信息"。在"详细信息"对话框中，依次选择要从工作日更改为非工作日的每一天（或进行反向选择），然后选择下列选项之一：

1）对下列日期使用默认工作时间。选择应使用默认工作时间（从周一至周五的上午 8

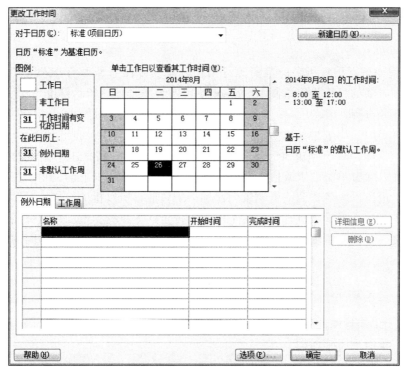

图 7-8　更改工作时间对话框

点至中午 12 点以及下午 1 点至 5 点）及周末非工作时间的那些天。

2）将所列日期设置为非工作时间。选择不能排定工时的那些天。例如，如果组织中没有人在周五工作，请选择"星期五"，然后选择"将所列日期设置为非工作时间"。

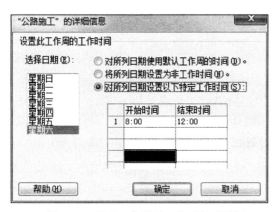

图 7-9　设置工作周的工作时间对话框

3）对所列日期设置以下特定工作时间。若要为整个日程中所选的那些日期设置工作时间，请在"从"框中键入希望工作开始的时间，在"到"框中键入希望工作结束的时间。例如，如果组织中的员工在周六工作，请选择"星期六"，然后选择"对所列日期设置以下特定工作时间"。如图 7-9 所示。

3. 向项目日历中添加假日

Project 未包括预设的假日日历。若要将组织的假日添加到项目中，必须在项目日历上依次指定这些假日。

（1）单击"项目"选项卡，然后在"属性"组中单击"更改工作时间"。

（2）在"对于日历"列表中，单击要更改的日历。

（3）在"更改工作时间"对话框中，单击"例外日期"选项卡。

（4）为例外日期键入描述性名称（如"公司假日"），并键入例外日期将发生的开始时间和结束时间。

（5）如果例外日期将在整个日程中重复发生，请单击"详细信息"。然后出现如图 7-10所示的对话框。

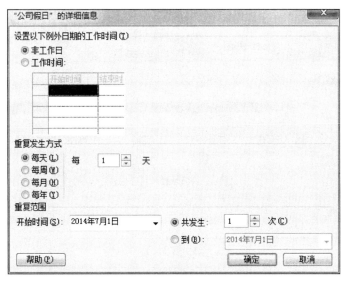

图 7-10　设置节假日对话框

（6）在"重复发生方式"下，选择从"每天"到"每年"的频率，然后选择有关重复发生方式的其他详细信息。重复发生方式的详细信息会发生更改，具体取决于要创建每天、每周、每月还是每年的方式。

（7）在"重复范围"的"开始"框中选择该例外日期的开始时间，然后选择"共发生"或"结束日期"。

（8）基于选择的结束时间，键入或选择适当的信息。

1）如果选择了"共发生"，请键入或选择任务的重复次数。

2）如果选择了"结束日期"，请键入或选择希望周期性任务结束的日期。

四、向项目中添加任务

1. 创建新任务

（1）在甘特图视图中添加新任务。

1）在"视图"选项卡上的"任务视图"组中，单击"甘特图"。

2）在空的"任务名称"域中，键入任务名称，然后按 Enter。如图 7-11 所示。

（2）在网络图视图中添加新任务。

1）在"视图"选项卡上的"任务视图"组中，单击"网络图"。

2）在"任务"选项卡上的"插入"组中，单击"任务"按钮的顶部。

3）在新任务框中键入任务名称。如图 7-12 所示。

2. 确定任务的类型

Project 提供了三种任务类型，即：固定单位任务、固定工期任务和固定工时任务。如图 7-13 所示。

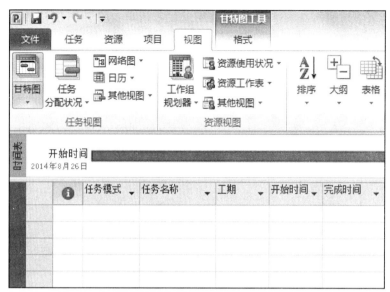

图 7-11　甘特图对话框

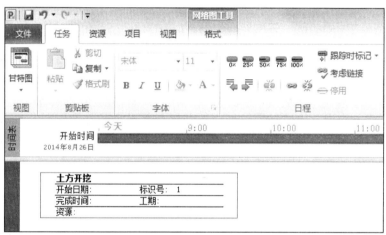

图 7-12　网络图对话框

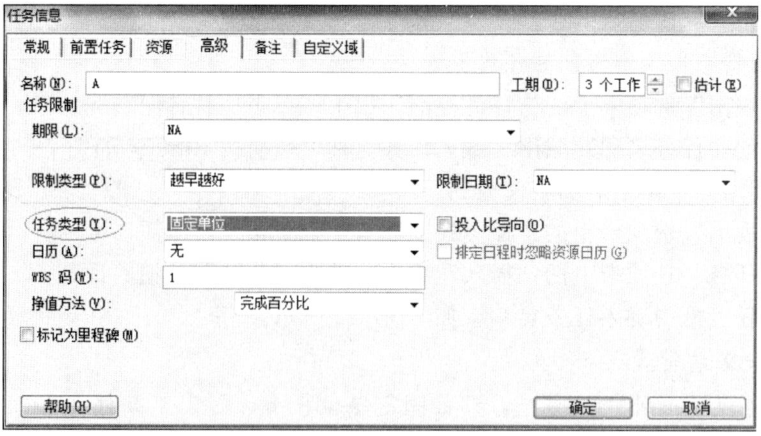

图 7-13　选择任务类型对话框

（1）固定单位任务。在默认状态下，Project 创建的是资源驱动类型的任务。比如需求分析任务由一个人完成需要两周的时间，当增加一个人后，就只需一周的时间了。在资源驱动型项目中，当用户增加资源时，可加快任务进度；相反，当减少资源时，则会减慢任务进度。在 Project 中，资源驱动任务被称为固定单位任务。Project 中默认的任务类型就是固定单位任务。

（2）固定工期任务。对于固定工期任务，资源的数量并不能影响其工期进度。像"考察乙方工厂"这样的任务，不管项目组成员是否都参加，它的工期都是一定的。也就是说，不能通过增加资源的方法来缩短该任务的工期。

（3）固定工时任务。在 Project 中，另一种类型的任务就是固定工时任务。对于这类任务，由用户设置任务持续时间，由 Project 来为每个资源制订一个劳动量百分数，就是每个资源占完成该任务所需总劳动量的百分数。

为任务分配资源后，任务的工时、工期和单位（资源数量）之间存在一定的关系，即工时＝工期×单位。当重新调整任务的工时（或工期或单位）时，其他两个变量如何变化取决于任务的类型。三者的关系见表 7-1。

表 7-1　　　　　　　　任务的工时、工期和单位的关系

对于	如果修改单位	如果修改工期	如果修改工时
固定单位任务	重新计算工期	重新计算工时	重新计算工期
固定工时任务	重新计算工期	重新计算单位	重新计算工期
固定工期任务	重新计算工时	重新计算工时	重新计算单位

3. 选择任务的模式

在 Project 中，任务模式包括手动模式和自动模式两种。在"任务模式"域中能够针对各个任务单独设置。

如果将任务设置为自动模式，就由 Project 在已知条件下自动安排日程计划，而摘要任务的日程完全由其子任务的日程自动计算出来，并且自动计划的任务在条形图中默认以蓝色条形表示，连线也是蓝色的。

如果将任务设置为手动模式，那么就得由计划制定者自己安排日程计划。其条形图以绿色条形、黑色两头来表示，连线也是绿色的。图 7-14 所示为将任务设置为手动模式和自动模式时的两种条形图。

图 7-14　任务设置为手动模式/自动模式的条形图

4. 任务的限制类型

限制指的是对任务的开始日期或完成日期设置的限制。可以指定任务在特定日期开始，或者不晚于特定日期完成。限制可以是弹性的（未指定特定日期），也可以是非弹性的（指定了特定日期）。Project 提供了 8 种任务限制类型，见表 7-2。

表 7-2   任 务 限 制 类 型

任务限制类型	说明
必须开始于	在用户设定的日期开始任务
必须完成于	在用户设定的日期完成任务
不得晚于……开始	任务不能晚于所设定的日期后开始
不得晚于……完成	任务不能晚于所设定的日期后完成
不得早于……开始	任务不能早于所设定的日期前开始
不得早于……完成	任务不能早于所设定的日期前完成
越晚越好	在不影响项目如期完成的情况下，任务的开始日期按越晚越好安排。在此限制条件下，不能输入限制日期
越早越好	任务的开始日期按越早越好安排。在此限制下，不能输入限制日期

在默认情况下，当项目的日程排定方法选择为"项目开始日期"时，在添加新任务时，所有任务的开始时间都设置为"越早越好"；当项目的日程排定方法选择为"项目完成日期"时，Project 将所有新插入的任务自动指定一个"越晚越好"的限制。如果为任务输入了开始日期，或拖动甘特图的条形图更改了开始日期，Project 会基于新的开始日期将任务限制设置为"不得早于……开始"；如果输入了任务的完成日期，则将任务限制设置为"不得早于……完成"限制。

5. 创建周期性任务

如果任务按照设定的间隔重复，则可将其作为周期性任务输入。如果任务不按照设定的间隔重复，则在任务每次发生时作为普通任务输入。

（1）在"视图"选项卡上的"任务视图"组中，单击"甘特图"。

（2）选择要在其下显示周期性任务的那一行。

（3）在"任务"选项卡上的"插入"组中，单击"任务"按钮的底部，然后单击"任务周期"。

（4）在"任务名称"框中，键入任务名称。

（5）在"工期"框中，键入任务单次出现的工期。

（6）在"重复发生方式"部分中，单击"每天"、"每周"、"每月"或"每年"。

（7）选中任务应发生的一周中各天旁边的复选框。

（8）在"从"框中，输入开始日期，并执行下列操作之一。

1）选择"共发生"，然后键入任务的发生次数。

2）选择"到"，然后输入希望周期性任务结束的日期。

（9）在"排定此任务所用日历"部分中，从"日历"列表中选择要应用于任务的资源日历。如果不想应用日历，请选择"无"。如图 7-15 所示。

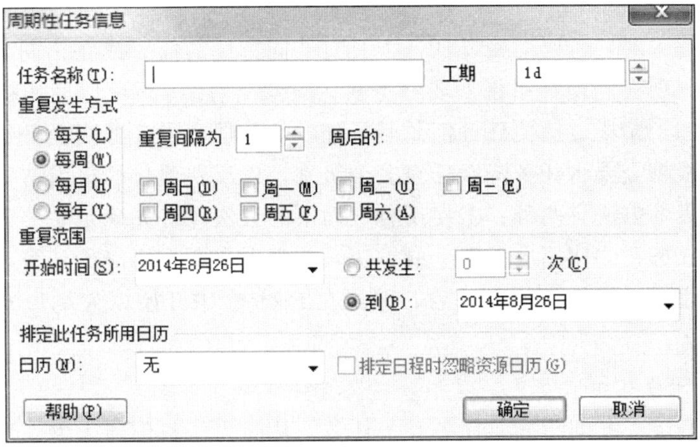

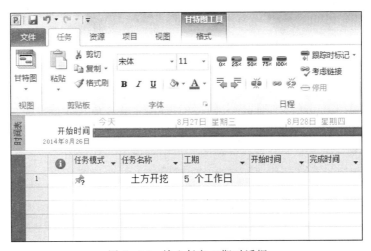

图 7-15　周期性任务信息对话框

五、更改任务工期

创建自动计划任务时，Project 默认情况下会为其分配一天的估计工期。可以随时修改工期以反映任务所需的实际时间量。

（1）在"视图"选项卡上的"任务视图"组中，单击"甘特图"。

（2）在任务的"工期"列中，以分钟（m）、小时（h）、天（d）、星期（w）或月（mo）为单位键入工期。如图 7-16 所示。

（3）如果新工期为估计值，请在其后键入问号（?）。

（4）按 Enter。

图 7-16　输入任务工期对话框

六、将任务分级显示为子任务和摘要任务

通过降级和升级项目的任务以创建摘要任务（也称为"集合任务"）和子任务的大纲，

可细分任务列表，使其更有组织性和更加可读。

1. 选择一种组织任务的方法

组织项目的任务时，可以对摘要任务下具有共同特性的任务或在相同时间范围内完成的任务进行分组。项目经理有时将摘要任务称为"集合任务"。可以使用摘要任务显示项目中的主要阶段和子阶段。摘要任务汇总其子任务的数据，子任务则是分组在摘要任务之下的任务。可以根据需要将任务降级任意多个级别，以反映项目的组织结构。

组织任务列表的方法有两种：①使用自上而下的方法，首先确定主要阶段，再将主要阶段分解为各个任务；②使用自下而上的方法，首先列出所有可能的任务，再将其组合为多个阶段。确定用于组织任务的方法后，即可在 Project 中开始以大纲形式将任务组织为摘要任务和子任务。

2. 创建摘要任务和子任务

通过降级和升级任务创建摘要任务和子任务，从而为任务创建大纲。默认情况下，摘要任务以粗体显示并已升级，而子任务降级在摘要任务之下。请记住，摘要任务也可以是它上面的其他任务的子任务。

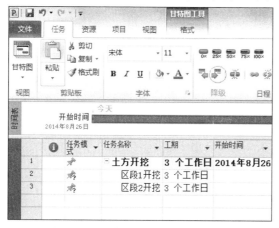

图 7-17　创建摘要任务和子任务对话框

（1）在甘特图视图中，单击要降级为子任务或升级为摘要任务的任务所在的行。

（2）在功能区上的任务组中，单击"降级"将该任务降级，使其成为子任务。如图 7-17 所示。

删除摘要任务时，Project 将自动删除其子任务。若要删除摘要任务而保留其子任务，需要首先将子任务升级到与摘要任务相同的级别。另外，按照层次顺序放置任务并不能自动创建任务相关性。若要创建任务相关性，必须将任务链接起来。

七、创建里程碑

里程碑是标记项目中主要事件的参考点，并且用于监控项目的进度。任何工期为零的任务都自动显示为里程碑。还可以将任何工期的任何其他任务标记为里程碑。

（1）在"视图"选项卡上的"任务视图"组中，单击"甘特图"。

（2）在列表中第一个空行的"任务名称"域中键入新里程碑的名称。如果要将某项现有任务转换为里程碑，请跳过此步骤。

（3）在该里程碑"工期"域中键入 0，然后按 Enter。当为任务键入值为零的工期时，Project 会在甘特图视图的"图表"部分中自动显示里程碑符号◆。

里程碑的工期通常为零。但是，某些里程碑可能需要不为零的工期。例如，项目在某个阶段的末尾有一个审批里程碑，并且审批过程需要一周。

（1）在列表中第一个空行的"任务名称"域中键入新里程碑的名称。如果要将某项现有任务转换为里程碑，请跳过此步骤。

（2）选择该里程碑，然后在"任务"选项卡的"属性"组中单击"任务信息"。

（3）在"任务信息"对话框中，单击"高级"选项卡，然后在"工期"框中键入里程碑工期。

（4）选中"标记为里程碑"复选框，然后单击"确定"。Project 将在该任务最后一天的甘特图视图中显示里程碑符号◆。如图 7-18 所示。

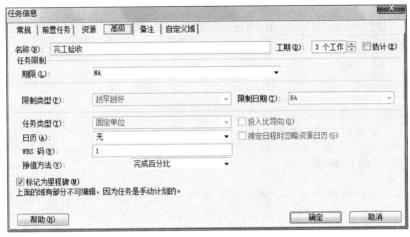

图 7-18 标记为里程碑对话框

八、链接项目中的任务

1. 关于链接任务

在 Project 中链接任务时，默认链接类型为"完成—开始"。但是，"完成—开始"链接并不是在每种情况下都适用。Project 提供了下列附加的任务链接类型：

（1）完成—开始（FS）。

（2）开始—开始（SS）。

（3）完成—完成（FF）。

（4）开始—完成（SF）。

2. 在甘特图视图中链接任务

（1）在"视图"选项卡上的"任务视图"组中，单击"甘特图"。

（2）在"任务名称"字段中，选择要链接的两个或多个任务（按照它们的先后顺序）。若要选择彼此相邻的任务，请按住 Shift 并单击要链接的第一个和最后一个任务。若要选择非彼此相邻的任务，请按住 Ctrl 并单击要链接的任务。

（3）在"任务"选项卡上的"任务"组中，单击"链接任务"按钮。默认情况下，Project 创建"完成—开始"任务链接。可将此任务链接更改为"开始—开始"、"完成—完成"或"开始—完成"。如图 7-19 所示。

3. 在网络图视图中链接任务

（1）在"视图"选项卡上的"任务视图"组中，单击"网络图"。

（2）将指针定位在前置任务框的中心。

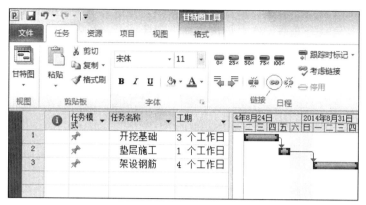

图 7-19　链接任务对话框

（3）将该行拖动到后续任务框。

九、添加和使用资源

没有资源，项目将无法完成。资源通常是项目计划中包含的人员（无论是否为他们分配了任务）。但是，资源还可能包括用于完成项目的任何事物，其中包括设备和其他材料。

1. Project 中资源的类型

传统上将资源定义为用于完成构成项目的各任务的任何人员、设备和材料。就 Project 而言，资源可分为如下三种类型：

（1）工时资源。执行工时以完成任务的人和设备资源。工时资源要消耗时间来完成任务。一般情况下，工时资源为人员和设备。

（2）材料资源。为完成项目中的任务而使用的供应品或其他消耗品。材料资源一般为钢材、混凝土等耗材。

（3）成本资源。完成项目时不依赖于工时数或任务工期的费用和开支，如差旅费、住宿费等。

2. 将资源添加到项目中

（1）单击"视图"选项卡。在"资源视图"组中，单击"资源工作表"。

（2）在"资源名称"域中，键入工时、材料或常规资源名称。

（3）若要指定资源组（共同具有某些特征并按组名分类的资源，如管道工），请在资源名称的"组"域中键入组的名称。

（4）指定资源类型。若要指定该资源是工时资源，请在"类型"域中单击"工时"。若要指定该资源是材料资源，在"材料标签"域中，为该资源键入标签，如"码"、"吨"或"箱"等。若要指定该资源是成本资源，请在"类型"域中单击"成本"。

（5）在该资源的"最大单位"域中，键入该资源可用于该项目的单位总数。最大单位值指定该资源可用于该项目的程度。如图 7-20 所示。

（6）键入标准费率。标准费率指资源在正常工作时间的费率，例如"50 元/h"表示每小时 50 元。

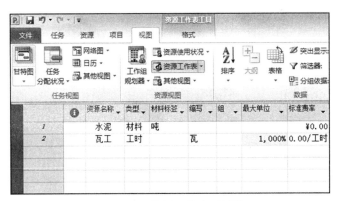

图 7-20 资源工作表对话框

（7）键入加班费率。加班费率是资源在加班工作时间的费率。当资源报告了实际加班工时后，使用加班工时乘以加班费率计算该工作的成本。

（8）键入每次使用成本。每次使用成本是在每次使用资源时发生的一次性成本。"工时"类资源的每次使用成本与使用的资源单位数量有关，"材料"类资源的每次使用成本与单位数量无关。

（9）选择成本累算方式。成本累算方式用来确定资源标准工资率和加班工资率计入或累算到任务成本的方式和时间。如果选择了"开始"，Project 会在工作分配一开始就把资源成本计入任务成本；如果选择了"结束"，则会在工作分配结束后才把资源成本计入任务成本。

3. 为任务分配资源

为任务分配资源是项目成功的一个重要部分，合理地为项目任务分配资源才能有效地完成项目任务。资源和任务的关系是复杂的，一个资源可以在多个任务中工作，一个任务也可以由多种资源共同完成，一个资源可以在一个任务中投入全部时间，也可以投入部分时间。资源在任务中工作与否、参与任务的程度，都会影响到项目的成本、进度等。

在 Project 中，为任务分配资源有多种方式，下面分别进行介绍。

（1）使用"资源分配"对话框。使用"资源分配"对话框为任务分配资源是 Project 中最方便的，也是最易理解的分配资源的方法。

1）打开项目文件，切换到"甘特图"视图，选择要分配资源的任务名称，然后单击"资源"选项卡中的"分配资源"按钮，如图 7-21 所示。

2）出现"分配资源"对话框，在"资源"表格中选择要分配给选定任务的资源并输入资源的"单位"或"请求/要求"值，如图 7-22 所示。

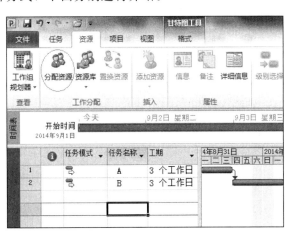

图 7-21 分配资源按钮

249

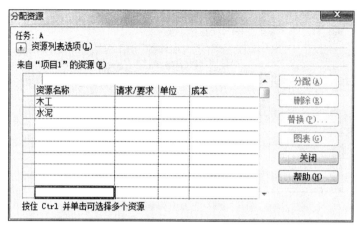

图 7-22　分配资源对话框

a. 对于"工时"资源，在"单位"域中输入该资源投入该项目的程度，如果一个资源在该项目中投入全部精力，可以在"单位"中输入"100％"，如果只投入 50％精力，可以输入"50％"。

b. 对于"材料"资源，在"请求/要求"域中输入要求该资源的数量。

c. 对于"成本"资源，在"请求/要求"域中输入要求该资源的费用。

3）单击"分配"按钮，即可将选定的资源分配给选定的项目任务。

（2）使用"任务信息"对话框。使用"任务信息"对话框也是一种常用的分配资源的方法。

1）在"甘特图"视图中选择要分配资源的任务，单击"属性"选项卡中的"任务信息"按钮。

2）出现"任务信息"对话框，选择"资源"选项卡，在"资源"表格的"资源名称"域中依次选择要分配的资源，在"单位"域中选择或设置"工时"资源投入到选定任务中的工时单位，输入"材料"资源的请求数量，如图 7-23 所示。

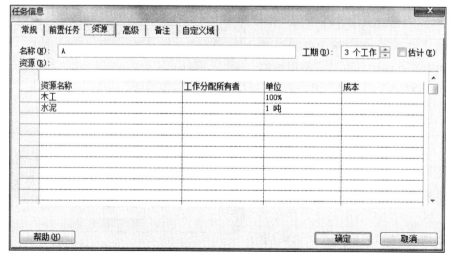

图 7-23　任务信息对话框

3）单击"确定"按钮，完成资源分配。返回"甘特图"视图，可以看到已经为选定任务分配了资源。

十、添加和使用成本

成本是项目管理的三大目标之一，成本与项目的任务、资源一样，都是组成项目的要素之一。对项目成本的控制和管理是项目管理中极为重要的一环，也是项目成败的重要标志之一。

1. 项目成本分类

在 Project，成本可以分为两类：一类是资源成本，另一类是固定成本，两者相加为总成本。项目成本体系结构如图 7-24 所示。

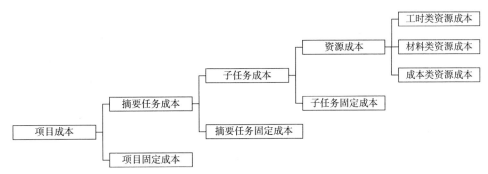

图 7-24 项目成本体系结构

从图 7-16 可以看出，项目的总成本是各摘要任务成本与项目固定成本之和，摘要任务成本又由子任务成本与摘要任务本身的固定成本组成，具体到每个任务成本，其成本包含两个部分，即任务的资源成本和任务的固定成本。

2. 资源成本

资源成本是项目成本的最大组成部分，也是最易变化且不易控制的成本组成部分。在 Project 中，计算项目成本的一般方法是先为资源指定费率，再为任务分配相应的资源，然后系统根据基本费率和在任务上投入的工作时间以及投入量自动计算出每个资源在每项任务上的预算成本，最后通过累加项目的任务成本和固定成本得到项目的总成本。

资源成本又包含工时类资源成本和材料类资源成本，Project 根据输入的这两类资源的资源费率，按设定的成本累算方式计算项目任务的资源成本。

Project 设定了 3 种成本累算方式。

（1）开始时间：Project 在分配的任务开始时就累算成本。

（2）按比例：Project 将在任务进行过程中按照资源投入的时间比例累算成本。这是 Project 的默认设置。

（3）结束：Project 将在分配的任务结束时累算成本。

3. 任务成本

任务成本包含两部分，在该任务工作的资源成本之和与任务本身的固定成本。固定成本是指不管任务持续多久，也不论是否为其分配了资源，都会发生与任务工期的长短和资源分配的多少无关的成本。

因此，任务成本的计算公式为：任务成本＝任务的固定成本＋任务的资源成本。如果采用工时资源，任务的资源成本的计算公式为：任务的资源成本＝各个人员标准费率×标准工时＋每次使用成本；如果采用材料资源，任务的资源成本的计算公式为：任务的资源成本＝各种材料标准费率×数量＋每次使用成本。

有些任务可能既使用了工时资源，又使用了材料资源，其资源成本是两者分别计算后相加。

4. 设置任务固定成本

切换到"甘特图"视图，在"视图"选项卡中单击"表格"下拉按钮，从弹出菜单中选择"成本"命令，出现任务的"成本"工作表，在子任务的"固定成本"域中输入固定成本（比如输入 1000 后确认），如图 7-25 所示。

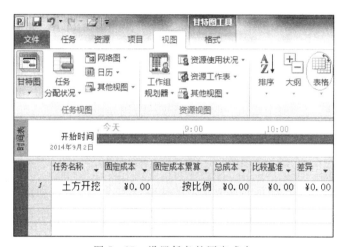

图 7-25 设置任务的固定成本

十一、生成报表

Project 提供的 20 多种报表可以归为三大类型：任务报表、资源报表和交叉分析表。所谓任务报表，指的是关于项目任务或活动的列表信息，通常包括开始日期、已完成工作和期望工期等相关信息。所谓资源报表，指的是关于项目资源的列表信息，通常包括成本和资源配置等相关信息。所谓交叉分析报表，指的是关于任务和资源在一段指定时间内的分配信息。Project 中有 5 个预先定义的交叉分析报表，分别是"现金流量"、"交叉分析"、"资源使用状况"、"任务分配状况"和"谁在何时做什么"。

在 Project 中，所有报表的生成基本相同。下面就以生成项目摘要总览报表为例来介绍如何生成报表。

（1）打开项目文件，单击"项目"选项卡"报表"区域中的"报表"按钮，打开"报表"对话框，如图 7-26 所示。从图中可以看到，报表分为五大类型："总览""当前操作""成本""工作分配""工作量"报表，此外还可以单击"自定义"图标来自定义报表。

（2）在对话框中单击需要的报表类型，这里选择"总览"，也可以任意选择自己需要

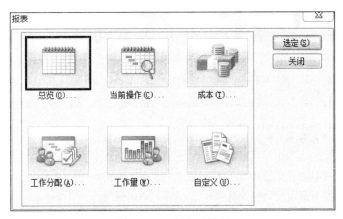

图 7-26　报表对话框

的类型，当前选择的报表用一个黑框包围其图标。

（3）单击"选定"按钮，Project 就会显示出该类报表下具体包含哪些报表，如图 7-27 所示。从图中可以看到，总览报表包含"项目摘要""最高级任务""关键任务""里程碑""工作日"等 5 种报表。

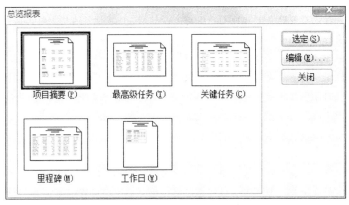

图 7-27　总览报表对话框

（4）单击"编辑"按钮，打开"报表文本"对话框，从中可以设置报表的文本格式，如字体、字形、字号、颜色、背景色、背景图案等，然后单击"确定"按钮，如果不执行该步骤，Project 即以默认的报表文本格式输出报表。

（5）返回"总览报表"对话框，单击"选定"按钮，打开打印预览窗口并显示项目摘要任务。这是打印预览模式下显示的报表，在该窗口中还能进行页面设置和打印设置。在预览窗口中可以放大和缩小当前显示的页面，当报表有不止一个页面时，单击预览窗口右下角的"多页"按钮，能够在预览窗口中以多页形式显示页面。

主 要 参 考 文 献

［1］ 赛云秀．工程项目控制与协调研究［M］．北京：科学出版社，2011．

［2］ 王雪青．工程项目成本规划与控制［M］．北京：中国建筑工业出版社，2011．

［3］ 戚振强．建设工程项目质量管理［M］．北京：机械工业出版社，2004．

［4］ 刘伊生．工程项目进度计划与控制［M］．北京：中国建筑工业出版社，2008．

［5］ 梁世连．工程项目管理［M］．第2版．北京：中国建材工业出版社，2010．

［6］ 王卓甫，杨高升．工程项目管理——原理与案例［M］．第2版．北京：中国水利水电出版社，2009．

［7］ 王卓甫，谈飞，张云宁，等．工程项目管理——理论、方法与应用［M］．北京：中国水利水电出版社，2007．

［8］ 徐志胜，姜学鹏．安全系统工程［M］．北京：机械工业出版社，2012．

［9］ 景国勋，施式亮，等．系统安全评价与预测［M］．徐州：中国矿业大学出版社，2009．

［10］ 郑小平，高金吉，刘梦婷．事故预测理论与方法［M］．北京：清华大学出版社，2009．

［11］ 生产安全事故报告和调查处理条例［M］．北京：中国法制出版社，2007．

［12］ 王洪德，董四辉，王峰．安全系统工程［M］．北京：国防工业出版社，2013．

［13］ 张顺堂，高德华．职业健康与安全工程［M］．北京：冶金工业出版社，2013．

［14］ 中华人民共和国住房和城乡建设部．JGJ 59—2011 建筑施工安全检查标准［S］．北京：中国建筑工业出版社，2012．

［15］ 中华人民共和国国家质量监督检验检疫总局，中国国家标准化管理委员会．GB/T 28001—2011 职业健康安全管理体系要求［S］．北京：中国标准出版社，2012．

［16］ 高向阳，秦淑清．建筑工程安全管理与技术［M］．北京：北京大学出版社，2013．

［17］ 全国一级建造师执业资格考试用书编写委员会．建设工程项目管理［M］．北京：中国建筑工业出版社，2013．

［18］ 王祖和．项目质量管理［M］．北京：机械工业出版社，2004．

［19］ 施骞，胡文发．工程质量管理教程［M］．上海：同济大学出版社，2010．

［20］ 赵挺生．建筑施工过程安全管理手册［M］．湖北：华中科技大学出版社，2011．

［21］ 廖品槐．建筑工程质量与安全管理［M］．北京：中国建筑工业出版社，2008．

［22］ 汪朝东．水利水电工程施工典型事故树及安全检查表［M］．北京：水利电力出版社，1992．

［23］ 卢向南．项目计划与控制［M］．北京：机械工业出版社，2004．

［24］ 孙军．项目计划与控制［M］．北京：电子工业出版社，2008．

［25］ 刘思峰，谢乃明．灰色系统理论及其应用［M］．北京：科学出版社，2008．

［26］ 王雪青．建设工程投资控制［M］．北京：知识产权出版社，2003．

［27］ 中国建设工程造价管理协会．建设项目全寿命周期成本控制理论与方法［M］．北京：中国计划出版社，2007．

［28］ 张家春．项目计划与控制［M］．上海：上海交通大学出版社，2010．

［29］ 何成旗，李宁，舒方方，等．工程项目计划与控制［M］．北京：中国建筑工业出版社，2013．

［30］ 张良均，曹晶，蒋世忠．神经网络实用教程［M］．北京：机械工业出版社，2009.

［31］ 玄光男，程润伟．遗传算法与工程优化［M］．北京：清华大学出版社，2004.

［32］ 王长峰，李英辉．现代项目质量管理［M］．北京：机械工业出版社，2008.

［33］ 全国造价工程师执业资格考试培训教材编审委员会．建设工程计价（2014 版）［M］．北京：中国计划出版社，2014.

［34］ 鲁道夫·安布里什，约翰·怀特．Microsoft Project 2010（专业版）实用指南［M］．王美芳，王蕾，傅瑶．北京：电子工业出版社，2013.